Collection « Études africaines »

dirigée par Denis Pryen et son équipe

Forte de plus de mille titres publiés à ce jour, la collection « Études africaines » fait peau neuve. Elle présentera toujours les essais généraux qui ont fait son succès, mais se déclinera désormais également par séries thématiques : droit, économie, politique, sociologie, etc.

Dernières parutions

OLOMBI (Jean-Claude), *Guerre et paix : leçons de l'intervention de l'ONU en République Démocratique du Congo*, 2015
MOSSOA (Lambert), *Où va la Centrafrique* ? 2015
AMBOULOU (Hygin Didace), *La déjudiciarisation et les procédures non contentieuses en Afrique*, 2015.
BOUOPDA (Pierre Kamé), *L'indépendance du Cameroun, Gloire et naufrages politiques de l'UPC*, 2015.
YEKOKA (Jean Félix), KIDIBA (Samuel) et LEMBIKISSA (Augus) (dir.), *Le mariage coutumier chez les Suundi du Congo-Brazzaville*, 2015.
VITA (Ndugumbo), SAVARD (Denis), FOURNIER (Jean-Pierre), *Reconstruire l'éducation "après-guerre" en R.D. Congo*, 2015.
NGOULOURE NJOYA (Moïse), *Les unions consensuelles chez les femmes africaines*, 2015.
DE YEIMBÉREIN (Bali), *Quand l'Afrique réapparaîtra…*, 2015.
DIANE (Moustapha), *La liberté des médias en Guinée. Entre textes et institutions, quelles réalités ?*, 2015.
TINOU (Robert), *1700 proverbes vili*, 2015.
TINOU (Robert), *Abécédaire du Kouilou*, 2015.
N'GUETTIA KOUASSI (René), *La Côte d'Ivoire de notre rêve*, 2015.
TABEZI PENE-MAGU (Bernard-Gustave), *Évaluer l'élève en Afrique Noire, De la pédagogie traditionnelle aux estimations contemporaines*, 2015
NZENGUI (Aaron Septime), *De Kant à l'Afrique. Réflexion sur la constitution républicaine en Afrique noire*, 2015
HOUEDANOU (Sessinou Emile), *La gestion transfrontalière des forêts en Afrique de l'Ouest*, 2015

LES GOUVERNANCES FONCIÈRES
ET LEUR IMPACT
SUR LE PROCESSUS DE DÉVELOPPEMENT

5-7, rue de l'École-Polytechnique ; 75005 Paris

www.harmattan.fr
diffusion.harmattan@wanadoo.fr
harmattan1@wanadoo.fr

ISBN : 978-2-343-07334-7
EAN : 9782343073347

Bernard Puépi

Les gouvernances foncières et leur impact sur le processus de développement

Cas de quelques pays africains

L'HARMATTAN

Du même auteur

-Le Cameroun, art, histoire et traditions (avec Henry Njomgang) 2003

-Quelle vie ! (autobiographie) 2005

-Chroniques des Pratiques politiques au Cameroun. 2009

-Cameroun : Etat des lieux et perspectives d’avenir.

Une nouvelle vision du futur. 2012.

Mes remerciements

A :

- mon ami et infatigable conseiller, Pr. Tcheho Isaac-Célestin , qui m'a séduit par ses remarques pétillantes d'intelligence tout au long de la rédaction.
- M. François Mazuyer, Président de l'Ordre des Géomètres-Experts français et Président de la Fédération des Géomètres francophones qui, en dépit d'un emploi du temps très contraignant, m'a fait l'amitié de relire et de préfacer l'ouvrage.
- M. Hubert Ouedraogo, Secrétaire Exécutif de Land Policy Initiative, qui a toujours répondu à temps à mes sollicitations tardives souvent très pressées.
- La famille Sop Jean Jules à Gonflans Ste Honorine, qui au-delà des relations familiales, m'a offert pendant une période difficile pour moi, un cadre et un équipement adéquats pour me permettre de parachever ce travail.

Toute ma reconnaissance à Julienne, mon épouse qui a longtemps supporté mes réveils nocturnes intempestifs pour consulter un document et prendre des notes.

Sommaire

Liste des tableaux 13
Introduction 21
PREMIERE PARTIE : LE FONCIER AU CAMEROUN 23
Chap. 1 ...... L'administration des terres au Cameroun à travers l'histoire 25
1- Présentation du Cameroun 25
2- Evolution du système foncier 28
Chap. 2_Les innovations de la reforme de 1974 43
1- Sur le plan économique 43
2- Sur le plan social 44
3- Sur le plan politique 44
Chap. 3_Nécessite d'une rationalisation des administrations foncières 53
1- Les Administrations 53
2- Les performances des services 58
Chap. 4_Litiges fonciers et leur gestion 63
1- Les litiges entre particuliers. 63
2- Les litiges entre communautés villageoises 66
3- Les Litiges agro-pastoraux 68
4- Les litiges entre les anciennes plantations coloniales, les spéculateurs fonciers locaux et les populations avoisinantes 71
5- Les litiges entre les multinationales et les communautés locales . 73
Chap. 5_Les aléas des transactions foncières 81
1. La terre, un bien désiré non extensible 81
2. Impact de la colonisation sur la législation foncière 82
3. Pour une nouvelle législation foncière 83

DEUXIEME PARTIE : GOUVERNANCE FONCIERE DANS LES PAYS DE L'AFRIQUE SUB-SAHARIENNE................................ 87

Caractéristiques générales des régimes fonciers de quelques pays subsahariens 89

Chap.1__Caractéristiques des régimes fonciers de quelques pays francophones d'Afrique subsaharienne... 93

Chap.2 Caractéristiques des régimes fonciers de quelques pays anglophones d'Afrique subsaharienne 139

Chap.3_Caractéristiques des régimes fonciers de quelques pays lusophones d'Afrique subsaharienne 159

Chap.4_Deux singularités : la Guinée Equatoriale et l'Ethiopie 173

1. La Guinée Equatoriale. 173
2. La spécificité éthiopienne 174

TROISIEME PARTIE : L'ACCAPAREMENT DES TERRES : UN MAL NECESSAIRE ? 187

Chap. 1_Définitions et typologie des accaparements des terres 189

1- Définitions 189
2- Esquisse de la typologie et des techniques d'accaparement 190

Chap. 2_Etat des lieux 199

1- Le Zimbabwe 199
2- La Zambie 200
3- La Namibie 201
4- Le Nigeria 202
5- L'Afrique du Sud 203
6- Le Burkina Faso 203
7- Le Cameroun.. 205
8- Le Congo-Brazzaville 210
9- L'Ethiopie 212
10- Le Kenya... 215
11- La Tanzanie... 217
12- Le Mali.. 220
13- L'Ouganda 222

14- La République démocratique du Congo 224
15- La Côte-D'ivoire. 226
16- Le Libéria 228
17- Le Soudan 231
18- Le Soudan du Sud. 232
19- Madagascar 234
20- Le Mozambique. 239
21- Le Gabon 242
22- Le Ghana 244
23- La Guinée Conakry 246
24- Le Sénégal 248
25- La Sierra Leone 250
26- L'Angola. 253
27- Le Bénin 254
28- Le Togo 255
Chap.3_Un défi de taille : comment transformer les accaparements des terres en opportunités de développement durable ? 263
Chap. 4 Des exemples de gestion interrogative des espaces communautaires 271
Conclusion générale 275
ANNEXES 279
ANNEXE 1 279
ANNEXE 2 299
POSTFACE 301
BIBLIOGRAPHIE ET AUTRES SOURCES 307

Liste des tableaux

Tableau 1: Recettes issues de la taxe foncière par région entre 2009 et 2013 (en millions de FCFA) 57
Tableau 2: Evolution de la délivrance des T.F. dans la ville de Yaoundé de 1934 à 1988 60
Tableau 3: Nombre des titres fonciers établis dans chacune des dix régions entre 2005 et 2013 61
Tableau 4: Inventaire partiel des litiges des limites territoriales 67
Tableau 5 : Statistique des dossiers litigieux portes au tribunal de grande instance de Bafoussam période de 2002 a 2012 76
Tableau 6: Statistiques litiges fonciers / immobiliers TGI Yaoundé 78
Tableau 7: Redressement sur les droits relatifs aux transactions immobilières dans la ville de Yaoundé. 84
Tableau 8: Données disponibles des accords sur les terres 200
Tableau 9: Données disponibles des accords sur les terres 201
Tableau 10 : Données disponibles des accords sur les terres 202
Tableau 11: Données disponibles des accords sur les terres 205
Tableau 12: Données disponibles des accords sur les terres 210
Tableau 13: Données disponibles des accords sur des terres 212
Tableau 14: Données disponibles des accords sur les terres 217
Tableau 15: Données disponibles des accords sur les terres 220
Tableau 16 : Données disponibles des accords sur les terres 222
Tableau 17: Données disponibles des accords sur les terres 224
Tableau 18: Données disponibles des accords sur les terres 226
Tableau 19: données disponibles des accords sur les terres 228
Tableau 20: Données disponibles des accords sur les terres 231
Tableau 21: Données disponibles des accords sur les terres 232
Tableau 22: Données disponibles des accords sur les terres 234
Tableau 23: Données disponibles des accords sur les terres 239
Tableau 24: Données disponibles des accords sur les terres 244
Tableau 25: Données disponibles des accords sur les terres 248
Tableau 26: Données disponibles des accords sur les terres 250
Tableau 27: Données disponibles des accords sur les terres 253
Tableau 28: données disponibles des accords sur les terres 254
Tableau 29: données disponibles des accords sur les terres 255

Tableau 30: Superficies accaparées par les grandes firmes pour la culture du palmier à huile en Afrique. 257

Préface

Par François MAZUYER

Président d'honneur de l'Ordre des Géomètres Experts

Président d'honneur de France International Expertise Foncière

Président de la Fédération des Géomètres Francophones

D'après le Littré, le mot foncier est apparu en 1370, avec comme signification *« ce qui est relatif à un fonds de terre »*. Le dictionnaire de l'Académie Française donne, lui, pour définition *« ce qui a rapport à une propriété immobilière »*.

Plus généralement, le foncier, est ce sur quoi nous naissons, il est l'assise de ce qui nous nourrit, nous abrite, nous habille, il nous porte et nous supporte à chaque instant de notre vie. C'est sur lui que l'Homme construit ses châteaux et ses plus humbles demeures, ses cathédrales, ses mosquées et ses temples pour honorer ses Dieux, c'est dans ses entrailles que s'enracine l'arbre à palabre, et finalement c'est l'endroit du dernier repos.

Son seul défaut est de ne pas être extensible.

Eternel objet de convoitise, donc de conflits, ceux-ci s'amplifient et s'aggravent, lorsque, par l'augmentation de la population mondiale, la part du gâteau de chacun diminue.

Comme souvent, le plus fort gagne, laissant au bord du chemin de plus en plus d'exclus, les *« sans terre »*.

La gestion de ce patrimoine est donc plus qu'essentielle, et dans ce domaine, toute injustice ou même simple maladresse, a pour conséquence de bafouer, pour certaines populations, le droit fondamental d'accès à la terre.

Thème cher à certains experts internationaux indépendants, à ceux d'Organisations internationales, Banque Mondiale, FAO, UN Habitat, Union Africaine, Banque Africaine de Développement, ou organismes de coopération nationaux comme l'Agence Française de Développement, la « gouvernance foncière » pour reprendre la terminologie à la mode, donne donc lieu à de nombreuses publications et beaucoup de choses ont été dites à son sujet. Chacun y va de son

« expertise », pour décliner ce qui lui semble être une « bonne gouvernance ».

Alors me direz-vous, un livre de plus ?

Certes, mais l'intérêt spécifique de cet ouvrage se décline sous plusieurs facettes.

Tout d'abord l'auteur, Bernard PUEPI. Camerounais, géomètre, ancien Directeur du Cadastre, homme d'Afrique et de terrain, passionné des questions foncières, n'en est pas à son coup d'essai.

Ensuite l'ouvrage lui-même.

La première partie est une analyse particulièrement passionnante de l'histoire du foncier au Cameroun, et de l'évolution , ou plus exactement des systèmes fonciers sous la colonisation allemande, puis sous le mandat français et le protectorat Britannique, enfin depuis l'indépendance et la réunification en 1961.

On y voit les sinueuses adaptations du régime de la propriété immobilière depuis le décret-loi de 1963, en passant par l'ordonnance de 1974 et jusqu'à la situation actuelle, découlant des modifications du décret du 16 décembre 2005.

Cette première partie est loin de n'être qu'un rappel historique car Bernard PUEPI se lance dans une analyse critique sur les faiblesses de la situation actuelle, dénonce la corruption, l'origine et la diversité des conflits, leurs conséquences, l'engorgement des tribunaux, la longueur des procédures, l'insuffisance des formations, donc des compétences de plusieurs acteurs, et se veut force de propositions. L'ensemble, bien documenté, est agrémenté de nombreux exemples concrets.

La deuxième partie n'est pas moins passionnante. Il s'agit d'un état des lieux, issu d'une abondante bibliographie et de recherches personnelles sur les caractéristiques générales des régimes fonciers de plusieurs pays subsahariens.

L'idée de les classer sous le critère linguistique en pays francophones, anglophones, lusophones et hispanophones, permet des rapprochements et des comparaisons sur la façon dont des pays soumis à la même influence coloniale, ont, depuis leurs indépendances respectives, suivi des voies différentes dans la gouvernance foncière, certains résolvant mieux que d'autres la dualité entre pratiques coutumières et législation issue de la colonisation. Au-delà de l'approche pragmatique de certaines législations sur le droit coutumier, on apprécie également, les avancées, même si elles semblent peu nombreuses, sur l'égalité du genre dans l'accès à la terre, sur les dispositions sur la limitation des surfaces de terres que peuvent détenir une seule personne, sur les mesures prises pour éviter les doubles attributions ou les doubles ventes.

La liste des pays étudiés n'est pas exhaustive, mais impressionnante, puisqu'on y trouve le Bénin, le Burkina Faso, le Sénégal, la Guinée Conakry, le Mali, le Niger, le Tchad, le Togo, la Côte d'Ivoire, la République Démocratique du Congo, le Burundi, le Rwanda, mais aussi le Zimbabwe, l'Afrique du Sud, le Nigéria, le Ghana, le Kenya, le Mozambique, le Cap Vert, la Guinée Bissau, l'Angola, la Guinée Equatoriale, et l'Ethiopie avec sa spécificité de n'avoir jamais été colonisée.

La troisième et dernière partie de l'ouvrage traite d'un sujet encore plus d'actualité, notamment depuis les années 2000, celui de l'accaparement massif des terres.

Là encore plusieurs publications ont déjà traité du sujet, mais l'analyse sur les différents types d'accaparements, sur les raisons et ce qui, dans les législations africaines, permet de les favoriser ou au contraire de les restreindre, est pertinente. De très nombreux exemples concrets, pour plusieurs pays, avec des tableaux précis, donnent une bonne vision de la situation actuelle.

Comme dans les deux premières parties, l'auteur consacre un chapitre à faire des propositions qui tendent à concilier les deux visions antagonistes, d'une part celle des pays, des multinationales et des fonds de pension accapareurs, d'autre part celle de la petite paysannerie dont le moyen de survie est l'agriculture familiale.

Enfin, et cela donne une connotation particulière à l'ouvrage, on sent, à travers toutes ces pages, le souci permanent de Bernard PUEPI, de défendre les droits des plus démunis, et on y retrouve en filigrane sa fidélité aux douze principes qui figurent dans la Charte d'Ethique adoptée par la Fédération des Géomètres francophones, à Yaoundé, le 22 octobre 2013.

Qu'il soit ici remercié pour sa contribution.

François MAZUYER

Avant propos

Né d'une famille paysanne dans la région montagneuse de l'ouest du Cameroun, géomètre de profession, la terre est restée mon contact le plus régulier tout au long de ma vie.

Mon enfance au village, ma formation professionnelle, une carrière administrative dans les services du cadastre, l'histoire des guerres passées et présentes qui dans leur quasi-totalité ont pour finalité l'occupation des territoires aux fins d'exploitation des ressources, m'ont fait comprendre tôt l'importance du foncier dans la réalisation du bien-être des sociétés.

Ma conviction sur la nécessité d'une bonne gouvernance des terres a été renforcée par l'observation de la course effrénée des pays riches pour l'achat des terres dans les pays pauvres ainsi que la boulimie des bourgeoisies locales qui usent de tous les moyens pour contrôler les ressources foncières.

Afin de « conjurer le danger imminent » (réel ou imaginé) d'une pénurie alimentaire mondiale et l'épuisement des sources d'énergie fossiles qui hantent les pays industrialisés, les monarchies pétrolières et les fonds d'investissement acquièrent de vastes étendues de terre dans les pays sous-développés pour la production alimentaire et le biocarburant destinés à leurs pays aux dépens des exploitations paysannes locales.

Cet essai tout en informant sur les pratiques foncières en vogue dénonce au passage les tares qui les entourent.

Dans une première partie, le survol des législations et des pratiques foncières de quelques pays africains au sud du Sahara permet de prendre connaissance des actions menées par les gouvernements des pays concernés pour conformer leurs législations à leur modèle de développement économique.

Le cas du Cameroun a été largement développé, cela va sans dire.

Dans une seconde partie, j'ai examiné, à travers l'exploitation d'une abondante littérature faite de rapports d'études et d'enquêtes, le phénomène des accaparements des terres et ses conséquences sur la vie des habitants des pays concernés.

Un constat : les informations quant aux superficies accaparées, à la nature des contrats relèvent du « secret d'Etat » aussi bien du côté des « accapareurs » que de celui des gouvernements des pays d'accueil.

Les organisations de défense de l'agriculture paysanne dénoncent en permanence et de manière véhémente ce phénomène alors que les investisseurs et les organismes de financement du développement en vantent les vertus avec encore plus d'ardeur.

De cette dichotomie dans la perception de l'utilisation du foncier j'ai tenté une réflexion sur une administration optimale de la terre qui ferait qu'elle cesse désormais d'être cause de discorde entre les nations et source d'inégalité, de conflits et d'appauvrissement entre habitants d'un même pays.

Les réformes foncières dans les anciennes colonies doivent tout en s'accommodant des exigences de la mondialisation de l'économie, prioriser les intérêts présents et futurs des peuples.

Introduction

La terre, bien non reproductible et non extensible constitue la première richesse que devrait posséder chaque être humain à sa naissance dès lors que son existence implique automatiquement une occupation spatiale. L'Homme naissant ainsi sur la terre y vit et ses restes sont enterrés. La terre constitue dès lors un bien commun de l'humanité en dépit de la variété des règles qui la régissent.

De sa gestion peut découler le bien ou le mal-être d'une société dans son ensemble. En effet, l'agriculture, l'élevage, la construction des logements, toutes les activités humaines ont besoin des espaces pour leur déploiement.

L'administration des terres a varié de tout temps d'une société à une autre et, dans la même société d'une époque à l'autre.

Dans les pays africains avant les colonisations, la gestion de ce bien commun relevait des autorités traditionnelles, garantes de l'intérêt général.

Les terres conquises à l'issue des guerres tribales étaient administrées par les chefs de tribu dans l'intérêt de tous et dans une perspective de développement durable respectant l'environnement. C'est ainsi que l'organisation spatiale des villages prévoyait des zones d'habitation, des zones de pâturage, des zones de cultures vivrières, des forêts réservées au bois de chauffe, des espaces sacrés réservés aux cultes, etc.

Cette organisation a été totalement détruite pendant la colonisation. Les Etats, après leur accession à la souveraineté, se débattent pour mettre en place un régime foncier répondant le mieux possible aux exigences de leur développement économique et aux nécessités d'une cohésion sociale de leurs peuples. La gestion du patrimoine foncier apparait ainsi comme une question centrale de la gouvernance, objet de la présente étude.

Dans une première partie, nous procéderons à l'examen de la situation foncière du Cameroun à travers les différentes périodes de son histoire.

La revue des systèmes fonciers de quelques pays africains au sud du Sahara constituera la deuxième partie.

Les observations tirées de ces deux premières parties permettront de juger de l'importance qu'attachent les gouvernements de ces pays à la contribution du foncier aux efforts de leur développement économique.

Un aperçu sur le phénomène d'accaparement des terres par des pays étrangers et des grands groupes financiers montrera, dans la troisième partie, combien la terre est devenue un objet de grande convoitise économique, comment ce phénomène mondial n'épargne pas l'Afrique et constitue même une menace pour sa sécurité alimentaire, voire pour sa paix sociale et sa survie politique.

La conclusion nous amènera à examiner la pertinence des différentes réformes foncières entreprises et à explorer certaines pistes pour leur amélioration afin de faire de la terre un instrument de développement économique et de cohésion sociale dans le contexte d'une mondialisation et d'une libéralisation sans pitié pour le faible.

PREMIERE PARTIE : LE FONCIER AU CAMEROUN

Chap. 1

L'administration des terres au Cameroun à travers l'histoire

1- Présentation du Cameroun

Le Cameroun, tout au long de son histoire, a mis en place des politiques conjoncturelles de gestion foncière qui ne semblent pas jusqu'ici satisfaire la frange la plus nombreuse de la population quant à ses besoins en alimentation, en logement et autres usages.

En remontant le cours de l'histoire, nous examinerons d'abord les formes successives d'organisation de l'administration foncière et leur influence sur le développement du pays en général et la vie des populations.

Dans un deuxième temps, un état des lieux réalisé au cours des enquêtes dans les différentes structures liées au foncier permettra d'abord d'apprécier la performance de ces structures dans la délivrance des titres de propriété, la gestion des conflits fonciers et par la suite d'évaluer les garanties qu'offre le titre foncier pour la protection des droits des titulaires de ces titres.

L'état des lieux servira de socle pour les propositions en vue de faire du foncier un instrument qui concourt au développement économique sans créer des tensions sociales.

Le Cameroun, pays de l'Afrique Centrale peuplé d'environ 17 millions d'habitants,[1] a longtemps pratiqué une gestion des terres basée sur ses traditions séculaires.

Les colonisations successives lui ont légué chacune une législation foncière spécifique sur le territoire qu'elles contrôlaient ; législations qui tranchaient avec les us et coutumes des populations.

---

[1] 3e Recensement Général de la Population et de l'Habitat (RGPH) de 2005 publié en 2010.

L'évolution politique du pays l'amène en 1974 à mettre en place une règlementation qui se veut une synthèse des règles coutumières de gestion des terres et des principes hérités des colonisations successives. Cette réforme fondamentale a connu un succès mitigé dû à des facteurs aussi divers que la résistance subtile des pratiques coutumières, l'absence d'un cadastre fiable, la pénurie des personnels compétents chargés de sa mise en application et substantiellement le peu d'engagement des décideurs politiques quant à la confection d'une administration foncière performante.

L'Etat camerounais, qui s'est doté d'un département ministériel chargé des problèmes fonciers, mène actuellement des réflexions pour adapter les textes régissant le foncier aux exigences du développement économique et de la cohésion sociale.

Une brève description de la situation géographique, un rappel historique et une esquisse de l'organisation administrative permettront de mieux cerner l'évolution de la législation foncière camerounaise.

1.1- Situation géographique du pays

Pays charnière entre l'Afrique Centrale et l'Afrique Occidentale, le Cameroun est limité à l'ouest par le Nigeria, ancienne colonie anglaise ; au nord et à l'est par le lac Tchad, la République Centrafricaine et le Tchad, deux pays faisant partie jadis de l'Afrique-Équatoriale française (A.E.F) ; au Sud par l'océan Atlantique, la Guinée Equatoriale, ancienne possession espagnole et le Gabon qui fut également partie de l'Afrique équatoriale française. Le nord est une région de savane propice à l'élevage ; l'Est, le Sud, le Littoral, sont des régions forestières où se pratiquent l'exploitation des bois et des mines, la pêche et les cultures industrielles, l'Ouest, région des montagnes se caractérise par une agriculture de subsistance.

1.2- Bref aperçu historique

C'est vers le sixième siècle avant J-C que HANNON, un marin carthaginois découvrit le Mont Cameroun qu'il surnomma le « Char de Dieu » parce que cette montagne très haute s'embrasait la nuit et crachait des torrents de feux impétueux qui s'écoulaient jusqu'à la mer à l'image d'un char incandescent qui majestueusement dévale une colline.

En 1472, des navigateurs portugais découvrirent l'estuaire du Wouri, fleuve où pullulaient les écrevisses. C'est ainsi qu'ils appelèrent ce fleuve « Rio dos Camaroes » ou rivière des écrevisses, dénomination d'où le pays tout entier tirera son nom.

Avant la colonisation, les différentes immigrations ont abouti à la formation de nombreuses ethnies, dont beaucoup ont la même origine, mais avec des modes de vie distincts à cause des différences de leurs lieux d'installation.

Ces ethnies au cours du temps et sous les effets conjugués des colonisations successives et des luttes de libération, se sont forgées une conscience nationale et constituent désormais une nation marquée par la réunification de ses deux composantes linguistiques après les indépendances respectives en janvier 1960 et en octobre 1961 du « ***Cameroun oriental*** » sous tutelle de la France et du « ***Western Cameroon*** » jadis sous tutelle de la Grande-Bretagne.

1.3- Organisation administrative du Cameroun

D'une superficie de 475 442 km², le Cameroun est divisé en dix régions administratives dont les limites géographiques épousent autant que possible les contours des zones écologiques et des peuplements. Ainsi les régions septentrionales, le Nord, l'Adamaoua et l'Extrême-Nord sont dans la zone sahélienne ; les régions du Centre, de l'Est et du Sud dans la zone forestière ; le Littoral et le Sud-ouest dans la zone des mangroves, l'Ouest et le Nord-ouest dans les montagnes.

Les Régions sont divisées en départements et ceux-ci en arrondissements. Les Régions, les Départements et les Arrondissements sont dirigés par des fonctionnaires nommés par le pouvoir central. Avec l'avènement de la Décentralisation, ces entités sont appelées à être dirigées dans un proche avenir par des élus locaux.

Le taux de croissance démographique est de 2,8 %.

La répartition des populations sur le territoire est inégale, avec une densité de population inférieure à 10 habitants/km² dans le Sud-ouest, mais supérieure à 100 et à 200 à l'Ouest, au Littoral et Nord-ouest.

La population se caractérise par sa jeunesse (57 % de moins de 20 ans) et par un taux d'urbanisation élevé de 45 %. Ce taux varie au rythme de 6,5 % par an.[2]

2- Evolution du système foncier

Le système foncier a subi les convulsions de l'évolution politique du pays.

Composé des peuples indépendants les uns des autres à ses origines, le Cameroun s'est forgé une législation foncière au fur et à mesure que ces peuplades progressaient sur le chemin de leur unification.

En effet pour ces peuplades, la terre était une propriété commune dont la jouissance était régulée par les chefs de clan. Le nomadisme qui caractérisait ces peuples relativisait beaucoup leur attachement à un terroir donné. Le lieu de sédentarisation des populations procédait de la nature de leurs activités : ainsi lorsqu'il s'agissait d'un peuple de chasseurs, il s'installait de manière durable dans les zones giboyeuses, par contre les agriculteurs allaient dans les zones fertiles, surtout les vallées et les plaines.

Les colonisations successives aux visées mercantilistes ont bouleversé les habitudes en chassant les indigènes des terres qu'ils occupaient pour leur subsistance afin d'en faire des plantations industrielles, des exploitations forestières ou minières.

2.1- Les régimes fonciers à travers les évolutions institutionnelles

Deux périodes singularisent l'histoire politique coloniale du Cameroun : la colonisation allemande, les tutelles simultanées française et anglaise.

Chacune des puissances occupantes a modulé le visage foncier au gré de ses intérêts.

Le développement qui suit donne les caractéristiques saillantes de la gouvernance foncière de chaque époque.

---

[2] : 3e Recensement Général de la Population et de l'Habitat(RGPH) de 2005 publié en 2010.

2.1.1- Colonisation allemande

La Conférence de Berlin qui réunit de novembre 1884 au 26 février 1885 les représentants des 14 pays européens a pour objet de régler pacifiquement les litiges relatifs aux conquêtes coloniales en Afrique noire.

L'Acte général de cette conférence signé le 26 février 1885 fixa entre autres les règles de la colonisation de l'Afrique et fit du Cameroun une colonie allemande concrétisant ainsi la pénétration allemande dans le pays depuis l'arrivée de l'explorateur Gustav Nachtigal sur les rives du fleuve Wouri en 1884.

L'influence de la colonisation allemande s'étend sur tout le territoire du Cameroun.

A travers des accords léonins qu'ils signent avec les ***« indigènes*** » les allemands créent de grandes plantations. Ces domaines sont concentrés pour la plupart chez les peuples Bakweri autour du Mont Cameroun dans les régions côtières; des plantations industrielles y sont créées au détriment des populations autochtones réduites en ouvriers agricoles. A Djuttitsa dans les monts Bamboutos (région de l'Ouest), en 1896, un vaste domaine fut déclaré «**Terre de la couronne"** après l'expulsion des paysans locaux, et affecté à la culture du thé.

A Douala, les autochtones furent chassés du Plateau Joss pour laisser le terrain aux allemands à la suite d'un stratagème qui consista sous le conseil d'Edouard Schmidt, représentant de la firme commerciale allemande Woerman, à faire signer par les chefs Douala une déclaration annonçant l'abandon de leurs droits sur leur territoire à des firmes allemandes pour une indemnisation symbolique de 40 pfennigs par mètre carré en plus d'un dédommagement pour la destruction des cases.

En fait, il s'agissait d'éloigner les indigènes de la zone résidentielle destinée aux européens. Le texte de cette curieuse expropriation pour des ***« raisons d'hygiène et de salubrité »*** contenait cependant des réserves : « **les terrains cultivés par nous (les chefs Douala) et les emplacements sur lesquels se trouvent nos villages doivent rester la propriété des possesseurs actuels et leurs descendants** ».

Malgré cela, l'interprétation que font de ce traité le gouverneur SEITZ et le chef de la région de Douala ,Von Röhm, conduit à une dépossession totale des indigènes de leurs terres et, plus grave, les allemands en arrivent à la conclusion que tous les terrains non cultivés ou non habités par les indigènes reviennent à la couronne allemande, ce qui donna naissance à la notion de **« terre vacante et sans maître** », notion totalement incongrue eu égard aux traditions car une terre appartient toujours aux ancêtres et leurs lignages.[3]

En 1912, on estime à 18 240 ha les terres accaparées par les allemands dont 13 580 cultivées dans l'ensemble du territoire.

Ces accaparements ont été réalisés sans respecter les règles édictées en 1904, règles relatives à la constitution des réserves indigènes, et qui imposaient de laisser « **6 ha par maison en plus de l'espace bâti en tenant compte, de manière large de la qualité du sol et de l'activité principale de la population. »**[4]

Des résistances à ces occupations aboutirent à l'exécution des nationalistes Paul Martin Samba de la région des forêts à Ebolowa, Rudolph Douala Manga Bell, Ngosso Din, tous deux de Douala et le roi Madola de Kribi.

La colonisation allemande à travers le comportement des missionnaires et des administrateurs, a inculqué la notion d'appropriation privée et individuelle des terres dans l'esprit des autochtones pour qui la terre constituait un bien communautaire.

La propriété foncière était garantie par l'inscription des droits y afférents dans les registres appelés Grundbuch, le privilège de cette inscription étant réservé uniquement aux européens.

2.1.2- Régime de mandat

Après la défaite de l'Allemagne à la première guerre mondiale, le Cameroun est placé sous le mandat de la Société des Nations ; de ce

---

[3] Les Anciens Domaines coloniaux de l'Ouest Cameroun: espaces disputes entre légalité et légitimité.Le cas de l'Ancien "Domaine" Lagarde à Penka Michel, par Tchinda Bertaud, Tepoule N joseph Orphée doctorants en géographie, Université de Dshang et Bounou Vincet, Master complémentaire en développement, environnement et société,Université catholique de Louvain., dans Espaces de vie, Espaces –enjeux: entre investissements ordinaires et mobilisations politiques.

[4]G.Courade, géographe ORSTOM dans Les Plantations Unilever au Cameroun ou la croissance d'une multinationale dans une région marginale. Documents de l'I.S.H. et cahiers de l'ONAREST, vol 1,no 2

fait il est partagé entre les vainqueurs ou alliés que sont la France et la Grande Bretagne.

La France occupe la partie orientale du pays et l'Angleterre la partie occidentale.

2.1.2.1- Le Cameroun sous mandat français

L'administration coloniale française au Cameroun impose l'application des principes du code civil français en niant de ce fait les modes coutumiers de la gestion des terres. Ainsi le régime de l'immatriculation reconnaît uniquement les droits acquis selon le code civil.

Aux indigènes seul le droit de jouissance sur les terres qu'ils occupent leur est reconnu. Les Français peuvent immatriculer leurs terrains. Il est interdit aux autochtones de céder librement leurs terres ou d'y constituer des droits réels avec des étrangers. Seuls les actes passés entre les autochtones et les églises sont autorisés.

Pour accélérer la protection des terres occupées par les colons, le Décret du 21 juillet 1921 institue le régime de la transcription; ce régime permet à tout européen, titulaire d'un droit sur une parcelle de terrain de le faire inscrire sur un registre spécial tenu par un agent public, « ***le Conservateur*** » dans le service administratif dénommé ***« Conservation de la propriété foncière »*** ; un numéro lui est dès lors attribué.

Une évolution arrive en 1932 par l'institution du régime de ***la constatation des droits des indigènes***.

Ce régime fixe le droit d'usage de la terre en tenant compte des règles coutumières.

Parallèlement à ce régime, un deuxième texte institue ***le régime de l'immatriculation*** des droits fonciers pour les européens et assimilés. Il organise la propriété foncière, définit les conditions de garantie et les divers modes d'organisation, de gestion et de protection de biens immobiliers. Il crée le titre foncier et consacre les droits réels.

Le Décret du 12 janvier 1938 et son arrêté d'application du 31octobre 1938 organisent les terres domaniales au Cameroun, le principe de la présomption de la domanialité de toutes les terres vacantes et sans maître ; toutes les terres appartiennent au territoire de même que celles qui ne font pas l'objet d'un titre soit en régime d'immatriculation, soit en régime de constatation des droits fonciers coutumiers.

Ces textes pris pour inciter à la mise en valeur des terres ont finalement facilité l'obtention de grandes étendues dans les zones rurales et dans les zones urbaines par des exploitants expatriés (les plantations John Holt et autres pour la culture d'hévéa).

Des restrictions étaient cependant imposées pour éviter des abus, la superficie susceptible d'être accordée à une personne était de deux cents hectares maximum pour les européens si cette personne justifiait des moyens pour la mise en valeur. Pareille concession ne pouvait être accordée qu'une seule fois à un même titulaire ; pour les « ***indigènes*** », cette superficie était réduite à vingt hectares.

Ce texte de 1938 se préoccupe déjà en filigrane du développement durable des cités : dans les agglomérations urbaines, ne pouvaient faire l'objet de concession que des lots compris dans un plan de lotissement. Une même personne n'était pas autorisée à avoir plus de trois lots dans un même centre urbain, soit un lot résidentiel, un lot commercial et un lot industriel. Ainsi, des préoccupations sociales apparaissent à travers cette loi : la protection des économiquement faibles contre la boulimie foncière des nantis.

Pendant la période dite de « ***de l'Autonomie Interne*** » du Cameroun (1958-1960), période qui précède l'indépendance, le régime foncier de 1938 est abrogé par la loi du 17 juin 1959 : la présomption désormais joue en faveur des coutumes : tout camerounais se voit reconnaître le droit de faire constater ses droits coutumiers à la suite d'une procédure qui aboutit à la délivrance du document appelé « ***livret foncier*** » jouissant d'une force probante.

Cette loi porte en elle les germes de la division car en restreignant le droit de reconnaissance aux autochtones seuls, elle renforce ipso facto les barrières tribales dans une nation en construction ; elle suscite également des dissensions entre les collectivités coutumières voisines et limite les possibilités d'intervention de l'Etat qui doit dorénavant procéder aux expropriations des étendues non mises en valeur pour ses besoins multiformes. Cette loi constitue également un frein à la modernisation de l'agriculture, car la précarité de la condition des exploitants allogènes inhibe leur volonté d'investissement.

2.1.2.2- Le Cameroun sous protectorat britannique

Entre 1919 et 1927, la partie occidentale du pays a une législation foncière duale: La partie nord qui sera rattachée au Nigéria après le référendum est administrée selon les lois du Nord-Nigéria pendant que la partie Sud (actuelle Région du Nord-Ouest et du Sud-ouest) est régie par les textes en vigueur dans l'Est du Nigeria. En 1927, la « *British Cameroon administration ordinance* » étend la « *land and native rights ordinance* » sur l'ensemble du territoire.

Cette ordonnance appelée « *rights of occupancy* » confère le droit de jouir et d'occuper la terre aux *indigènes*. Elle est différente du *land certificate* qui certifie la pleine propriété foncière avec droit de jouissance et d'aliénation. Avec cette loi le représentant de la couronne devenait le nouveau maître de toutes les terres, au détriment des chefs coutumiers qui jusque-là, avaient la mission de contrôler l'usage rationnel des terrains et de la distribution aux familles nécessiteuses. Toutes les terres sont placées sous l'autorité du gouverneur général (le représentant du gouvernement britannique) qui les gère ; personne n'a le droit de les aliéner sans son accord.

Le droit d'occupation de la terre comportait deux variables : - le *« statutory rights of occupancy »*, ce droit n'était reconnu qu'aux allogènes et aux étrangers, et avait une durée maximale de 99 ans.

Le « *customary rights of occupancy »* est un droit reconnu d'office aux indigènes et aux collectivités coutumières, il a une durée illimitée, mais est précaire.

Les terres précédemment détenues par les allemands, à l'arrivée des anglais, ont été d'abord reversées à la *Cameroon Development Corporation (C.D.C),* filiale du groupe anglais Common Wealth Development corporation(CWDC) pour la création de ses plantations industrielles. Cette attribution suscita des protestations surtout dans la région de Victoria où la densité de la population était très élevée : en 1951 la population Bakweri, estimant qu'elle n'avait pas assez de terre pour ses besoins présents et futurs, demanda que les terres reversées à la C.D.C soient reconnues comme lui appartenant.

En 1956, sous l'égide de la « *Bakweri Improvement Union »* et la« *Bakweri Land Comittee* », soutenus par les leaders des formations politiques autochtones de l'époque, les chefs traditionnels revendiquent les terres jadis détenues par les allemands ; brisant l'autorité du gouverneur général, ils voient ainsi leur autorité rétablie par un amendement sur la « ***Land and native right Ordinance*** ».

Le texte de 1956 prévoit la propriété privée ou « ***free hold land*** » et la « **lease hold land** » qui est un droit de jouissance ; en dehors de ces deux catégories, toutes les autres terres désormais appartiennent aux collectivités coutumières et non plus à la couronne britannique. La répression des atteintes à la propriété foncière était également prévue dans ce texte, la mesure ayant pour but de freiner la spéculation foncière qui prenait déjà des proportions surtout dans les zones côtières.

Le trait caractéristique de la législation foncière dans cette partie du pays placée sous la tutelle de la Grande Bretagne est la grande protection des droits des indigènes. Ainsi l'aliénation des terres au profit des étrangers est strictement réglementée. Les concessions appelées « *Freehold lands* » au profit des étrangers sont très limitées.

La « ***Land and native rights Ordinance*** » du 25 février 1916 réglemente la matière foncière dans le reste du Cameroun sous protectorat anglais.

Cette loi stipule entre autres que :

- Les indigènes doivent disposer des terres en quantité suffisante pour subvenir aux besoins de leurs familles.
- Rien ne doit entraver la pratique coutumière en matière de gestion des terres.
- Les terres, qu'elles soient occupées ou non sont déclarées terres coutumières.

C'est le représentant de la couronne dans la colonie, le « **Commissionner »,** qui est chargé de l'application de la loi sur les transactions foncières. Ainsi toutes les transactions sont soumises à son contrôle. Il doit, dans sa gestion, respecter les coutumes et pratiques indigènes.

Son pouvoir lui permet de :

- Donner le droit d'occupation aux aborigènes, aux autochtones, et aux étrangers.
- Demander une rente aux occupants des terres coutumières, réviser cette rente à tout moment.
- Attribuer des superficies limitées aux étrangers.

Il peut mettre fin au droit d'occupation pour bonne cause.

La bonne cause s'entend comme :

- Le non payement des frais
- Le non-respect de la loi régissant les terres
- L'intérêt général
- L'abandon des terres pendant deux années consécutives.

Le Commissionner peut déléguer une partie de ses pouvoirs en matière foncière à l'autorité coutumière.

Le droit de propriété dérive soit du droit de conquête, soit du droit d'occupation d'une terre inhabitée ou d'un long et incontesté usage.

La propriété de la terre est détenue soit par le chef comme à Bali (Bamenda, Région du Nord-Ouest) ou par la communauté entière comme à Buéa, (Région du Sud-Ouest) selon que la conquête ou l'occupation a été l'œuvre d'une personne, du chef, ou de la communauté sans être sous les ordres du chef.

La communauté villageoise a dès lors ses terres sur lesquelles elle exerce des droits d'abord à l'égard de ses membres, ensuite à l'égard des étrangers. Elle exerce un droit exclusif à l'égard de ses membres : si un individu outrepasse ses droits de jouissance coutumière, par exemple en faisant des cultures commerciales, il se place dans la position d'un étranger à l'égard de la communauté.

Les villageois ont la latitude d'aliéner leurs droits entre eux.

Quant à l'étranger, pour exploiter une terre, il faut payer un droit et par la suite payer une rente annuelle régulière. Il ne peut acheter la terre qui lui est dévolue, il ne peut non plus la céder en héritage à sa descendance.

Cependant il peut la donner en caution.

2.1.2.3-acquisition des terres par l'Etat pour cause d'intérêt général

L'acquisition des terres pour les besoins d'intérêt général se fait sous l'égide de la « **Public Land Acquisition Ordinance** ».

L'intérêt général est reconnu lorsque les terres concernées sont affectées a :

- L'usage exclusif du public

- L'hygiène publique et au lotissement des villes, à l'aménagement des quartiers administratifs ou à leur extension.

Les abords portuaires font également partie des terres affectées à l'intérêt général.

Tout terrain susceptible d'avoir une plus-value par suite des travaux effectués par le gouvernement est inclus dans le domaine public.

Les victimes des expropriations sont indemnisées compte tenu de la mise en valeur au jour de l'expropriation ainsi que de tous les dommages subis.

2.2- Après l'indépendance et la réunification

2.2.1- décret-loi de 1963

En 1961, le Cameroun occidental forme avec la République du Cameroun (ancien Cameroun oriental sous tutelle française, indépendant depuis le premier janvier 1960) la République fédérale du Cameroun.

Le décret-loi de 1963 est la première législation foncière de la nouvelle entité étatique bilingue ; mais son application concerne uniquement le Cameroun francophone.

La principale innovation de ce premier texte foncier post-indépendance est la création d'une nouvelle catégorie de terre appelée **Patrimoine Collectif National** gérée par l'Etat. Cette nouvelle notion réduit les superficies des terres des collectivités coutumières tout en sauvegardant les espaces de production qui leur sont nécessaires.

Le patrimoine collectif national est l'ensemble des terres retirées aux collectivités coutumières à l'exception de :

- Celles qui sont considérées comme une possession des collectivités ;
- Celles qui sont immatriculées ou transcrites soit en vertu du régime du code civil, soit à la suite de la procédure de constatation des droits coutumiers ;
- Celles qui constituent le domaine public et le domaine privé tels que définis par les textes.

L'Etat entend ainsi dégager des étendues susceptibles d'être affectées aux projets de développement, surtout à l'expérimentation des nouvelles techniques agricoles.

Cependant, l'application de ce décret-loi manquera de rigueur car au terme de la loi, seules les terres immatriculées devaient faire l'objet d'aliénation par voie de vente, or une instruction de 1968 organise la vente sous condition suspensive des terrains non immatriculés. Cette entorse portée à la réglementation sur les transactions a de lourdes conséquences :

- Parce que le terrain n'est pas immatriculé, l'acheteur compense le risque par un prix d'achat très bas.
- -La superficie vendue est estimée, donc peu précise ; cette imprécision devient par la suite, source de conflit entre l'acheteur et le vendeur car la superficie réelle obtenue après le bornage est soit trop grande soit trop petite.
- L'urbanisation des villes en souffre aussi car les ventes sont faites sans tenir compte des voies de desserte et autres contraintes d'urbanisme, l'occupation du sol devient dès lors anarchique.

La procédure d'immatriculation elle-même est très lourde et couteuse.

Le décret N° 64/10 du 30 janvier 1964 pris en application du décret-loi N° 2 du 30 janvier 1963 fixant le régime foncier et domanial du Cameroun oriental contient des dispositions précisant la répartition des terres entre le patrimoine collectif national et les terres des collectivités coutumières. Mais cette répartition est imprécise et son application rencontre deux difficultés fondamentales : la délimitation de ces deux entités reste théorique, les populations qui voient leurs droits mis en péril organisent une résistance feutrée.

Sur le plan social, contrairement à la loi du 17 juin 1959, la réforme de 1963 consacre la détribalisation des terres, car tout camerounais peut désormais accéder à la pleine propriété foncière sur la parcelle qu'il occupe ou exploite partout où il se trouve dans le pays.

Les exigences de développement économique et l'évolution politique du pays montreront bientôt les limites de cette législation et conduiront les dirigeants à initier une nouvelle réforme. Cette réforme interviendra en 1974 sous la forme d'une série de trois ordonnances prises par le Président de la République.

2.2.2 - Ordonnances de 1974

Le Cameroun devenu Etat fédéral depuis 1961 avec une entité anglophone et une autre francophone, gère deux systèmes fonciers différents : un système fortement marqué par l'héritage de la colonisation française au Cameroun oriental et le système hérité de la colonisation anglaise au Cameroun occidental.

En 1972, la Fédération est transformée en Etat unitaire, d'où la nécessité d'harmoniser les systèmes fonciers existants.

Les ordonnances du 06 juillet 1974 et leurs différents textes d'application réalisent cette harmonisation.

Ces ordonnances comportent deux textes principaux qui organisent le régime foncier et le régime domanial.

2.2.2.1 : Ordonnance n° 74-1 du 6 juillet 1974

Cette ordonnance fixe le régime foncier.

La grande innovation de cette réforme c'est la création du concept du ***Domaine National***. Il est défini dans l'article 14 de ladite ordonnance comme l'ensemble des terres qui, à la date d'entrée en vigueur de la loi ne sont pas classées dans le domaine public ou privé de l'Etat ou des autres personnes morales de droit public. Ne sont pas également incluses dans le domaine national les terres faisant l'objet d'un droit de propriété privée matérialisé par un titre foncier.

Ainsi les terres coutumières qui ne font pas l'objet d'un titre foncier entrent dans le domaine national. La gestion de ce domaine est confiée à l'Etat au détriment des autorités coutumières. Le domaine national englobe aussi les « ***native lands*** » de l'ex-Cameroun occidental.

Les dépendances du domaine national sont classées en deux catégories : la première catégorie comprend les terrains d'habitation, les terres de culture, les plantations, les pâturages, et dont l'occupation se traduit par une emprise évidente de l'homme sur la terre et une mise en valeur probante. La deuxième catégorie comprend les terres libres de toute occupation.

Le décret N° 76 /165 du 27 avril 1976 fixe les conditions d'obtention du titre foncier sur les dépendances du domaine national de la première catégorie. Par l'institution de ***la commission consultative de constat de mise en valeur***, l'état établit en réalité une espèce de cogestion de ce domaine entre lui et les autorités coutumières puisqu'en plus des autorités administratives, le chef du village et ses deux notables sont membres de cette commission, l'absence de leurs signatures sur le procès-verbal entraînant ipso facto le rejet du dossier concerné.

Pour obtenir le titre foncier sur la dépendance de première catégorie, il faut que l'occupation ou la mise en valeur soit antérieure au 5 août 1974. Cette notion de mise en en valeur est assez vague et donne lieu à des interprétations fantaisistes pendant les séances de la commission consultative.

Le texte de cette ordonnance, tenant compte des difficultés rencontrées dans la gestion foncière à travers les législations antérieures, va dans le détail et définit le rôle des intervenants de manière précise ; ainsi il spécifie, entre autres :

- Que l'Etat est le gardien de toutes les terres, il peut à ce titre intervenir pour en assurer un usage rationnel en tenant compte des impératifs de la défense ou des options économiques
- Les listes limitatives des terres faisant l'objet de propriété privée.
- Que les actes constitutifs, translatifs ou exécutifs de droit réel immobilier doivent être établis en la forme notariée.
- Que les sanctions sont prévues en cas de violation des textes.

Toute transaction sur un immeuble urbain ou rural non immatriculé est nulle de plein droit et tous ceux qui participent à des telles transactions sont passibles d'amendes et d'emprisonnement.

Sont passibles des mêmes peines :

- Ceux qui vendent ou louent un même terrain à plus d'une personne.
- Ceux qui n'ayant pas qualité, procèdent à des ventes ou location d'immeubles appartenant à autrui.
- Les notaires ou greffiers qui concourent à la rédaction des actes entre les personnes visées ci-dessus.
- Les zones frontalières sont interdites en matière de transaction immobilière aux non nationaux.
- Des mesures de protection des terrains stratégiques sont prévues.

Lorsque les non nationaux propriétaires d'immeubles veulent les vendre, l'Etat a un droit de préemption, la valeur est déterminée compte tenu du prix initial, de la mise en valeur réalisée et de l'amortissement.

L'Etat peut recourir à la procédure d'expropriation en cas de besoin

Des opérations de remembrement pourront être entreprises dans le cadre de l'aménagement ou de rénovation des centres urbains.

2.2.2.2 : Ordonnance n° 74-2

Elle fixe le régime domanial.

La nouvelle réglementation se caractérise par l'extension du domaine public par rapport aux législations antérieures.

Désormais, une bande de cent mètres de part et d'autre de l'axe de la chaussée des autoroutes en rase campagne, réduite à dix mètres en ville est incluse dans le domaine public. Cette servitude est de quarante mètres pour les routes nationales et provinciales, dix mètres dans les agglomérations et cinq mètres en ville à partir du bord extérieur du trottoir.

Pour les routes départementales, leur emprise faisant partie du domaine public est de vingt-cinq mètres de part et d'autre de l'axe en rase campagne, de dix mètres dans les agglomérations et cinq mètres à partir du bord extérieur du trottoir en ville.

Les chefferies traditionnelles font désormais partie du domaine public.

Cette stratification catégorielle des terres pourrait faire craindre une certaine impuissance de l'Etat devant les besoins en terrain pour la réalisation des travaux d'intérêt général, la loi sur l'expropriation pour cause d'utilité publique de 1985 et son décret d'application de 1987 viendront dissiper cette crainte.

2.2.2.3 : Loi n° 85/09 du 6 juillet 1985 relative a l'expropriation pour cause d'utilité publique et aux modalités d'indemnisation et son décret d'application n° 98/1872 du 16 décembre 1998

Elle réglemente la procédure d'expropriation pour cause d'utilité publique.

Des contraintes sont désormais imposées aux administrations qui entendent procéder à une expropriation pour cause d'utilité publique.

A. Expropriation demandée par un service public

Elle s'exécute de la manière suivante :

- L'objet pour lequel l'expropriation est demandée doit effectivement revêtir un caractère d'intérêt général.

- La population et les propriétaires concernés par les fonds touchés sont intimement associés aux enquêtes sur site menées par la Commission de constat et d'évaluation pour l'évaluation des cultures et des constructions,
- La déclaration d'utilité publique est caduque après deux ans si l'expropriation n'est pas effective.

B. Expropriation demandée par une personne morale de droit public

Les collectivités publiques locales, les établissements publics, les concessionnaires de service public ou des sociétés d'Etat doivent au préalable négocier avec les propriétaires et ne recourir à la procédure d'expropriation qu'en cas d'échec des négociations. Les contraintes imposées au service public leur restent valables dès lors.

C. Procédure d'indemnisation

Toute Administration ou tout organisme public désirant demander une expropriation doit disposer des fonds nécessaires pour les indemnisations.

L'indemnisation des propriétaires et ayants droit est préalable à la prise de possession du site par le bénéficiaire de l'expropriation. Dans certains cas il peut occuper les lieux dès la publication du décret d'expropriation. En général les propriétaires et les ayants droit disposent également d'un délai de six mois pour libérer le site à compter de la date de publication du décret d'expropriation.

Les ordonnances sur le régime foncier de 1974 sont révolutionnaires car pour la première fois l'ensemble du patrimoine foncier du pays est régi par une législation unique qui efface les particularismes juridiques légués par les colonisations.

Chap. 2
Les innovations de la reforme de 1974

Les ordonnances de 1974 avaient pour ambition la réalisation des objectifs économiques, sociaux et politiques.

Le gouvernement par cette nouvelle réglementation tente de donner à la terre son vrai rôle d'instrument de développement.

1- Sur le plan économique

Sous les anciennes législations dans l'ex-Cameroun Occidental, le système de location, n'offrait pas beaucoup de garantie aux industriels qui voulaient par exemple créer des usines ou des plantations industrielles. La rigidité de la notion des terres coutumières était de nature à freiner les mises en valeur des terres et partant à obérer le développement.

Dans l'ex-Cameroun Oriental, les investisseurs ne trouvaient pas de terrains sécurisés pour investir en dépit de l'existence de grandes étendues non mises en valeur appartenant aux communautés claniques , familiales ou aux individus qui les gardaient à des fins spéculatives..

Désormais, les dispositions de la nouvelle réglementation permettent de lutter contre cette spéculation; ainsi on ne pourra plus comme avant, vendre un terrain non immatriculé ni procéder à l'immatriculation d'un terrain sans l'avoir préalablement mis en valeur.

La conséquence directe de cette disposition sera un effort accru de ceux qui ont la jouissance des terrains jadis coutumiers, désormais tombés dans le domaine national. Ils devront à l'avenir les mettre en valeur afin de consolider leurs droits par l'obtention du titre foncier.

Les notaires ne pourront plus passer des actes sur des immeubles situés en dehors du ressort de leur territoire de compétence. Ils sont désormais tenus de faire un travail consciencieux car leur responsabilité est directement engagée. Ces dispositions se fondent sur le souci de combattre l'escroquerie et les doubles ventes. Elles tendent aussi, en instituant un droit de préemption au profit de l'Etat en cas de vente d'immeuble par un étranger, à juguler les pratiques spéculatives. En effet à l'instar du centre commercial de la ville de Yaoundé jonché à l'époque de battisses par les commerçants grecs et libanais, les étrangers qui antérieurement aux ordonnances avaient acquis ces parcelles à vil prix, voire gratuitement, et qui n'avaient fait aucun effort de mise en valeur s'empressaient de les vendre aux nationaux à des prix très élevés, dès lors que pour les besoins de développement de la cité il leur était demandé de réaliser des investissements conséquents.

2- Sur le plan social

L'application stricte des ordonnances contribue au maintien de la paix sociale, les risques de conflit direct entre allogènes et autochtones en matière d'occupation des terres sont atténués.

En effet, l'Etat en étendant le domaine national, pense pouvoir installer les allogènes sans que les autochtones se sentent frustrés de leur droit ; par ailleurs, l'Etat peut intervenir à tout moment pour en assurer une jouissance paisible à travers les commissions consultatives qui ont été créées au niveau de chaque département; ces commissions devraient en principe trancher plus rapidement les litiges qui autrefois traînaient devant les tribunaux.

3- Sur le plan politique

La portée politique de la nouvelle réglementation se trouve dans l'harmonisation des textes fonciers entre le ''Cameroun francophone'' et le ''Cameroun anglophone''. Désormais les mêmes procédures sont utilisées dans toutes les parties du pays en matière foncière.

Ce besoin d'harmonisation semble avoir eu le pas sur la recherche d'une législation foncière globale économiquement rentable.

Ainsi les actions entreprises pour lutter contre la spéculation foncière ont été d'une efficacité douteuse en ce qui concerne les transactions immobilières entre camerounais, car aucun tableau de prix par zone n'est arrêté pour les terrains privés, alors que l'Etat en a défini pour les terrains domaniaux.

La réforme foncière de juillet 1974 aura certes permis l'accession d'un certain nombre de citoyens à la propriété foncière en dépit des blocages administratifs rendant la procédure excessivement longue et coûteuse. C'est ainsi que beaucoup des dossiers d'immatriculation ont été tout simplement abandonnés soit dans les bureaux des sous-préfets, soit dans ceux du cadastre ou des domaines, les trois entités essentielles chargées de la mise en œuvre du nouveau régime.

Les causes de ces résultats mitigés proviennent de la pénurie en personnel qualifié et en matériel adéquat des services du cadastre et des domaines.

Ayant pour ambition la modernisation de la gestion des terres pour tenir compte des impératifs de développement du pays, les ordonnances suscitées ont donné un rôle prépondérant à l'Administration, garante de l'intérêt général. Le rôle des autorités traditionnelles, garantes des intérêts individuels des membres de leurs communautés a été réduit en conséquence pour éviter des exclusions dues à des considérations d'ordre ethnique. L'appropriation privée des terres devait être contrôlée pour contenir la spéculation foncière.

Le titre foncier est désormais le seul garant de la propriété foncière ; mais le chemin pour aboutir à son obtention est fait des méandres et jonché d'obstacles. La publication en 2002, par le ministère chargé des affaires foncières, d'une brochure intitulée *« manuel de procédure »* spécifiant les étapes pour l'obtention du titre foncier, procède du constat fait sur les difficultés qu'éprouvent les usagers dans les procédures foncières. Ce manuel vient donc à leur rescousse, sans succès cependant.

En 2005 un Décret modifie et complète certaines dispositions du Décret 76/165 du 27 août 1976 fixant les conditions d'obtention du titre foncier.

DECRET N° 2005/481 DU 16 DECEMBRE 2005

Ce décret a été initié par le nouveau département ministériel créé spécialement pour s'occuper des problèmes domaniaux et fonciers : ***le Ministère des Domaines et des Affaires Foncières (MINDAF).*** Le nouveau texte n'a pas pour objet de modifier de fond en comble les dispositions de l'ordonnance n° 74-1 de 1974 relative au régime foncier, mais seulement d'expurger la procédure d'obtention du titre foncier de ses lourdeurs, à savoir :

- Une centralisation excessive : les dossiers venant de tous les services territoriaux étaient finalisés au ministère chargé des domaines.

- Un trop grand nombre d'intervenants, ce qui rallongeait les délais de traitement et en augmentait les coûts.

Ce décret procède dès lors, et entre autres à :

- La déconcentration des compétences
- Une réduction du nombre des intervenants
- La fixation des délais pour chaque étape de la procédure.

a- Délégation des compétences

Cette décentralisation se traduit par une délégation des pouvoirs à plusieurs niveaux :

Désormais les sous-préfets et les chefs de district jouent les rôles jadis dévolus aux préfets, les chefs des services provinciaux (aujourd'hui régionaux) des affaires foncières, celui du Directeur des Domaines ; le titre foncier est établi au niveau départemental par le conservateur et non plus au niveau provincial. La publication des avis de bornage est faite dans des bulletins provinciaux à parution régulière et non plus dans le Journal Officiel dont la périodicité de parution est incertaine ; le Gouverneur de province est habilité à trancher les litiges, ce qui jadis était de la compétence du ministre en charge des affaires foncières.

b- Délais

La réforme ayant spécifié que le bornage se fait en présence de la commission consultative, une interprétation extensive de cette disposition a établi que le procès-verbal de bornage devait être signé par tous les membres de cette commission ; ainsi le géomètre qui rarement peut achever les travaux de bornage en un jour et obligé par la suite de rechercher , aux frais du requérant chaque membre de la commission pour lui faire signer le procès-verbal alors que lui seul de par le serment qu'il a prêté d'une part et la technicité de l'opération d'autre part est juridiquement responsable du bornage. Ceci entraine un renchérissement des coûts et un rallongement des délais.

Dans le circuit d'un dossier d'immatriculation, des délais impératifs sont désormais fixés.

1. Le Sous-préfet qui reçoit la demande d'immatriculation doit délivrer un récépissé de dépôt dans les soixante-douze heures et transmettre le dossier dans les huit jours à la délégation départementale des affaires foncières qui en assure la publication dans les quinze jours qui suivent par les soins du chef de service des affaires foncières. La publication qui se fait par voie d'affichage dans les lieux publics du territoire où est situé le terrain concerné (Sous-préfecture, Mairie, place de la chefferie, etc.) a pour but d'avertir les populations de l'imminence de la procédure d'immatriculation afin que toute personne ayant des droits sur ladite parcelle puisse les faire prévaloir. La date de la descente de la Commission consultative sur le terrain pour constater la mise en valeur ou l'occupation réelle est proposée par le chef de service départemental des Affaires foncières au sous-préfet ou au chef de district territorialement compétent qui l'entérine. Le bornage de la parcelle, sous peine de nullité absolue se fait en présence de la commission consultative. Le procès –verbal de la commission consultative, les plans et le procès-verbal de bornage doivent être transmis par le Délégué départemental des Affaires foncières dans les trente jours qui suivent la descente de la Commission au délégué régional des Affaires foncières , qui après avoir vérifié la régularité de la procédure et la conformité du dossier le vise, établit l'avis de clôture de bornage qui est publié dans le bulletin régional des avis domaniaux et fonciers.

2. Le titre foncier est établi par le conservateur de la propriété foncière au niveau départemental trente jours après la publication si aucune opposition n'a été enregistrée jusqu'à la fin de la période de la publication.

Ainsi, le temps estimé pour faire aboutir une procédure d'immatriculation est de six mois si aucune opposition ne vient entraver le processus. En effet les oppositions formulées avant la descente de la commission consultative sont connues par celle-ci. Celles non tranchées le jour du constat ou formulées ultérieurement et dans les délais d'inscription des oppositions sont adressées au conservateur qui les consigne par ordre chronologique dans un registre spécial. Ces oppositions sont par la suite notifiées au requérant qui dans les trente jours qui suivent cette notification doit rapporter la preuve de conciliation ou de non-conciliation. Dans la dernière hypothèse, ces oppositions sont acheminées au gouverneur territorialement compétent pour règlement après avis de la Commission consultative.

Les innovations introduites dans la procédure d'immatriculation seraient certes révolutionnaires si elles étaient traduites dans les faits, mais hélas la pratique sur le terrain révèle la face hideuse de la gestion foncière au Cameroun : la corruption à tous les maillons de la longue chaîne constitue le lubrifiant le plus efficace pour éviter à la machine d'être grippée. Les résultats en annexe d'une enquête menée auprès des personnes ayant suivi la procédure d'immatriculation de leurs terrains illustrent bien l'ampleur du phénomène généralisé et banalisé de la corruption.

La réforme introduite parle décret de 2005 comporte des dispositions qui fragilisent la crédibilité du titre foncier qui désormais peut être annulé à tout moment par le ministre en charge des affaires foncières.

Les préoccupations qui ont été celles des initiateurs de ce décret procèderaient sans doute d'une écoute attentive des récriminations des usagers. Cependant sa rédaction devrait être revue pour l'expurger de certains termes équivoques dont l'interprétation introduit une insécurité permanente dans les transactions foncières.

Par exemple, l'article 6 alinéa 1 qui déclare la nullité de tous les titres fonciers s'ils sont relatifs à une même parcelle nécessite d'être précisé, car il enlève toute garantie de permanence au titre foncier. En effet, un titre établi par fraude, quelle que soit l'époque sur une parcelle ayant déjà un titre authentique entraîne ipso facto l'annulation de ce dernier nonobstant son authenticité et son antériorité.

Le titre foncier une fois établi, doit être un document de grande fiabilité dont la force procède de la rigueur qui a prévalu dans le processus de son élaboration.

Pour que la réforme foncière atteigne les objectifs visés à savoir :

- Faire de la terre un instrument de développement économique et social.
- Permettre l'accès du plus grand nombre à la propriété foncière, aux logements.
- Assurer la sécurisation des transactions immobilières.
- Faciliter l'occupation rationnelle des espaces urbains.

Des efforts sont encore à faire dans le domaine de la formation des personnels des administrations chargées de l'application de la politique foncière, car le foncier est une spécialité nécessitant des connaissances particulières pour l'exercer.

Par ailleurs, la politique foncière pour être efficiente doit être basée sur un cadastre performant qui décrit le parcellaire dans tous ces traits caractéristiques (limites, superficie, voisinage, différents droits réels).

Ce cadastre doit fournir à l'Etat et aux collectivités publiques une parfaite connaissance de leurs patrimoines fonciers, et ceux des particuliers pour les besoins de la fiscalité, d'aménagement et autres.

Les litiges fonciers sont plus facilement réglés lorsqu'il existe une documentation cadastrale fiable.

On assiste actuellement à de nombreux litiges fonciers de plus en plus violents entre collectivités villageoises à cause d'une définition uniquement descriptive, non basée sur un plan des limites entre les unités administratives et entre les collectivités villageoises.

Les tentatives passées et actuelles d'un cadastre fiscal dans certains centres urbains, si elles peuvent avoir une utilité ponctuelle, ne sont que des solutions de fortune coûteuses à court terme. Les pouvoirs publics se doivent de mettre en place un cadastre numérique à buts multiples. Les technologies actuelles permettent de le réaliser à des coûts et dans des délais raisonnables. Le cas du Rwanda qui a réussi à inventorier, cartographier et consolider les droits sur les 11 millions de parcelles que compte le pays dans la période de juin 2009 à septembre 2014 avec un coût de revient de 8 dollars US par parcelle illustre bien la possibilité de réaliser une telle opération d'envergure qui constitue le préalable à la maîtrise du foncier par les décideurs.

La création d'un institut de formation aux disciplines foncières comprenant les métiers de géomètre et les spécialités relatives aux problèmes fonciers doit être sérieusement envisagée.

Sur un autre plan, une collaboration plus étroite doit s'établir entre le secteur privé constitué par les géomètres privés, les notaires et autres intervenants en matière foncière et les administrations chargées des affaires foncières pour rationaliser les procédures et sécuriser les transactions. Cette collaboration suppose une définition concrète et précise des champs d'intervention de chacun pour éviter les conflits de compétences et les blocages.

Le succès de la réforme foncière enclenché par le décret n° 2005/481 du 16 Déc. 2005, nécessite un audit régulier de la chaîne des services administratifs qui concourent à l'établissement du titre foncier pour voir si la réglementation est réellement respectée.

Ce corps d'auditeurs relevant du ministère chargé des affaires foncières et des domaines aurait pour tâche de contrôler la fluidité des dossiers dans les services, d'identifier à chaque étape de la procédure, les goulots d'étranglement et de proposer des solutions pour les éliminer.

La sauvegarde de la documentation existante dans les archives des services du cadastre et des domaines est un impératif prioritaire.

En effet beaucoup de litiges fonciers sont pendants devant les tribunaux et des expertises cadastrales et foncières sont souvent commandées pour éclairer les décisions des juges. L'exploitation des archives du cadastre et de la conservation foncière sont d'un grand apport dans la solution de ces litiges. Or l'état actuel de ces archives laisse beaucoup à désirer : le cadastre n'est pas outillé pour mettre à jour dans ces archives les plans des titres fonciers lorsque ceux-ci subissent des modifications par suite des transactions ; il en est de même de la conservation foncière qui peut délivrer un certificat de propriété avec une superficie qui ne correspond plus à la réalité sur le terrain parce que le suivi de la mise à jour des titres mères est aléatoire. Des protagonistes dans un litige réussissent à faire disparaitre dans ces services des éléments essentiels du dossier concerné, ce qui prouve une tenue quelque peu négligée de cette documentation et invite à la rationalisation de sa maintenance.

En attendant la densification du réseau géodésique couvrant l'ensemble du pays, chaque agglomération devrait faire l'objet d'un réseau homogène des points de référence permettant le rattachement des travaux faits dans l'agglomération à un même système de coordonnées. Compte tenu du niveau actuel d'équipement des services du cadastre, cette infrastructure de base pourrait être construite par le secteur privé à travers des contrats de service entre l'Administration et les géomètres privés mieux outillés pour de telles tâches.

Le nombre des géomètres experts exerçant en clientèle privée étant assez réduit eu égard à l'immensité des besoins en matière des travaux topographiques pour la maîtrise des problèmes fonciers, une concertation entre l'Ordre National des Géomètres du Cameroun (OGEC) et le Ministère des Domaines, du Cadastre et des Affaires Foncières (MINDCAF) s'impose pour rechercher une solution rapide et durable à cette pénurie.

OBSERVATIONS FINALES

Les pratiques foncières au Cameroun ont suivi à la fois l'évolution de l'histoire politique du pays et l'évolution de son économie: longtemps confinée dans le seul rôle de pourvoyeuse de l'espace pour l'habitat et des parcelles pour la culture de subsistance, la terre est devenue un bien économique très convoité ; bien non renouvelable, non extensible et à la demande toujours croissante. L'état s'attelle à en organiser une gestion rationnelle, les révisions périodiques des règles de gestion ont pour but de répondre aux besoins des différents segments de la société. La résistance des autorités traditionnelles dessaisies de leurs pouvoirs de gestion avec la disparition des terres coutumières, la corruption des agents de l'Administration chargés d'implémenter les nouvelles règles rendent ces réformes inopérantes. L'assainissement du paysage foncier commande une réflexion en profondeur dans le cadre de la décentralisation pour une bonne maîtrise des problèmes fonciers spécifiques dans chaque localité.

OBSERVATIONS FINALES

Chap. 3

Nécessite d'une rationalisation des administrations foncières

Au Cameroun la gestion du foncier implique plusieurs intervenants et structures parmi lesquels les responsables des administrations publiques, les personnes physiques ou morales, les notaires et enfin les tribunaux.

Le passage en revue de ces différentes administrations, de leur mode d'action, de leurs performances nous amènera dans les pages qui suivent à l'examen des obstacles qui obèrent une gestion foncière efficiente.

1- Les Administrations

Les gouvernements à travers leurs divers démembrements que sont les administrations conçoivent les politiques foncières et veillent à leur mise en œuvre. Selon l'importance que chaque pays attache aux problèmes fonciers, des structures gouvernementales plus ou moins lourdes leur sont dédiées. C'est ainsi que le département ministériel chargé des finances s'occupe des affaires foncières dans certains pays dont l'accent est mis plus sur les revenus que procurent les taxes issues du foncier au trésor public; quand le foncier est considéré comme un facteur essentiel dans les aménagements urbains ou ruraux, le régime foncier est géré soit par le ministère du développement urbain soit par celui du développement rural. Par contre, là où la terre est considérée comme l'élément essentiel du développement économique et social, tout un département ministériel lui est consacré. Tel est, du moins dans le concept le cas du Cameroun.

Pendant longtemps, le foncier ne fut pas une grande préoccupation des pouvoirs publics, car sans valeur marchande ; ainsi après l'indépendance du Cameroun oriental, sa gestion fut confiée tour à tour au Ministère de l'Intérieur, à celui des Finances et au Ministère de l'Equipement. A partir des années 1980, les problèmes de développement urbain, environnementaux et ceux de l'agriculture pour nourrir une population toujours croissante amenèrent le gouvernement à plus de considération pour les problèmes fonciers. Un nouveau département ministériel consacré aux problèmes d'urbanisme et de l'habitat vit le jour et s'occupera désormais aussi des problèmes fonciers, cadastraux et domaniaux.

Un ministère entièrement dévoué au foncier, dénommé « ***Ministère des Domaines et des Affaires Foncières*** », verra le jour en 2005. Il sera transformé en « ***Ministère des Domaines, du Cadastre et des Affaires Foncières*** » en 2011. De par ses attributions, ce département ministériel a pour missions essentielles :

- l'élaboration des textes législatifs relatifs aux secteurs domaniaux, cadastraux et fonciers.
- la gestion des domaines publics et privés de l'Etat.
- la gestion du domaine national et des propositions d'affectation ;
- l'acquisition et l'expropriation des biens immobiliers au profit de l'Etat, des établissements publics administratifs et des sociétés à capital public.
- l'élaboration et la tenue à jour de plans cadastraux.

A ces principales missions, furent adjointes d'autres, plus évasives, telles que :

- la gestion et le suivi des locations administratives ;
- la réalisation de toute étude nécessaire à la délimitation des périmètres d'intégration cadastrale ;
- la constitution et la maîtrise des réserves foncières.

L'extension des attributions de ce ministère à d'autres activités en fait une lourde machine et risque de le distraire de ses missions fondamentales que sont la conception et la mise en œuvre des politiques domaniales et foncières permettant à l'Etat de déployer ses activités sans être soumis aux lourdeurs des procédures d'expropriation ; aux investisseurs de sécuriser leurs installations et aux particuliers l'accès sécurisé à la propriété. Une telle politique exige une administration malléable et très spécialisée. L'aspect légal et l'aspect technique constituent les éléments qui dénotent la fiabilité de tout système foncier. Ces deux exigences sont mises en œuvre au Cameroun par la Direction des Affaires foncières et par la Direction du Cadastre.

Le cadastre est l'épine dorsale de la politique foncière, car c'est son existence qui permet l'application concrète des textes fonciers et domaniaux ; son absence est à l'origine des errements qui engendrent tous les conflits et les désordres fonciers. Ainsi, toute législation foncière qui ne s'appuie pas sur un cadastre cohérent et précis ne saurait être opérationnelle à moyen terme, car la non-maîtrise du parcellaire dans sa situation géographique, sa contenance superficielle ne peut en aucun cas en faire un objet de transaction sécurisée.

Le cadastre camerounais actuel est caractérisé par un éparpillement de la documentation graphique du parcellaire, sans cohérence spatiale et d'une maintenance douteuse. Un projet de « cadastre national est en gestation, mais ses contours restent à déterminer avec précision. Une direction du cadastre logé au Ministère des Domaines, du Cadastre et des Affaires foncières a des attributions génériques qui laissent difficilement comprendre ce que doit être le cadastre. Le cadastre actuel se confond avec les plans parcellaires qui accompagnent les procès-verbaux des bornages relatifs aux diverses transactions immobilières.

La direction des domaines et la direction des affaires foncières constituent les administrations qui s'occupent des aspects légaux et réglementaires en matière de gestion des terres. Chargée de l'élaboration et du suivi pour tout ce qui concerne le domaine public, la direction des domaines a également en charge la gestion du domaine privé de l'Etat, la constitution du domaine privé des personnes morales de droit public et des concessionnaires des services publics, les procédures d'expropriation pour cause d'utilité publique et les indemnisations y afférentes.

La direction des affaires foncières élabore et met en œuvre la politique du Gouvernement en matière foncière ; elle est chargée de l'administration du Domaine national, veille à la régularité des procédures d'obtention des titres fonciers et participe au règlement des conflits fonciers de toute nature.

Les compétences de ces directions sont déconcentrées dans les unités administratives que sont les régions et les départements.

Les activités des services déconcentrés se limitent à leurs interventions dans les procédures foncières particulières telles que les immatriculations, les morcellements et les mutations à la demande des particuliers, les expropriations à la demande des administrations. Dans l'exercice quotidien de ses attributions, le cadastre doit fournir aux autres services les informations précises relatives aux parcelles objets des transactions ; ces informations devraient être à la fois littérales, graphiques et numériques pour une bonne exploitation, mise à jour et archivage, mais la situation actuelle, à cause des pénuries diverses est loin de l'idéal.

Dans les services fonciers, le personnel est constitué d'un « melting pot » difficile à caractériser : de l'enseignant de l'éducation physique à celui des sciences naturelles en passant par le diplômé de droit, chacun a vocation à diriger l'application de la politique foncière comme si cette matière ne requerrait aucun professionnalisme spécifique.

L'instabilité ministérielle vient souvent en rajouter au manque de compétence des responsables : chaque ministre arrive avec *« ses hommes »* qui comme lui, prennent du temps pour comprendre ce qu'ils ont à faire. Le foncier, étant par excellence un secteur qui charrie des intérêts divergents entre particuliers, entre les particuliers et l'Etat, le besoin de réforme pour résoudre ces conflits ou en atténuer les effets reste une constante et apparait toujours comme la priorité de chaque nouveau ministre. C'est ainsi que des modifications conjoncturelles inspirées par des problèmes rencontrés dans la pratique quotidienne sont apportées aux textes de base. Mais souvent ces modifications parcellaires créent plus de problèmes qu'elles n'en résolvent parce qu'insuffisamment pensées.

Les observations ci-dessus relèvent une fiabilité limitée des documents qui sous-tendent l'application des politiques foncières et domaniales du gouvernement. Ce manque de fiabilité ne permet pas de régler rapidement les nombreux litiges fonciers qui engorgent les administrations et les tribunaux, troublent la paix sociale, plombent les investissements et font perdre à l'Etat et aux collectivités décentralisées d'énormes sommes en matière de recettes fiscales.

Poussé par la Banque Mondiale à des fins budgétaires, le Ministère chargé des finances publiques a en 2000 entrepris la confection d'un cadastre **dit « *cadastre fiscal* »** qui consistait à inventorier les immeubles bâtis ou non avec leurs propriétaires afin de constituer une base de données pour la taxe foncière et les impôts sur les revenus immobiliers.

Cette opération conçue avec amateurisme par de non-initiés en matière foncière et cadastrale s'est limitée aux villes de Yaoundé et Douala avec des résultats mitigés qui n'ont même pas été exploités puisque ces taxes et impôts restent soumis au régime de déclaration volontaire jusqu'en 2014 dans l'ensemble des Régions avec des performances en dents de scie comme le reflète le tableau ci-dessous.

Tableau 1: Recettes issues de la taxe foncière par région entre 2009 et 2013 (en millions de FCFA)

Régions	Années				
	2009	**2010**	**2011**	**2012**	**2013**
ADAMAOUA	22,3	25,1	47,6	6,0	16,3
CENTRE	437,9	437,0	303,2	444,2	479,3
EST	34,2	32 ,6	25,0	17,0	39,0
EXTREME-NORD	29,1	21,1	24,2	19,7	29,3
LITTORAL	571,2	410,8	525	494,4	560,1
NORD	32,0	23 ,3	25,0	17,2	22,0
NORD-OUEST	50,9	48,8	39,9	41,3	100,0
OUEST	173,8	165,1	159,7	128,2	159,8
SUD	90,4	41,6	69,4	68,0	84,1
SUD-OUEST	62,1	56,3	55,6	49,5	101,3
Total des régions	**1503,9**	**1261,6**	**12746**	**1285,5**	**1591,2**
Direction des grandes entreprises	261,5	258,8	00	65,5	97,3
Total annuel	**1765,4**	**1520,5**	**1274,7**	**1351,0**	**1688,5**

Source *: Direction Générale des Impôts*

Le tableau ci-dessus fait ressortir quelques curiosités telles que la tendance baissière générale de la taxe foncière dans toutes les régions alors que la matière imposable est en constante augmentation. La deuxième curiosité est la chute vertigineuse du montant payé par les Grandes Entreprises (DGE) ; l'assiette de leur imposition qui est la mieux maîtrisée par les agents du fisc par rapport aux parcelles des particuliers subirait-elle une dépréciation, voire une disparition avec le temps ?

2- Les performances des services

La performance est évaluée à l'aune des résultats obtenus par chaque service eu égard à ses attributions. Nous nous pencherons ici sur le cas des services qui concourent à la délivrance des titres fonciers et au règlement des litiges.

Le Cadastre est l'élément fondateur du processus de constitution, d'identification et de consolidation de la situation juridique d'une parcelle de terrain. C'est ainsi que jusqu'à une date récente, le cadastre se contentait d'effectuer des bornages pour les besoins d'immatriculation des parcelles et des bornages de morcellement à la demande des particuliers.

Devant l'ampleur des conflits fonciers, la nécessité d'un aménagement du territoire maîtrisé, l'importance de plus en plus attachée à la terre pour les besoins agricoles et de l'habitat, la pression des partenaires au développement en matière de fiscalité pour l'accroissement des recettes budgétaires, le Gouvernement semble se résoudre à mettre en place une réforme foncière assise sur un cadastre fiable. C'est dans cette optique qu'un accord de prêt a été signé en 2010 avec la Banque Africaine de Développement pour la confection du Cadastrc. La première étape a été l'établissement d'un réseau géodésique de premier ordre couvrant toute l'étendue du pays. La densification des points de cette ossature dans l'ensemble du pays pour la rendre opérationnelle.

En attendant l'avènement de cette révolution, qui verra la constitution d'un cadastre généralisé permettant une gestion rationnelle et productive des terres, les services fonciers continuent à travailler essentiellement à la délivrance des titres fonciers à la demande, le cadastre fournissant le support graphique à ces immatriculations.

En dépit de toutes les minis réformes pour rendre ces procédures rapides, peu couteuses conduisant à la sécurisation foncière, les résultats sont catastrophiques car toute la chaîne est gangrenée par la corruption et l'incompétence due à un manque de professionnalisme des principaux acteurs.

Théoriquement un titre foncier issu de la procédure d'immatriculation doit aboutir dans un délai de six mois après que la demande ait été introduite dans les services fonciers compétents, mais la réalité est autre, deux années sont nécessaires pour une procédure « bien suivie ».

La commission consultative est le maître d'œuvre de la procédure d'immatriculation.

Cette commission est présidée par l'autorité administrative du lieu de situation du terrain, le Sous-préfet en l'occurrence. Son mode de fonctionnement, sa composition élastique font de cet organe à l'origine destiné à faciliter la procédure, le bras armé de la corruption qui enchérit le coût d'obtention du titre foncier et en rallonge les délais.

En effet, avant la descente sur le terrain, le Président exige du requérant le transport des membres de la Commission ; mais n'ayez pas l'idée saugrenue de vouloir mettre un véhicule à sa disposition pour cela, il s'agit du « transport en espèces » dont le montant est fixé à la tête du requérant avec un minimum de 150 000 FCFA[5].

Pour me faire une idée concrète de l'ampleur du monnayage dans la procédure, j'ai initié au cours du dernier semestre de 2013 un dossier d'immatriculation d'une parcelle de terrain de 6000m². Le Président de la commission (Sous-préfet) me demande 1000 000 FCFA (un million) pour le transport des membres de la commission ; après d'âpres négociations et compte tenu de ma qualité d'ancien responsable du cadastre, j'ai obtenu une remise de 200 000FCFA et j'ai alors remis sans reçu à la secrétaire du président la somme de 800 000 FCFA.

Deux semaines après, lors de la descente de la commission sur le terrain, chaque membre me réclamait ses frais de transport et de restauration au risque de voir mon dossier bloqué si je ne m'exécutais pas.

Même l'acquittement de ces frais n'est pas une garantie de l'évolution heureuse de la procédure puisqu'au mois d'avril 2014 ce dossier était encore devant le responsable du cadastre qui « attendait sa part » pour apposer son visa.

---

[5]Cameroon Tribune du14 avril 2014 : Obtention du titre foncier : un parcours du combattant, déclarations concordantes de certains responsables des services fonciers locaux.

L'analyse des données contenues dans les tableaux ci-dessous montre l'inefficacité de la règlementation foncière actuelle pour booster le développement économique.

Tableau 2: Evolution de la délivrance des T.F. dans la ville de Yaoundé de 1934 à 1988

	Nombre de T.F	**Observations**
De 1934 -1964	1713	
DE 1964 -1969	1025	
DE 1968 -1971	820	
DE 1971-1973	798	
DE 1973 -1976	2434	
DE 1977 -1979	1001	
DE 1979 -1982	1838	
DE 1982-1985	2522	
DE 1985 -1988	1811	

Sources : ***Document "Nombre des TF à Yaoundé classé par Arrondissement"(Conservation Foncière du Mfoundi, 2005).***

Ce tableau récapitule le nombre des titres fonciers établis sur les parcelles situées dans la ville de Yaoundé sur une période de 54 ans (1934 à 1988) soit un total de 13962 pour une moyenne annuelle théorique de 259 TF/an.

Tableau 3: Nombre des titres fonciers établis dans chacune des dix régions entre 2005 et 2013

Régions	Année									
	2005	**2006**	**2007**	**2008**	**2009**	**2010**	**2011**	**2012**	**2013**	**TOTAUX**
Adamaoua	131	229	400	362	282	314	0	330	1027	**3075**
Centre	2256	4256	4975	3655	4276	5144	1667	3980	3859	**34068**
Extrême-nord	169	492	529	534	683	845	332	1051	1186	**5821**
Littoral	859	1611	1953	1716	3190	2730	207	2880	2117	**17263**
Nord	90	418	409	320	327	363	273	183	240	**2623**
Nord-ouest	199	563	675	895	1035	1001	62	712	357	**5499**
Ouest	818	1675	1736	1653	1726	1710	1402	813	1348	**12881**
Sud	257	349	436	430	629	783	769	678	582	**4913**
Sud-ouest	200	503	484	497	683	837	489	379	971	**5043**
Est	173	221	271	349	290	312	404	93	250	**2363**
TOTAUX	**5152**	**10317**	**11868**	**10411**	**13121**	**14039**	**5605**	**11099**	**11937**	**93549**

Source: *Statistiques glanées au Ministère chargé des affaires foncières et ses services régionaux. Ces chiffres concernent les titres fonciers issus de l'immatriculation, ceux provenant des morcellements n'y sont pas compris.*

En 2008, on estimait à 42000 le nombre de titres fonciers délivrés dans la ville de Yaoundé, soit 26038 titres fonciers obtenus en 20 ans pour une moyenne annuelle de 1302 titres fonciers. A la même époque, des informations obtenues auprès de la Mission d'Aménagement et d'Equipement des Terrains Urbains et Ruraux et des agents immobiliers faisaient état d'un million de parcelles aménagées mais non titrées. Si on s'en tient dès lors au rythme actuel de production, il faudra 768 années pour sécuriser ces parcelles !

Ce délai ubuesque nous a poussés à rechercher plus en profondeur les causes du blocage de la délivrance dans des délais raisonnables du titre foncier par les services compétents. Une enquête par la méthode des questionnaires à remplir a été effectuée parmi les usagers de ces différents services.

Les informations tirées de l'enquête qui précède montrent à suffisance que les procédures foncières sont à la fois polluées et polluantes :

- La corruption généralisée dans tous les maillons de la longue chaîne de procédure d'obtention du titre foncier (fonctionnaires, autorités traditionnelles, etc.) entraînant des surcoûts non justifiés amène les détenteurs des terrains à brader une bonne partie de leur patrimoine au profit des intermédiaires qui assument les lourdes dépenses au cours de la procédure. Les délais sont anormalement longs ;
- La procédure est polluante parce que eu égard au mutisme et à la résignation des requérants à qui on extorque tant d'argent, il s'avère que la corruption est banalisée et acceptée par tous.

En attendant une réforme foncière radicale qui devra toucher les structures et les hommes chargés de les animer, le système d'abornement général qui consiste à procéder au bornage collectif obligatoire de tous les terrains d' une zone, suivi du lever parcellaire immédiat (dans les jours qui suivent) en présence d'une commission de délimitation s'occupant du règlement des litiges est de nature à éradiquer les pratiques de corruption à ciel ouvert qui gangrènent le système.

La restitution des résultats de l'enquête est faite en annexe.

Chap. 4
Litiges fonciers et leur gestion

Ces litiges concernent aussi bien les terrains objets de titres fonciers que ceux relevant du domaine national.

Une typologie sommaire de ces litiges permet de distinguer :

- Les litiges entre particuliers.
- Les litiges entre chefferies traditionnelles
- Litiges entre unités administratives
- Litiges entre les administrations et les particuliers
- Litiges agro-pastoraux.

1- Les litiges entre particuliers.

Ils peuvent provenir de plusieurs sources et être de natures différentes :

1.1- Contestation de la propriété

C'est le cas surtout des terrains non titrés relevant du domaine national ; la contestation porte généralement sur l'appartenance de l'occupant au clan familial détenteur coutumier des terres dans la zone. Les rapports de voisinage peuvent aussi faire naître des conflits fonciers ; en effet deux voisins peuvent ne pas s'entendre sur leurs limites séparatives.

Même s'il arrive que les autorités administratives interviennent dans ces types de conflits la solution de compromis est souvent trouvée par les autorités traditionnelles.

Un même terrain peut faire l'objet de la délivrance de deux titres fonciers à deux personnes différentes, ce cas heureusement pas très fréquent est la manifestation la plus achevée de l'absence d'une documentation cadastrale géo référencée et du manque de suivi dans le travail des commissions consultatives si les titres sont issus d'une procédure d'immatriculation. En effet, une mappe cadastrale de la zone aurait permis au géomètre au moment de la mise à jour relative au deuxième bornage de se rendre compte que le terrain avait déjà été borné ; en l'absence d'une telle documentation, des archives rationnellement tenues des procès-verbaux de la commission consultative devraient permettre d'éviter pareils écueils. A l'occurrence de telles situations, la solution rationnelle, conforme à la réglementation était d'annuler le titre foncier le plus récent. Le décret N° 2005/481du 01 decembre2005, contre toute logique et en violation flagrante des textes définissant la nature du titre foncier, a remis ce principe en cause en instituant le retrait automatique de deux titres quelle que soit l'antériorité de l'un par rapport à l'autre. Nous analyserons dans un autre chapitre les conséquences de cette réforme.

1.2- Contestations des limites

Il peut s'agir de :

- Limites entre deux terrains contigus du domaine national occupé .
- Limites entre un terrain titré et une parcelle voisine du domaine national occupé.
- Limites entre deux parcelles titrées.

Dans le premier cas, c'est toujours le recourt aux règles coutumières qui permet de trancher le litige ; dans le deuxième cas, le géomètre intervient pour reconstituer les limites de la parcelle titrée qui en principe prime sur la parcelle non titrée s'il n'y a pas la constatation d'une faute grossière lors du bornage ; dans cette hypothèse, le titre foncier doit être rectifié pour tenir compte des nouvelles limites sur le terrain.

Le litige qui concerne deux terrains contigus objet chacun d'un titre foncier est le plus souvent le fait du chevauchement partiel d'une des parcelles sur les limites de l'autre. L'absence d'un fichier des terrains bornés par secteur, d'une documentation cadastrale appropriée ajoutée au laxisme des commissions consultatives suivant les cas, sont à l'origine de ces déconvenues. La solution conforme à la réglementation consiste à laisser le titre le plus ancien dans ses limites et à corriger l'autre. Cette procédure est purement administrative et c'est seulement en cas de désaccord des parties que le recours à la justice est fait.

1.3- Contestation des droits

Dans les traditions africaines, il arrive qu'un propriétaire coutumier accueille des tierces personnes, étrangères à sa communauté et les installe sur une partie de ses terres ; elles y construisent des habitations, pratiquent de l'agriculture ou de l'élevage. Cette situation peut s'étaler sur plusieurs générations jusqu'au jour où ces personnes installées ou leurs héritiers s'avisent à vouloir consolider leurs droits sur la parcelle occupée par l'obtention du titre foncier ; c'est alors que le propriétaire coutumier originel s'oppose à la procédure avec pour argument qu'il s'agissait d'une occupation précaire en dépit des mises en valeur visibles sur le terrain.

Des cas similaires sont nombreux et étalent au grand jour la coexistence tumultueuse entre le droit moderne et le droit coutumier. En effet au terme de la législation foncière en vigueur, si les occupants sont installés sur le site convoité avant 1974, ils ont le droit de demander l'immatriculation des parcelles mises en valeur, si l'occupation est postérieure à 1974 ils doivent faire une demande en concession de ces parcelles à l'administration. Dans l'une ou l'autre hypothèse, il faut des arrangements avec la communauté d'accueil pour faire aboutir le dossier, sinon des oppositions feront capoter la procédure.

Il arrive souvent qu'entre-temps le détenteur coutumier ait immatriculé tout son domaine en englobant les parcelles occupées et mises en valeur par d'autres. Ces derniers sont fondés de par la législation foncière à faire un recours en dommages- intérêts devant le tribunal civil du lieu de situation de l'immeuble si la procédure d'immatriculation a respecté toutes les conditions de forme ; dans le cas contraire, le ministre chargé des affaires foncières peut s'il y a eu faute de l'Administration résultant d'une irrégularité commise au cours de la procédure, au vu des pièces authentiques présentées, procéder au retrait du titre foncier irrégulièrement établi.

Les conflits de successions constituent une autre catégorie car souvent la personne désignée comme successeur de par la coutume et partant héritier principal, a tendance à s'accaparer de tous les biens ou à exclure les femmes du partage.

Au terme de l'alinéa 4 de l'article 2 du Décret No 76/165 du 27 avril 1976 fixant les conditions d'obtention du titre foncier, modifié par le décret 2005/481 du 1- décembre 2005, le retrait du titre foncier délivré entraîne la mutation sans frais dudit titre au nom du propriétaire initial s'il s'agit d'un immeuble immatriculé. L'immeuble est remis au même et semblable état où il se trouvait avant la délivrance du titre s'il s'agit d'un immeuble non immatriculé.

Le retrait du titre foncier pour irrégularité au cours de la procédure ne peut intervenir que dans le délai du recours contentieux sauf cas de fraude du bénéficiaire.

Depuis la publication du décret 2005/481 modifiant les conditions d'obtention du titre foncier issues du décret de 1976, le retrait des titres fonciers semble devenir un exercice très prisé du ministère en charge des affaires foncières. En effet, l'alinéa 6 de l'article 2 de ce décret dispose que : *« lorsque plusieurs titres sont délivrés sur un même terrain, ils sont tous déclarés nuls de plein droit et les procédures sont réexaminées pour déterminer le légitime propriétaire. Un nouveau titre est alors établi au profit de celui-ci »*.

Dès lors le titre foncier, quelle que soit l'époque à laquelle il a été établi et quelles que soient les précautions prises pour assurer la conformité de la procédure de son établissement avec la réglementation, ne représente plus une garantie certaine et immuable de la propriété, car pouvant à tout moment être annulé. Une pareille disposition fragilise le titre foncier qui ne rassure plus les investisseurs et les banquiers. Elle fait le bonheur des fonctionnaires qui, disposant du pouvoir de régulation, montrent peu d'ardeur pour un règlement définitif, obligeant les parties à recourir à des arbitrages qui ponctionnent leur patrimoine.

2- Les litiges entre communautés villageoises

Ce type de litige est très fréquent dans les zones rurales à forte densité de population. Un bref passage en revue de l'organisation administrative du pays s'impose pour bien comprendre la nature de ces litiges et le processus de leur règlement.

Le territoire camerounais est composé de dix Régions, chaque Région divisée en Départements, le Département en Arrondissements, l'Arrondissement en Districts, la plus petite des unités administratives est composés des villages qui regroupent des gens partageant les mêmes us et coutumes. Ces villages ont chacun son histoire, un territoire bien défini, une langue commune à tous ses ressortissants, une administration connue et respectée dirigée par un monarque héréditaire dans certaines régions et désignés ou élus dans d'autres.

Les litiges surviennent lorsque l'un des villages ne respecte pas les limites avec son voisin ; ce non-respect procède rarement d'une volonté délibérée de belligérance. Dans les zones où la délimitation de deux villages s'est faite à l'issue d'un conflit armé, de larges tranchées matérialisent les limites. Dans d'autres, les cours d'eau, les versants des montagnes, certains types d'arbres servent de limites entre villages. Les cours d'eau changeant souvent de lit au fur du temps et quelques fois grâce à l'action de l'homme, les arbres pouvant être abattus ou renversés sous le poids de l'âge, ces limites naturelles disparaissent et souvent les conflits naissent de cette imprécision. Par la loi N° 2003/016 du 22 décembre 2003 l'Administration a crée au niveau de chaque unité administrative, un organe chargé de la résolution de ces conflits qui souvent occasionnent des destructions des biens et des pertes en vie humaine. Ces commissions en réalité ne font qu'instruire de manière contradictoire les prétentions des protagonistes et dresser le procès-verbal qu'elles transmettent à l'autorité administrative compétente qui tranche en dernier ressort.

Tableau 4: Inventaire partiel des litiges des limites territoriales

REGIONS	Nombre de litiges
Adamaoua	05
Centre	31
Est	04
Extrême-nord	22
Littoral	15
Nord	18
Nord-ouest	139
Ouest	77
Sud	05
Sud-Ouest	37
Total	**353**

Source: *Ministère de L'Administration territoriale et de la Décentralisation (2013)*

Dans la région du Centre, le nombre des litiges n'englobe pas ceux relatifs aux Départements du Mfoundi, de la Mefou Afamba et du Nyong et Kellé. Il en est de même pour les Départements de la Kadey et du Lom et Djerem de la Région de l'Est, du Mayo Kani pour l'Extrême- nord, du Dja et Lobo et de la Vallée du Ntem pour la région du Sud. Les fiches des litiges n'étaient pas encore parvenues au Ministère de l'Administration territoriale et de la Décentralisation au moment de l'inventaire.

Il ressort de ce tableau que les régions septentrionales sont relativement calmes en ce qui concerne les litiges fonciers entre communautés traditionnelles si on excepte le vieux conflit foncier entre les Kotokos et les Mousgoums dans la région de Kousseri qui périodiquement donne lieu à des affrontements sanglants et mortels entre les deux communautés. Dans les autres régions, l'intensité de ces conflits croît avec la densité de population (le Nord-ouest et L'Ouest). Ainsi les affrontements sanglants inter tribaux, les incendies criminels caractérisent l'intensité des conflits fonciers dans la région du Nord-Ouest. Les juridictions des villes de Bafang, Bangangté, Dshang et Bafoussam dans la région de l'Ouest, Douala, Nkongsamba, Penja dans le Littoral connaissent un taux de conflits fonciers supérieur à 60% par rapport à l'ensemble du contentieux pendant devant ces juridictions toutes causes confondues. Yaoundé, Akonolinga, Mbalmayo et Monatélé frôlent les 70%.[6]

3- Les Litiges agro-pastoraux

Dans les régions où se pratiquent à la fois l'agriculture et l'élevage (surtout de bovins) les conflits fonciers sont légion entre agriculteurs et éleveurs et il en résulte souvent de pertes en vies humaines et en biens. L'origine des conflits provient d'une délimitation incertaine ou inexistante des zones destinées au pâturage de celles destinées aux activités agricoles. L'influence des autorités traditionnelles est très importante dans ces zones car contrairement aux milieux urbains et périurbains où la plupart de parcelles sont immatriculées, les terres objets des conflits agropastoraux ressortent de la catégorie du domaine national occupé. N'étant pas immatriculées, ni leur délimitation, ni leur superficie ne sont connues. Par ailleurs la fiction juridique qui veut que ces terres soient gérées par l'Etat n'a de contenu que lorsque les conflits atteignent un certain degré de violence. En effet les

[6] Robinson Tchapmegni : Cameroun : Les mécanismes camerounais de résolution des conflits fonciers ; Camer.be 2013.

autorités traditionnelles, plus proches des belligérants, maitrisant les us et coutumes du terroir se révèlent plus aptes à trouver une solution de compromis ; mais souvent ces compromis ne durent que le temps d'une saison de transhumance. Il est dès lors nécessaire de trouver des solutions durables à ces conflits par une réglementation appropriée à ces activités.

Des expériences à portée pédagogique ont été menées dans la région de Nord. Ici le pouvoir de régulation foncière est presque exclusivement exercé par le lamido qui est le chef d'un regroupement ethnique plus ou moins grand. Ainsi, les mutations foncières, les acquisitions, le règlement des litiges fonciers relèvent de sa compétence. Cette gestion coutumière était en général acceptée tant que la population présentait une certaine homogénéité d'origine, mais avec les migrations liées au développement des infrastructures de transports et de la recherche constante de meilleures conditions de vie, elle se doit de s'adapter au nouvel environnement. En effet des populations des zones montagneuses sont au fur du temps descendues dans les plaines. Les populations de la plaine, souvent regroupées en tribus sous l'autorité d'un chef se considèrent comme propriétaires des terres, occupées ou non. Les migrants qui arrivent aussi par vagues ethniques et s'installent sur des espaces non occupées font face à l'hostilité des populations locales auxquelles ils doivent faire allégeance pour y être acceptés. Dès lors la cohabitation entre les deux groupes n'est pas sans poser d'épineux problèmes.

Le premier est la revendication par les migrants de droits de propriété sur les espaces qu'ils occupent et entendent étendre, alors que les autochtones ne leur reconnaissent qu'un droit d'occupation temporaire.

La coexistence entre l'agriculture et l'élevage soulève aussi de vagues au-delà des problèmes de droit de propriété. L'élevage, surtout celui de bovins étant par nature extensifs et pratiquant la transhumance, les dommages causés aux cultures lors des passages des animaux cherchant les zones de pâturages occasionnent des conflits entre la communauté des éleveurs et celle des agriculteurs.

Le règlement de ces litiges par les autorités traditionnelles devient impossible dans la mesure où les intérêts des leurs communautés sont concernées. Devant l'indolence de l'Etat en matière de gestion foncière dans ces territoires éloignés des centres urbains, dès lors moins exposés à la spéculation, des Organisations Non gouvernementales (O.N.G.) et des congrégations religieuses suppléent à cette carence en se posant en médiateurs entre les communautés.

Le Comité Diocésain pour le Développement de Maroua-Mokolo (CDD) dans ses actions privilégie les pratiques sociales tout en demandant aux populations de rester dans un cadre juridique formel ; ainsi pour sécuriser les transactions foncières entre individus, il propose la création des « *certificats de mise à disposition d'un droit de jouissance d'un terrain* », document cosigné par le propriétaire antérieur, des témoins et si possible par le chef du village Il est recommandé de faire un croquis de la parcelle au dos du certificat. La forme de ces certificats varie suivant la nature du contrat [7] usufruit temporaire, mise en gage, vente définitive, etc.

Le projet de Développement Paysannat et Gestion de Terroirs(DPGT), organisme rattaché à la Société de Développement de Coton (SODECOTON) et financé par l'Agence Française de Développement s'est engagé en 1997 dans une opération pilote de démarcation foncière pour atténuer et faciliter la résolution des conflits fonciers entre des terroirs ; la méthodologie consistait à :

- Obtenir par négociation des accords entre villages en conflit sur la délimitation de leurs terroirs respectifs, accords obtenus après confrontation entre pionniers fondateurs de chaque village et des débats sur les projets d'extension de chaque village,
- Matérialiser les limites acceptées par l'implantation de grosses bornes aux angles du périmètre et de petites bornes intermédiaires, toutes ces bornes étant par la suite localisées avec le GPS,
- Reporter les limites sur une carte que signent toutes les parties au conflit, carte qui accompagnée du procès-verbal décrivant le contenu des accords sera par la suite diffusée auprès des parties et de l'administration.

Ce projet a connu un réel succès dans la zone où il a été appliqué car il a contribué à stabiliser les relations entre les villages qui étaient dans un perpétuel état d'affrontement.[8]

---

[7]Expérience de médiation foncière dans le Nord-Cameroun, André Tessier, Christian Seignobos, Ousmanou Hamadou ,chercheur du CIRAD-TERA à Montpelier , France, chercheur de L'IRD à arles, France, chercheur du TERDEL à Garoua, Cameroun, IRD, 1997.
[8]Idem.

Les conflits entre agriculteurs et éleveurs naissent d'une part, de l'extension des champs agricoles sur des terres longtemps réservées pour les pâturages, des dégâts causés aux cultures par les animaux lors de la transhumance d'autre part. Des expériences réalisées dans la partie septentrionale du Cameroun, montrent qu'une approche consensuelle issue des négociations entre les éleveurs et les cultivateurs, négociations menées avec le concours des notables des chefferies de chacune des communautés concernées en dehors des cadres réglementaires est plus efficace pour une coexistence harmonieuse de deux activités : des aires pastorales et des couloirs de passage sont ainsi négociés et des chartes pour le respect des mesures arrêtées signées par chacune des parties.

4- Les litiges entre les anciennes plantations coloniales, les spéculateurs fonciers locaux et les populations avoisinantes

A la veille de l'indépendance, les plantations européennes occupaient les meilleures terres agricoles dans certaines régions du pays. Dans la zone du Mungo qui couvre des villes comme Nkongsamba, Loum, Penja, Nyombé, etc., ces plantations s'étendaient sur une superficie totale de 204090 ha.[9]

Ces plantations industrielles déjà installées ont toujours tendance dans leur extension à engloutir les exploitations environnantes de la petite paysannerie. La création des emplois par ces groupes est le motif souvent invoqué par les autorités pour expliquer cette boulimie foncière. Les limites de ces plantations sont rarement définies conformément à la règlementation cadastrale qui impose des bornes en béton dont les emplacements sont localisés dans un système de coordonnées. L'extension se fait au détriment soit des pâturages, soit des réserves forestières sans tenir nullement compte de la biodiversité et des exploitations agricoles familiales.

La Mondialisation de l'économie et les effets induits tels que la faim dans le monde, le recours au biocarburant amènent les détenteurs de capitaux à l'achat de grandes étendues dans les pays en développement pour une agriculture totalement extravertie qui

---

[9] Nkankeu: Occupation du Sol et conflits fonciers sur les cendres volcaniques du Mungo, Université se Dshang, Département de Géographie.

transforme les paysans hier propriétaires de leurs terres en ouvriers agricoles aux salaires de misère incertains.

Les rapports sont tendus entre ces firmes et les populations avoisinantes à cause du traitement inhumain des ouvriers qui y sont recrutés d'une part, de l'attitude d'indifférence pour les problèmes du pays en général car toute leur production brute est destinée à l'exportation même en cas de pénurie dans le pays d'autre part.

. Par ailleurs, l'utilisation des pesticides, des herbicides et autres produits chimiques dont les effets sur l'environnement ne sont pas toujours contrôlés constitue une menace réelle pour la biodiversité. C'est ainsi que dans la région du Mungo, il se dit que l'épandage des produits phytosanitaires par aéronef sur les bananeraies a entraîné la disparition entre autres de certaines cultures de subsistances et pollué jusqu'aux nappes d'eau souterraine.

La valeur marchande de la terre augmente chaque jour, ce phénomène très sensible dans les centres urbains et leurs périphéries pousse les élites économiques et administratives à s'investir dans le rural où elles accaparent au franc symbolique de vastes étendues de terre légalement dites du domaine national, mais qui légitimement sont terres coutumières appartenant à des familles connues depuis des générations. Cet accaparement se fait avec la complicité des autorités administratives qui, sous le prétexte d'appliquer la loi en matière foncière diligente dans le meilleur des cas une procédure de concession, et le plus souvent celle d'immatriculation alors même que la parcelle ne présente aucune trace de mise en valeur du fait du requérant. Les oppositions des détenteurs coutumiers se perdent dans les labyrinthes des procédures coûteuses de règlement de litige hors de portée de leurs petites bourses. Il se constitue ainsi dans les campagnes une aristocratie des propriétaires fonciers issue de la fonction publique et de la bourgeoisie financière grâce à la paupérisation des masses paysannes spoliées de leur unique bien qui est leur terroir.

Dans les zones forestières, les exploitations forestières et minières détruisent l'habitat et les moyens de subsistance des populations autochtones sans compensation. Ces populations longtemps considérées comme des sous-hommes inoffensifs et ignorants, grâce aux actions conjuguées des O.N.G. humanitaires et la scolarisation sont de plus en plus exigeantes sur leurs droits ; les promesses jamais tenues ne leur suffisent plus.

5- Les litiges entre les multinationales et les communautés locales

Les pays occidentaux, les dragons d'Asie et les pétromonarchies du Golfe, les premiers englués dans une crise économique endémique, les seconds noyés dans d'immenses revenus pétroliers oisifs, les autres mus par une recherche effrénée de matières premières pour leurs industries ont depuis quelques années entrepris de procéder à de grandes acquisitions de terre en Afrique et en Amérique du Sud pour des investissements dans l'agriculture ou dans le domaine minier.

Cette ruée vers les terres, souvent présentée par les gouvernants des pays d'accueil comme de grandes opportunités de développement ne va pas sans soulever d'épineux problèmes ; les terres qui leur sont concédées recouvrent souvent des agglomérations entières dont les habitants tirent l'essentiel pour leur subsistance à travers la chasse, l'agriculture, l'élevage, l'exploitation en bois de chauffe ou en bois d'œuvre. L'état qui concède ces terres au franc symbolique pour une longue durée reste peu regardant et sur le sort des populations présentes victimes de ces concessions et sur celui des générations futures. Le secret qui entoure les cahiers de charge de ces concessions fait peser de graves soupçons sur la capacité à tenir compte de l'intérêt général des acteurs locaux qui participent à ces transactions.

Les négociations sont menées dans le plus grand secret à l'insu des populations concernées qui grâce aux organisations humanitaires apprendront plus tard que leurs terres sont désormais données en concession de longue durée à une multinationale dont elles n'ont jamais entendu parler. Les gouvernements souvent gênés aux entournures gardent un silence complice et laissent le soin aux nouveaux acquéreurs de brouiller l'opinion par des déclarations qui cachent leurs vrais objectifs.

Aucune enquête préalable pour déterminer les différents impacts sur les populations ainsi « expropriées » et sur l'environnement n'est faite ; c'est ainsi qu'à l'intérieur des zones concernées on peut retrouver des terrains titrés, des réserves forestières au fauniques, d'importantes agglomérations humaines, etc. Les discours des gouvernants vantant les effets d'entrainement de ces nouvelles unités sur les populations environnantes ne convainquent plus personne eu égard aux expériences des plantations industrielles existantes qui ont réduit des populations jadis autonomes sur leurs terres en ouvriers agricoles clochardisés.

La mécanisation de l'agriculture dans ces unités est vantée comme devant avoir un effet d'entrainement vers le progrès sur la paysannerie locale, rien à l'observation autour de ces grandes plantations ne crédibilise cette propagande.

Observations générales sur les procédures de règlement des conflits fonciers

Le règlement des litiges relatifs aux procédures d'immatriculation incombe à la commission consultative pour les cas qui sont parvenus à la sous-préfecture ou au chef de district avant la date du constat ; ces litiges peuvent être soit une opposition lorsqu'il y'a contestation sur l'auteur ou l'étendue de la mise en valeur, soit une demande d'inscription des droits lorsque le plaignant prétend avoir un droit réel ou une charge pouvant grever le titre à établir. La commission lors du constat se saisit du litige et peut amener les parties à s'entendre, un procès-verbal de conciliation est alors dressé et signé par les protagonistes et les membres de la commission. Ce procès-verbal devra être validé par le Gouverneur de région. En cas de non-conciliation le dossier est également transmis au Gouverneur qui le soumet à la commission de règlement de litiges pour étude et proposition de solution. L'observation du fonctionnement de ces commissions montre combien il est coûteux d'obtenir un titre foncier sur un terrain objet de la moindre contestation, même non fondée; en effet toute réunion de la commission est financée par le requérant, et le règlement d'un litige nécessite plusieurs descentes sur le terrain, chacune coûtant un minimum de 150 000 FCFA pour le transport des membres, somme remise au président de la commission qui en assurerait la répartition.

Ce coût varie d'une région à l'autre et le montant fixé « à la tête du client ». Il n'est dès lors pas étonnant de voir des litiges qui durent des années sans solution parce que la répétitivité des descentes sur le terrain et les réunions sont une source de revenus périodiques pour les membres de la commission. Or cette commission à la fin n'émet qu'un avis qui ne lie pas le Gouverneur dans sa décision finale qui elle-même est susceptible de recours devant le ministre chargé des affaires foncières, la Chambre administrative de la Cour Suprême pouvant à son tour réformer la décision du ministre.

Une littérature très répandue veut que les tribunaux soient inondés des litiges fonciers à hauteur de 60% en moyenne. Cette assertion ne semble pas d'un fondement solide car dans nos recherches auprès de quelques tribunaux, il est patent qu'aucun ne dispose des tableaux statistiques des affaires en cours ou jugées permettant de confirmer ou d'infirmer ces allégations.

Tableau 5 : Statistique des dossiers litigieux portes au tribunal de grande instance de Bafoussam période de 2002 a 2012

ANNEE	NATURE										Total DOSSIERS reçus
	empiétement	contestation **delà propriété**	**succession**	**vente sur saisie immobilière**	**nullité de vente et saisie immobilière**	**retrait de l'indivision**	**liquidation de la communauté**	**partage**	**déguerpissement**	**hypothèque**	
2002	00	00	00	08	07	00	01	08	06	01	31
2003	00	00	01	00	00	00	02	04	03	00	10
2004	00	00	02	06	00	00	01	02	04	01	16
2005	00	00	00	08	04	00	00	01	02	05	20
2006	00	00	02	15	04	00	02	01	03	00	27
2007	00	00	03	12	08	02	00	06	03	03	37
2008	00	03	02	08	09	02	00	00	02	01	25
2009	00	05	01	08	07	00	01	03	01	00	26
2010	01	00	06	06	08	00	02	00	01	01	24
2011	02	00	04	11	10	02	00	03	02	04	37
Fin Nov 2012	00	02	02	18	05	02	01	02	02	02	36
Total	**3**	**10**	**22**	**99**	**62**	**8**	**10**	**30**	**29**	**18**	**291**

Source: *Relevé dans les registres du TGI Bafoussam en 2013*

Au Tribunal de Grande Instance de Bafoussam, des recherches réalisées sur la période de 2002 à 2012 montrent que durant cette période, 291 dossiers ont été reçus dont 3 pour empiètement, 10 pour contestation de propriété, 23 pour problème de succession, 100 pour vente sur saisie immobilière. 62 pour nullité de vente sur saisie immobilière, 8 pour retrait d'indivision, 10 pour liquidation communauté, 30 pour partage, 29 pour déguerpissement, 17 pour inscription d'hypothèque. En éliminant les saisies immobilières, les sorties d'indivision, les hypothèques et les successions, cette instance judiciaire n'aura connu que 80 cas de litiges liés à l'accession à la propriété foncière.

Au Tribunal de Grande Instance de Yaoundé, une autre enquête couvrant la période de 2000 à 2011 donne les résultats contenus dans le tableau ci-dessous.

Tableau 6: Statistiques litiges fonciers / immobiliers TGI Yaoundé

Année	Nombre assignations	Déguerpissement	Nullité vente	Réalisation Forcée vente	Morcellement	Sortie indivision	Annulation TF	Autres	Total (litige)
2000-2001	16	1	3	0	2	0	0	10	32
2001-2002	39	10	3	0	3	0	0	23	78
2002-2003	140	38	11	4	3	1	1	82	280
2003-2004	155	31	16	14	1	0	0	93	310
2005-2006	64	10	0	0	0	0	0	54	128
2007-2008	44	22	2	1	1			18	88
2008-2009	35	15			4			16	70
2009-2010	55	13	5		6			31	110
2010-2011	104	17	10		10			67	208
Total	**652**	**157**	**50**	**19**	**30**	**1**	**1**	**394**	**1304**

Source : *Tribunal de Grande Instance de Yaoundé 2000-2011*

NB, les informations relatives aux années 2004-2005 et 2006-2007 ne sont pas disponibles

De ce tableau il ressort que pendant dix ans cette instance judiciaire a connu 652 affaires. On y dénombre beaucoup de cas tels que les successions et hérédité, les ventes sur saisie immobilière, les réalisations d'hypothèque, les homologations de partage, etc. qui ne sont pas des litiges fonciers au sens de la contestation de propriété. Seules les assignations en déguerpissement (157), les assignations en nullité de titre foncier (1), et les assignations en nullité de vente (50), les réalisations forcées de vente (19) et les litiges liés au morcellement des parcelles(30) constituent des litiges qui introduisent des éléments d'insécurité dans la jouissance d'une parcelle de terrain. Ainsi, pendant dix ans, le Tribunal de grande instance de Yaoundé n'aura connu que 227 cas de litiges fonciers, celui de Bafoussam 80 ; soit respectivement une moyenne annuelle de 27,7 et 8 et des taux d'encombrement de 35%, 27,5%.

Ces deux cas ne sont sans doute pas très représentatifs de tous les tribunaux, mais on peut penser que la pratique des renvois successifs par les juges d'une même affaire pendant des années finit par faire penser que les « tribunaux sont engorgés par les affaires du terrain ». Il y a plus de litiges qui sont pendants devant les autorités administratives et les commissions consultatives qui se délectent aussi des renvois que devant les tribunaux.

Une réforme foncière efficiente devrait dessaisir les autorités administratives, les commissions consultatives du pouvoir de règlement des litiges fonciers pendant la procédure d'immatriculation, compétence qui serait confiée à une instance nouvelle présidée par un juge de l'ordre judiciaire et ayant pour membres l'autorité traditionnelle de la localité, un représentant d'un organisme de lutte anticorruption et un représentant du Ministère chargé des affaires foncières. La procédure du règlement ainsi que le mode de fonctionnement de cette nouvelle instance devraient par ailleurs être bien définis.

Chap. 5

Les aléas des transactions foncières

1. La terre, un bien désiré non extensible

La terre a été longtemps considérée comme un bien non marchand tant que la mobilité des populations était limitée. Partout chaque famille vivait et exploitait les terres qui lui revenaient conformément aux us et coutumes de la localité. L'étranger qui arrivait était accueilli et installé avec l'onction du chef de communauté moyennant quelques cadeaux. Cette installation était définitive et le bénéficiaire pouvait en toute sécurité investir sur le lopin de terre qui lui était attribué et la laisser à sa descendance à sa mort.

La pénétration coloniale accélère les mouvements de migration des zones rurales vers les centres de concentration urbaine où sont implantées les structures administratives, les établissements commerciaux et industriels comme Douala, Yaoundé, Nkongsamba, Buea, etc. Dès lors, le besoin en espace de vie va grandissant compte tenu de l'affluence de migrants à la recherche de l'emploi. Par ailleurs l'introduction des cultures de rente telles que le café, la banane, le cacao fait affluer les populations vers les zones propices à ces cultures. Les nouveaux arrivants sont installés par les autochtones moyennant un prix à acquitter en espèce ou en nature ; cette vente est souvent concrétisée par la parole donnée devant témoins, quelques fois par acte manuscrit entre les parties et devant les témoins de chacune des parties. Ces arrangements ont été pour la plupart respectés à travers les générations, mais aujourd'hui une certaine permissivité dans la gouvernance encourage des lointains descendants à méconnaître l'engagement de leurs ancêtres avec pour conséquence des procès en revendication des terrains qui portent sur des immeubles ou des plantations vieux de 80 ans par des arrières petits enfants qui prétendent que leurs grands-parents avaient « été trompés ». Le côté pathétique de ces revendications réside en ce que les protagonistes sont souvent des descendants directs des acteurs originaux qui feignent de tout ignorer des rapports qu'entretenaient leurs parents.

La Justice appelée à la rescousse en rajoute à la confusion par l'application peu lucide des règles de droit qui n'existaient pas à l'époque des faits.

2. Impact de la colonisation sur la législation foncière

A l'indépendance, la nouvelle organisation territoriale crée de pôles de développement que sont les centres urbains et où on retrouve les services administratifs, les grands commerces, les embryons d'établissements industriels. Les populations des campagnes par masses affluent dans les centres urbains. Les problèmes de logement et d'emploi sont dès lors les premières difficultés d'ordre social auxquelles sont confrontées les autorités de ces agglomérations . Peu outillées pour y faire face, surtout en matière de logement, elles tolèrent une occupation anarchique des zones autres que les quartiers des administrations et ceux habités par l'élite politique. Cette tolérance sert dès lors de vecteur à la marchandisation à outrance de la terre et à la spéculation foncière souvent par des gens n'ayant aucun titre.

Les actes sous seing privé au fur et à mesure de l'évolution dans la réglementation foncière et domaniale étaient reconnus dans le processus d'appropriation foncière. Ainsi, dans les années 1970, les notaires recevaient des actes de vente sur des terrains non immatriculés ; ces actes dénommés « *promesse de vente* » étaient par la suite transformés en actes de vente authentiques après l'obtention du titre foncier par le vendeur. Cette pratique a prévalu jusqu'en 1976 lorsque la nouvelle réglementation a imposé que seuls les terrains titrés pourront désormais faire l'objet de transaction entre particuliers.

Au fur du temps, l'urbanisation très rapide du pays et l'expansion des cultures de rente ont transformé la terre en actif économique sujet à toutes les spéculations aussi bien dans les zones urbaines que dans les zones rurales.

Au terme de la loi, seules les terres immatriculées sont éligibles aux transactions. Les terres coutumières relevant désormais du domaine national sont administrées par l'Etat qui en dispose à sa convenance. Le domaine national défini comme l'ensemble des terrains qui ne font pas l'objet d'une appropriation privée matérialisée par un titre foncier est dès lors exclu du marché foncier. Or le Domaine national constitue environ 90%[10] des terres, surtout dans les zones rurales. Cette exclusion concourt à la paupérisation des populations périurbaines qui bradent leur patrimoine foncier à des spéculateurs fortunés.

L'exigence de l'immatriculation des terres dépossède également les collectivités coutumières de leurs patrimoines fonciers pour agrandir le domaine national, lequel grâcc aux manipulations administratives se retrouve souvent attribué à titre privé à des particuliers ou accaparé par des fonds d'investissements étrangers.

L'inéligibilité des terres non immatriculées aux transactions commerciales demeure cependant une fiction juridique dans la mesure où les populations surtout des zones périurbaines de grands centres urbains, pour assouvir leurs besoins financiers s'arrangent à céder de larges bandes de terrain de leur patrimoine coutumier aux nombreux demandeurs qui viennent des villes par des ventes informelles. Il appartiendra aux nouveaux acquéreurs de s'engager dans les sentiers plus que sinueux de l'immatriculation ou de concession.

Cette dépossession des populations des zones périphériques des villes de leurs terres par les élites politiques, financières et administratives va en s'amplifiant vers les zones rurales au fond des villages: l'accaparement des terres s'opère ainsi d'abord de manière quasi' imperceptible pour gagner en ampleur dans les campagnes.

Le phénomène d'appropriation massive des terres rurales se complexifie, s'internationalise de manière fulgurante et semble même se banaliser en dépit de ses conséquences actuelles et futures sur les populations.

3. Pour une nouvelle législation foncière

Pour le Cameroun il est urgent de procéder à une législation qui protège le pauvre contre la boulimie foncière des élites politiques, administratives et financières qui font main basse sur les terres rurales et urbaines à des fins spéculatives.

---

[10]NirjDeva: European parliament on the role of property rights, property ownership and wealth creation in eradicating poverty and fostering sustainable development in developing countries, April 9 2009.

En effet les terrains immatriculés sont des actifs commerciaux très prisés surtout dans les centres urbains où les problèmes de logement se posent avec acuité et entraînent une grande spéculation sur les terrains à bâtir. Des parcelles peuvent ainsi faire l'objet de 2 à trois mutations au cours d'une année et pour celles ayant une grande superficie être morcelées plusieurs fois pour les besoins de vente. La diligence des transactions immobilières constitue un volet très important des activités des notaires. Ces transactions font par ailleurs brasser une masse monétaire très importante dans l'économie et génèrent aussi des recettes importantes pour le trésor public. Les statistiques y relatives sont difficiles à obtenir, les notaires étant très réticents à communiquer à ce sujet ainsi que les services des impôts pour qui les statistiques sont des « secrets d'Etat ».

Cependant l'exploitation de quelques tableaux synoptiques des actes de mutation immobilière dont la formalité est retardée pour complément de droit, glanés au centre spécialisé des impôts des professions libérales et de l'immobilier de Yaoundé permettent d'appréhender quelque peu l'importance du flux financier que drainent les transactions foncières et immobilières.

Tableau 7: Redressement sur les droits relatifs aux transactions immobilières dans la ville de Yaoundé.

Année	Montant redressement	Taxe foncière payée à l'occasion	observations
2008	130 000	7040	1/11 (n/11)[11]
2009	32 711 722	1 427 488	7/11
2010	76 723 914	3 020847	10/11
2011	84 735 650	2 223 335	9/11
2012	135 830 451	2 802 172	8/11
Total	**330 131 737**	**9 480 882**	

Source : Centre spécialisé des impôts des professions libérales et de l'immobilier de Yaoundé

Sur les 16 études de notaires que comptait la ville de Yaoundé au moment de ces recherches, nous avons obtenu des renseignements sur 11, parmi les 11 une seule nous a fourni le montant des ventes déclarées au cours de l'année 2012 soit 1 498 549 300 FCFA. Ces

[11] : n =nombre d'études de notaires sur les 11 ayant fait l'objet de redressement.

ventes ont fait l'objet de redressement pour un montant de 13 733 500 FCFA, soit 0,92% du montant déclaré. En retenant cette hypothèse, on peut conclure que le montant des ventes déclarées par seulement 11 études de notaires dans la ville de Yaoundé pendant la période de 2008 à 2012 est de :

330 131 737/0,92*100=35883884456 FCFA

Soit un montant de trente-cinq milliards huit cent quatre-vingt-trois millions huit cent quatre-vingt-quatre mille quatre cent cinquante-six francs.

Par ailleurs, quand on sait que le prix déclaré atteint rarement la moitié du prix réel, on comprend, au vu de ces chiffres que le foncier est devenu un actif économique très important surtout dans les zones urbaines.

Les pages ci-dessus ont montré comment le Cameroun avec une législation foncière en perpétuels réajustements essaye de maîtriser avec plus ou moins de bonheur la gestion de ses terres. Le développement qui suit donne un aperçu de la situation dans d'autres pays de l'Afrique subsaharienne et des actions qui y sont menées pour améliorer la gouvernance foncière.

DEUXIEME PARTIE : GOUVERNANCE FONCIERE DANS LES PAYS DE L'AFRIQUE SUB-SAHARIENNE.

Caractéristiques générales des régimes fonciers de quelques pays subsahariens

Dans tous ces pays, le système foncier est caractérisé par une cohabitation toute faite de rivalités plus ou moins sourdes entre les pratiques coutumières et la législation issue du droit moderne importé.

En effet l'histoire des systèmes fonciers des pays africains au Sud du Sahara, surtout les pays francophones est marquée par l'empreinte coloniale qui imposa des pratiques foncières ne tenant nullement compte des réalités locales.

Ainsi dans toutes ses colonies et pays assimilés, le colonisateur impose au nom du droit de conquête, puis de l'intérêt général, des régimes juridiques en cascades qui font fi des pratiques en vigueur par les populations locales ; le régime domanial intègre dans le domaine privé de l'Etat, des terres dites **''vacantes et sans maître''** qui peuvent être affectées pour des besoins publics ou au profit des personnes pour leur mise en valeur.

La notion de terre vacante et sans maître, notion étrangère aux us et coutumes des africains pour qui une portion de terre lorsqu'elle n'est pas exploitée est en jachère, a été imposée par la colonisation pour ses besoins d'accaparement foncier en toute bonne conscience.

Dans ces anciennes colonies, la « lutte contre la pauvreté » est devenue la préoccupation majeure des organismes et institutions internationales de développement. Ces pays écrasés par le poids de la dette et les conséquences d'une économie libéralisée et mondialisée voient leurs habitants croupir dans la misère, alors que leurs sous-sols regorgent d'énormes richesses. Ils disposent de vastes étendues de terres qui, judicieusement gérées, participeraient bien à l'atténuation de la misère de leurs populations.

Ces pays se caractérisent en matière de la réglementation et des pratiques foncières par un perpétuel conflit entre la coutume et la modernité dans les procédures d'appropriation des terres. Ces conflits, amplifiés par le phénomène d'urbanisation et de marchandisation du foncier sont de nature à déposséder les pauvres de l'unique bien qui est le leur de par leur lieu de naissance : Le lopin de terre familial. Les réformes entreprises par les Etats après leur accession à l'indépendance n'ont pas réussi à trouver un équilibre stable entre la conception coutumière de la propriété foncière et les exigences du droit positif en la matière.

Cette situation constitue l'une des préoccupations des institutions et partenaires au développement de l'Afrique dans leur quête d'une gouvernance foncière qui contribue aussi bien à l'amélioration du bien-être des populations qu'au développement des pays concernés. C'est ainsi qu'en 2006, la Commission de l'Union Africaine (C.U.A.), la Commission économique pour l'Afrique (C.E.A.) et la Banque Africaine de Développement (B.A.D.) ont dans le cadre d'une initiative conjointe sur les politiques foncières en Afrique visant le renforcement des droits fonciers, l'accroissement de la productivité et l'amélioration des conditions de vie, élaboré à travers des consultations et des débats impliquant plusieurs acteurs, un important document intitulé « ***Le Cadre et Principes Directeurs sur les politiques foncières en Afrique*** » qui a été adopté par le Sommet des Chefs d' Etat et de Gouvernement de l'Union Africaine(U.A)en juillet 2009 en Syrte en Libye. Ce sommet a par la même occasion adopté la « ***Déclaration sur les problèmes et enjeux fonciers en Afrique*** » appelant à la mise en œuvre effective des principes contenus dans le document adopté. L'Assemblée des chefs d'Etat et de Gouvernement a ainsi chargé la CUA, la CEA et la BAD en collaboration avec les Communautés économiques régionales d'assister les Etats membres dans l'élaboration et la mise en œuvre de leurs politiques foncières.[12]

Dans le développement qui suit, après un bref rappel de la situation antérieure, nous passerons en revue les expériences des réformes foncières dans quelques pays d'Afrique au Sud du Sahara.

Ces expériences permettront de percevoir quelques pistes de réflexion sur les éventuels ajustements, susceptibles de faire du droit à la propriété foncière, droit reconnu à tout individu, une réalité sans discrimination concourant à la prospérité commune.

Beaucoup parmi les pays à étudier, sinon presque tous ont été à une période de leur histoire soumis à la domination coloniale des pays européens. Le critère linguistique nous amène ainsi à les classer en

---

[12] Consortium CUA-CEA-BAD 2010 : Cadre et Lignes directrices sur les politiques foncières en Afrique, Addis-Ababa, Ethiopie.

pays francophones, anglophones, lusophones et hispanophones suivant la langue de l'ancien colonisateur qui en général est devenue la langue officielle du pays après son indépendance, le cas de L'Ethiopie constitue une exception, ce pays n'ayant jamais été colonisé.

La disponibilité des informations relatives aux activités foncières a présidé au choix et au nombre des pays étudiés dans chacune des cinq sphères linguistiques.

Chap.1

Caractéristiques des régimes fonciers de quelques pays francophones d'Afrique subsaharienne

Les régimes fonciers dans les ex-colonies françaises sont les produits d'une lente maturation qui a vu l'administration des terres passer d'un régime purement traditionnel, à un régime dual, issu des pratiques coutumières teintées des principes du code civil français.

L'évolution des régimes fonciers dans chacun des pays est tributaire de son évolution politique, économique et sociale. Presque partout une coexistence conflictuelle entre les pratiques coutumières et les principes du droit moderne caractérise la gestion foncière.

Avant la colonisation par la France, dans la plupart des pays d'Afrique noire, les terres appartenaient à la communauté entière et étaient administrées par le monarque traditionnel suivant les us et coutumes de chaque communauté. L'administration coloniale introduit l'application des principes du code civil et ne reconnaît aux « 'indigènes » qu'un droit de jouissance sur les terres qu'ils occupent ; le droit d'immatriculation étant réservé aux seuls colons.

Ainsi le décret du 24 juillet 1906, transforme les droits coutumiers en titres fonciers dans les colonies françaises au profit des blancs par la procédure d'enregistrement appelée immatriculation, imitant en cela le TORRENS HILL ACT, mode d'enregistrement des terres des colonies britanniques en Australie.

Le décret du 08 octobre 1925 marque une évolution notoire en donnant la possibilité aux indigènes de faire constater leurs droits coutumiers auprès de l'administration coloniale, mais le poids des traditions fait qu'ils continuent à gérer leurs terres suivant les procédures coutumières.

La pression exercée par les institutions internationales et les débats idéologiques sur l'humanisation de la colonisation amènent peu à peu la France à améliorer le système foncier en faveur des autochtones. Un décret de 1932 fixe dès lors le régime de constatation des droits fonciers des indigènes qui tient compte des règles coutumières.

Le décret du 12 janvier 1938 organise les terres domaniales : toutes les terres vacantes et sans maître sont déclarées appartenir à l'Etat, à l'exception de celles qui ne font pas l'objet d'un titre soit en régime d'immatriculation, soit en celui de constatation.

La marche vers l'indépendance de ces pays, marche forcée par les luttes nationalistes et les pressions de l'Organisation des Nations Unies (O.N.U), s'accompagne dans chaque pays d'une reconnaissance de plus en plus prononcée des droits des autochtones sur leurs terres.

Après leur accession à l'indépendance, beaucoup se rendent compte de l'inadéquation entre leur système foncier existant et les objectifs politiques, économiques et sociaux qu'ils poursuivent. Dès lors de nombreuses réformes sont entreprises dans l'objectif d'une part de faire de la terre un instrument de développement, et d'autre part, un élément d'intégration sociale.

Ces réformes sont fortement influencées par la grande bataille pour le contrôle des ressources naturelles que se livrent les agro-industries en Afrique et par les exigences des organismes de financement du développement.

Une revue synoptique des régimes fonciers de quelques-uns de ces pays, tout en dégageant les traits caractéristiques, les objectifs poursuivis et les résultats obtenus par chacun, permettra de faire un état des lieux de l'administration des terres dans ce sous continent.

Les critères de sélection des pays dans les sphères linguistiques ont tenu compte surtout de la disponibilité des informations relatives aux activités foncières dans ces pays.

1-1 : Le Benin

Royaume autonome du Danhomé au xvii siècle, il est dissout lors de la pénétration française le 22 juin 1894, Dahomey est sa nouvelle dénomination sous la colonisation. Il devient un état indépendant sous le même nom le premier août 1960. En 1975 Il prit le nom de ***« Benin »*** sous le régime révolutionnaire du Président Kérékou.

Avant la pénétration européenne, la gestion foncière relevait des us et coutumes des différentes communautés; ainsi le sud se caractérisait par l'unité familiale et le nord par l'unité villageoise. Dans les deux cas, la terre appartenait au premier occupant, elle n'appartient à personne à l'origine. Les modes d'accès à la terre consistaient et consistent encore aujourd'hui en :

- L'occupation primitive d'une parcelle qu'on a été le premier à défricher et à délimiter.
- la propriété communautaire ou lignagère.
- L'héritage d'un parent par un individu ou un groupe d'individus. Les femmes en étaient exclues de par la tradition.
- Le don : le bénéficiaire n'est soumis à aucune contrepartie ; il était souvent un descendant de la famille du donateur, quelques fois une personne étrangère au lignage (esclaves, ouvriers agricoles permanents et enfants adoptifs).
- L'achat: jadis décrié, cette pratique tend à se généraliser dans tout le bénin
- La location : le bénéficiaire pour une durée déterminée à l'avance a le droit d'exploiter un domaine moyennant une redevance au propriétaire.
- Le gage, l'emprunt et le métayage sont les autres voies d'accès à la terre, mais elles ne confèrent aux bénéficiaires que des droits temporaires.[13]

Comme les autres pays soumis à une époque à la colonisation française, le Bénin, à son indépendance hérite d'un régime foncier issu du décret français de 1932 qui discrimine les droits relatifs aux terres exploitées par les colons et celles exploitées par les indigènes.

L'instauration du Permis d'habiter par la loi 60-20 du 13 juillet 1960 constitue l'une des premières mesures de gestion du foncier prises par le jeune Etat. Le Permis d'habiter délivré par l'administration permet à son détenteur d'occuper de manière précaire une parcelle de terrain préalablement immatriculée au nom de l'Etat.

La loi No 65-25 du 14 août 1965 fixe le régime de la propriété foncière au Dahomey, crée le régime de l'immatriculation qui réhabilite les droits des nationaux par l'obtention du titre foncier qui offre une plus grande sécurité foncière.

Le régime révolutionnaire de 1972 sous le Président Kérékou proclame l'appartenance de toutes les terres à l'Etat ; c'est donc une espèce de communisation radicale des terres qui s'opère. Cette réforme a pour but de mettre fin à une conception de la propriété foncière héritée de la colonisation. Un comité national est créé en

[13] MCA-BENIN : Etude 4 : Elaboration des stratégies pour accélérer l'accès des femmes à la Terre, 23-02-2008

1980 pour élaborer une proposition de loi foncière nationale sous le régime de la constitution de 1972 ; le gouvernement crée des propriétés foncières collectives et des coopératives agricoles. Cette tentative de collectivisation des terres et des coopératives ne connait aucun succès à cause de la résistance des pratiques traditionnelles de gestion de terre basées sur le lignage.

La conférence nationale de 1990 met fin à l'expérience socialiste de 1972 et démocratise la vie politique. Les gouvernements successifs depuis cette date s'attèlent à la conception des réformes foncières qui connaissent de fortunes diverses. En 1999 : création du Comité national d'experts et le Comité interministériel pour rédiger la loi sur la décentralisation qui reconnaît aux collectivités locales le droit de posséder des terres domaniales.

En 2001, pour mettre fin à l'insécurité foncière en milieu urbain, un projet d'appui à la réforme du foncier urbain (PARFU) est inscrit au programme d'actions du gouvernement pour la période 2001-2006. Ce projet exécuté en 2003 permet la transformation des permis d'habiter en titres fonciers dans certaines grandes villes.

Le Registre Foncier Urbain (RFU), outil ayant pour objectif essentiel l'amélioration des ressources fiscales locales est créé au bénéfice des collectivités locales.[14]

En 2005, une consultation élargie aux organisations de la société civile, aux agriculteurs et aux éleveurs pour élaborer une nouvelle politique foncière propice au développement économique et social du pays a été entreprise ; les conclusions de cette vaste consultation ont permis l'adoption ***de la loi 2007-03 du 30 janvier 2007 portant régime foncier rural*** par le conseil des ministres.

Cette loi entend fournir un cadre juridique qui prenne en compte les réalités locales pour régler les questions foncières en milieu rural en intégrant les dispositifs régissant la tenure inspirée du droit positif et du droit coutumier.

Elle vise à sécuriser les transactions foncières pour faire du foncier un instrument de développement économique fiable.

---

[14] Roch Abdon Bah : L'immatriculation collective, le Registre foncier urbain et le plan foncier rural : expériences béninoises et la généralisation du Cadastre, communication Accra, Ghana, 5th FIG regional Conference, March 2006 ;

Elle vise aussi à donner aux populations locales une plus grande confiance au système par la sauvegarde des terres coutumières qui à la fin du processus pourront être converties en titre foncier grâce à la procédure d'immatriculation.

En effet, chaque village doit avoir un plan foncier rural à la demande du chef du village après délibération du conseil du village. Le plan foncier débouche sur l'établissement d'un certificat foncier qui confirme les droits établis selon la coutume. Le certificat fait foi devant le juge. Cette reconnaissance permet de procéder par la suite à l'immatriculation.

Avec la décentralisation, la commune devient un élément central en matière de législation foncière : c'est elle qui est chargée de mettre en place le registre foncier urbain.

Le problème de dualité entre les pratiques coutumières et la législation issue de la colonisation a été résolu au Bénin à travers la loi de 2007 qui précise les étapes par lesquelles tout béninois, détenteur d'une parcelle urbaine ou rurale doit passer pour consolider ses droits par l'obtention du titre foncier.

Cette loi qui protège bien les petits paysans n'a pas donné pleine satisfaction aux investisseurs dans l'agrobusiness, c'est ainsi que le gouvernement a lancé le 17 avril 2008 sous l'égide de la MCA-Benin[15], des « ***Etudes d'orientation*** » de la réforme.

Ces études avaient pour objectifs déclarés par leurs initiateurs ***« d'assurer un accès sécurisé à la terre, à travers une administration foncière efficace et un marché immobilier utilisant la propriété foncière comme actif monnayable ».***

Elles ont abouti à la ***loi no 2013-01 du 14 janvier 2013 portant code foncier et domanial en République du Bénin***.

Cette nouvelle loi n'apporte pas une plus-value notoire par rapport aux solutions adoptées par la loi de 2007 en dehors de la recommandation d'une « ***exploitation durable des terres pour sauvegarder les intérêts des générations futures ainsi que le respect de l'approche genre pour l'accès à la propriété foncière***. »

---

[15] Millenium Challenge Account-Benin est un programme du gouvernement béninois financé par les USA à travers le Millenium Challenge Corporation pour faciliter l'accès à la terre et améliorer le rendement des activités du secteur privé.

1-2 : Le Burkina Faso

Les terres dans les territoires de la Haute-Volta devenue Burkina Faso en août 1984 étaient régies par les coutumes locales. La France, puissance coloniale administre ce territoire de 1919 à 1960 ; elle introduit alors le droit moderne en usage en France dans la gestion foncière tout en maintenant les règles coutumières.

A l'indépendance en 1960, les mêmes pratiques sont conservées, créant ainsi une espèce de dualisme dans l'administration des terres. Les premières réformes interviennent en 1984 sous le régime révolutionnaire de Thomas Sankara avec la loi portant réorganisation foncière. Cette loi instaure le domaine national sur l'ensemble du territoire ; le droit coutumier est dès lors aboli, seul le droit d'usage est reconnu.

L'inadéquation de cette loi avec les usages antérieurs provoqua beaucoup de litiges, et après la chute du régime Sankara, elle fut révisée en 1991 : le monopole foncier de l'Etat est maintenu, mais la propriété privée est reconnue sous forme d'exception à ce principe général. Les commissions villageoises de gestion des terroirs sont mises en place pour l'attribution des terres et le contrôle de leur mise en valeur. Cette nouvelle loi sera révisée en 1996 pour tenir compte de la décentralisation et dans l'objectif d'avoir une législation foncière qui couvre tous les secteurs : foresterie, l'eau, élevage, mines et les droits immobiliers.

La loi de 1996 portant réorganisation agraire et foncière crée et définit le domaine foncier national : » ***propriété de plein droit de l'Etat comme l'ensemble des terres et biens immeubles ou assimilés situés dans les limites du territoire national et de ceux acquis par l'Etat et les autres collectivités publiques à l'étranger ».***

Les terres du domaine foncier national sont catégorisées en terres urbaines et en terres rurales. Des structures de gestion décentralisées sont créées avec un souci d'éviter une trop grande emprise des autorités traditionnelles.

Pour remédier aux imperfections constatées au cours de la mise en œuvre de cette loi (petits paysans défavorisés, lenteur dans le règlement des litiges fonciers, centralisation excessive des procédures, etc.), le gouvernement entreprend des études pour la sécurisation du foncier rural qui constitue la partie la plus vaste du domaine foncier national.

La loi N° 034-2009/AN portant Régime Foncier Rural du 16 juin 2009 institue un régime spécifique pour les terres rurales avec un accent particulier sur leur sécurisation. L'un des principaux objectifs visés est de promouvoir les investissements, accroitre la productivité et favoriser la réduction de la pauvreté. La grande implication du Millenium Challenge Corporation (MCC) dans l'élaboration de cette loi à travers le Millenium Challenge Account-Burkina-Faso (MCA-BF) se traduit par la facilitation des procédures d'obtention de titre de propriété, tremplin essentiel aux investisseurs pour s'accaparer de grandes étendues de terres à moindre coût et en toute sécurité.

Les chartes foncières locales initiées au niveau du village ou de plusieurs villages pris en commun doivent contribuer à l'application effective de la loi en favorisant la responsabilisation des populations locales dans la gestion des ressources naturelles de leurs terroirs.

On peut s'interroger sur l'efficacité réelle de ces chartes puisqu'elles doivent être validées par le conseil municipal et ses délibérations applicables uniquement après approbation de l'autorité administrative de tutelle. Difficile de ne pas penser que le but ultime était de priver les autorités coutumières de leurs prérogatives sur l'administration des terres afin de permettre aux gouvernants de négocier avec les « accapareurs » en toute quiétude.

La ***loi N° 034-2012/AN portant réorganisation agraire et foncière (RAF) au Burkina Faso*** a été adoptée le 02 juillet 2012 par l'Assemblée nationale et promulguée par décret N°2012-716/PRES du 06 septembre 2012. Cette seconde loi détermine : le statut des terres du domaine foncier national, les principes généraux qui régissent l'aménagement et le développement durable du territoire, la gestion des ressources foncières et des autres ressources naturelles, la réglementation des droits réels immobiliers, les orientations d'une politique agraire. Elle consacre enfin le domaine foncier national qui constitue un patrimoine commun de la nation.

En plus de ces deux lois, le pays compte de nombreux textes réglementaires dans les différents domaines de l'eau, de la foresterie, des aménagements territoriaux, des mines, etc.

Toute cette armature juridique tarde à prouver son efficacité sur le terrain comme l'indique le document intitulé ***« Cadre de la Gouvernance Foncière du Burkina Faso, Rapport final, juin 2014*** » rapport rédigé par le Gouvernement avec l'appui financier de la banque Mondiale et du Millenium Challenge. Il ressort effectivement de ce document que : « Les performances sont obscurcies par la non-effectivité des dispositions réglementaires sur le terrain. En effet, quelquefois bafoués par les administrations publiques, ignorés et/ou rejetés par les acteurs concernés (populations, les acteurs du privé, les spéculateurs, etc., les textes réglementaires dans leur grande majorité connaissent des problèmes d'applicabilité sur le terrain. Il s'en suit alors la prolifération des pratiques non conformes et informelles qui complexifient au fil des années la gouvernance foncière dans tous ses aspects ».

Certes, reconnaît le rapport « quelques progrès ont été réalisés dans les domaines :

- De la reconnaissance de la tenure foncière ;
- Des droits sur les terres forestières et communautaires et réglementations de l'utilisation des terres rurales ;
- De la résolution des litiges ;
- De l'examen des modalités institutionnelles et des politiques générales.

Cependant de nombreux efforts restent à faire pour répondre aux attentes en matière de gouvernance foncière dans les domaines de :

- L'utilisation du sol, planification et développement urbain ;
- La gestion des terres publiques ;
- La transparence des procédures et des avantages économiques du transfert des terres publiques à un usage privé ;
- L'accès public aux informations foncières : registre et cadastre;
- L'estimation de la valeur des terres et la fiscalité foncière »

Ainsi, le Burkina Faso, dopé par une armature juridique et réglementaire sans précédent doit désormais valoriser ses acquis par une pratique réelle sur le terrain.

1-3 : Le Sénégal

Le Sénégal n'échappe pas à l'influence de la colonisation, le système foncier sénégalais est hybride : les pratiques coutumières coexistent plus ou moins harmonieusement avec des règles issues du droit d'origine européenne, règles ayant elles-mêmes changé au rythme de l'évolution politique du pays. On distingue ainsi suivant les périodes de l'histoire : le régime foncier coutumier, le régime foncier sous la colonisation et le régime après l'indépendance.

1-3.1 : Le régime foncier coutumier

Dans la conception traditionnelle sénégalaise, la terre, bien de la communauté tout entière est non susceptible d'appropriation privée, elle est le lien unitaire pour le groupe familial et le lignage des morts, des vivants et des générations futures.

La possession découle de la première occupation issue de divers modes qui sont : le droit de feu volontaire, (on délimite l'étendue à occuper par un incendie) et le droit de hache (on défriche la portion à occuper. Ces droits des premiers occupants étaient reconnus et respectés.

L'origine des prétendants déterminait leur mode d'accès et la nature de leurs droits à la terre. Ainsi, les membres du groupe détenteur de la terre et leurs alliés y avaient un droit d'accès direct et définitif ; les immigrés anciens avaient un droit d'accès gratuit, mais précaire ; les immigrés récents et résidents temporaires un accès tributaire des servitudes.

L'administration des terres était assurée par le chef (Lamane), garant de l'unité, de la solidarité et de la cohésion du groupe qui dispose d'un droit éminent sur ses terres. Mais avec le délitement des règles traditionnelles au fur et à mesure du temps, la terre est devenue un bien divisible d'appropriation individuelle.

Le système coutumier communautaire avait l'avantage d'assurer à chaque membre du groupe l'accès à la terre pour sa subsistance.

1-3.2 : Le régime foncier sous la colonisation

A la colonisation, l'Etat français par des dispositifs réglementaires inspirés du Code Civil (Décret du 15 novembre1935), dépossède les autorités indigènes de tous les droits qu'ils exerçaient sur le foncier en se proclamant propriétaire de toutes les terres vacantes et sans maître, de terres inexploitées ou abandonnées depuis dix ans, ce qui revient à faire main basse sur les réserves foncières qui fondaient l'autorité des chefs traditionnels. Cet accaparement permettait aussi à l'administration coloniale de disposer des terres pour mettre à la disposition des colons à des fins capitalistes.[16]

L'Etat colonial met ainsi en place quatre modes d'acquisition :

- Les transactions entre particuliers ;
- La concession des terres domaniales ;
- La vente par adjudication aux enchères publiques ;
- L'occupation temporaire avec le permis d'habiter ou le permis d'occuper.

Ces différents modes avaient pour but de séparer les quartiers européens des quartiers indigènes, donc de structurer l'espace urbain par la ségrégation raciale.

La consolidation des droits fonciers était faite par trois régimes de publicité :

- Le régime du code civil fondé sur la transcription des actes juridiques transmissifs des droits personnels introduit dans le code civil en 1830 ;
- Le régime de l'immatriculation foncière introduit par le décret du 30 avril 1900 suivi du décret du 24 avril 1906 qui sera abrogé et remplacé par le décret du 26 juillet 1932 portant réorganisation du régime foncier en Afrique Occidentale Française (A.O.F.) ;
- Le régime de constatation des droits coutumiers institué en 1955 et 1956 qui les transformait en titres fonciers inattaquables.

La résistance des populations autochtones à ces mesures arbitraires amènera vingt ans plus tard, l'administration coloniale à revoir sa législation en reconnaissant formellement la légitimité des droits fonciers coutumiers. Ainsi par Décrets pris en 1955 et 1956 est organisée une procédure de constatation de certains droits fonciers coutumiers tels que : le droit collectif d'usage, le droit individuel d'usage sans droit de disposition, le droit individuel d'usage avec droit de disposition et emprise évidente et permanente.

L'imposition du droit moderne dans la gestion foncière par la puissance coloniale n'a pas connu un succès remarquable, car à

---

[16]Sakhir Diagne , Synergies Consulting : Plan d'action Foncier du Sénégal, octobre 1996.

l'indépendance, presque l'entièreté de la terre sénégalaise était sous le régime du droit coutumier.

En accédant à la souveraineté nationale le Sénégal doit faire face au défi de développement dont la gestion foncière constitue l'un des volets. Eu égard à la nécessité pour l'Etat de disposer des terres pour de grands projets, la précarité des exploitations agricoles dans les zones rurales et aux coûts des expropriations pour cause d'utilité publique, une nouvelle politique s'impose pour impulser un élan nouveau au jeune Etat à travers une gestion foncière adéquate.

1-3.3 : Le régime foncier après l'indépendance

La loi N° 64-46 du 17 juin 1964 crée le Domaine National.

Cette nouvelle création comprend toutes les terres non classées dans le domaine public, non immatriculées ou dont la propriété n'a pas été transcrite à la conservation des hypothèques à la date d'entrée en vigueur de la présente loi. Ainsi, le domaine national est formé par l'ensemble des terres coutumières.

Réforme domaniale : Le domaine national ainsi constitué est classé en quatre catégories suivant la destination que l'Etat veut donner à chacune/

- Les zones urbaines pour le développement de l'habitat urbain ;
- Les zones classées : ce sont les réserves écologiques et forestières protégées ;
- Les zones pionnières pour des programmes d'aménagement et de développement ruraux ;
- Les zones de terroir : exploitées par les populations pour l'habitat rural, la culture et l'élevage.

L'attribution des terres des trois premières catégories est faite par l'autorité de l'Etat (ministres, autorités administratives).

La gestion des zones du terroir relève du Conseil Rural dont le président est doté des pouvoirs très importants en matière d'affectation, de désaffectation du domaine national. Le domaine national occupe 90% de la superficie du pays.

Réforme foncière : régime foncier dualiste

- Les terres issues de l'immatriculation et l'inscription au titre foncier ;

- Les terres du domaine national où on n'a que le « droit d'usage » n'ayant aucune valeur juridique car s'appliquant non à un bien, mais à une chose commune et hors commerce.

Ainsi au terme de la réforme de 1964 :

Seul l'Etat a la possibilité de requérir l'immatriculation d'un terrain du domaine national en son nom.

Il existe au Sénégal deux régimes fonciers :

- L'un basé sur le droit de propriété ayant pour socle l'immatriculation foncière
- L'autre basé sur la domanialité nationale.

La réforme de 1964 colle assez bien aux valeurs traditionnelles africaines, ce qui semble avoir rendu son application aisée en évitant une confrontation avec les procédures traditionnelles. La réforme a pris en compte tous les aspects du foncier (social, industriel, forestier, rural, minier).

Ces aspects, comme toute l'économie, sont en perpétuelle évolution, d'où la nécessité d'une réadaptation des textes existants pour permettre l'accès des non-résidents et investisseurs aux terres et pour assurer une évolution foncière et une flexibilité de gestion selon les réalités locales[17]

Le pays confronté au défi énergétique s'est lancé dans la recherche et le développement des énergies renouvelables (biomasse et biocarburants) par la culture du sésame et du jatropha qui nécessite de grandes superficies incompatibles avec les petites parcelles issues des morcellements du domaine national. Une Commission nationale pour la réforme agraire a été créée en mars 2013 et un partenariat foncier signé avec la France pour aider à cette réforme afin de permettre au Sénégal de « tirer le meilleur parti des transactions foncières commerciales » ; ce partenariat devrait apporter en 2014-2015 une aide pour la création d'un Observatoire du foncier, à la formation sur la prévention et la résolution des conflits fonciers, mais surtout à la sensibilisation du public aux Directives volontaires de la Banque mondiale en tant que normes internationales (qui justifient les accaparements).

---

[17] Groupe Synergies : plan d'action foncier pour la gestion des ressources naturelles.

Pour le développement de l'agro- industrie au Sénégal, un projet dénommé « ***Projet de développement durable et inclusif de l'agro-industrie au Sénégal*** » (PDIDAS) financé par la Banque mondiale pour la période 2014-2019 a amené le gouvernement à adopter une gestion sinueuse du domaine national pour se conformer aux exigences des bailleurs des fonds tout en respectant la législation existante. En effet par le système de « bail-sous-location » le gouvernement fait passer les terres du domaine public au domaine privé de l'Etat, loue ensuite ces terres à la communauté rurale dans le cadre d'un bail de longue durée, la communauté à son tour procède à une sous-location à un investisseur qui a dès lors tous les droits sur ces terres pendant la durée de la sous-location ; il n'est cependant pas autorisé à les vendre. Les populations qui exploitaient ces terres bénéficient d'une procédure de déplacement. Les intérêts de tous sont ainsi apparemment ménagés. Mais dans la réalité cette astuce serait juste une étape vers la révision de toute la législation foncière sénégalaise pour la conformer aux dictats des bailleurs des fonds.

1-4 : La Guinée Conakry

La situation foncière de la Guinée est complexifiée par :

- Son passé de pays colonisé par la France.
- Le processus de son accession à l'indépendance.
- Ses particularismes locaux.

La Guinée était soumise à un régime foncier dual qui reconnaissait la toute-puissance de l'Etat colonial sur les terres et un droit d'usage laissé aux autochtones sous forme des droits coutumiers.

A la proclamation de l'indépendance en 1958, les terres agricoles exploitées par les français et autres européens sont abandonnées ; elles seront par la suite nationalisées en 1976. Les autres terres, toujours dans la mouvance du régime socialiste de l'époque sont affectées aux organisations collectivistes appelées fermes agro-pastorales. Ces terres seront abandonnées à l'effondrement du régime et les fermes agro-pastorales dissoutes.

En 1985, la Guinée adopte une orientation libérale dans ses choix de stratégie de développement économique. Dans un document intitulé « ***Lettre de politique de développement agricole*** » (LDPA-1) adopté par la table ronde des bailleurs de fonds sur le secteur agricole en décembre 1991, le nouveau régime guinéen met l'accent sur la promotion de la sécurité domaniale, la relance des cultures d'exportation et une meilleure gestion des ressources naturelles.

Pour réaliser ces objectifs, il est nécessaire d'assurer une sécurité foncière certaine aux investisseurs. Ainsi en 1992, une nouvelle loi foncière est promulguée (ordonnance 0/92/019 du 30 mars 1992).

Elle prend la dénomination du « ***Code foncier et domanial***».

Cette loi reconnaît et protège le droit de propriété sur le sol et précise que les biens vacants et sans maître appartiennent à l'Etat.

Le champ d'application de la nouvelle loi est limité aux terres urbaines et périurbaines puisqu'elle ne fait aucune allusion aux terres rurales qui sont en grande partie gérées suivant les pratiques coutumières. Cette incertitude ne rassure pas les potentiels investisseurs dans ces zones. Comment y remédier?

Le concept de « ***contrat foncier***» est inventé pour éviter de longues procédures onéreuses et incertaines d'immatriculation. Le concept a pour but d'encourager les groupes considérés comme étrangers à pratiquer des cultures, à exploiter les domaines en toute sécurité pendant une période donnée avec leurs mises en valeur protégées contre toute tentative de spoliation.

Ces contrats fonciers sont désormais une transcription de ce que les producteurs en milieu rural ont l'habitude de conclure oralement. Ils assurent une sécurité foncière des parties et permettent aux exploitants de travailler paisiblement et en harmonie avec les autochtones.

La procédure de rédaction du contrat foncier est bien définie par l'autorité administrative. Elle fait intervenir également l'autorité traditionnelle car tout doit être mis en œuvre pour en minimiser les coûts, garder le mécanisme fluide et simple. La conservation d'une copie dans les archives de la préfecture par le greffier notaire donne un caractère officiel au contrat foncier.

Cette technique de contrat foncier a permis d'assurer une paisible coexistence entre les migrants et les résidents et a donné du temps au gouvernement guinéen pour concevoir une politique foncière cohérente en milieu rural.

Par décret D/2001/037/PRG/SGG du 17 Mai 2001 la « ***Déclaration de la Politique Foncière en Milieu Rural »*** a été adoptée. Elle ne se substitue pas au « Code foncier et Domanial », elle promeut le développement rural par la sécurisation des droits fonciers ruraux et devrait permettre le développement d'un marché foncier transparent et équitable. Elle ne proscrit pas les contrats fonciers.

Dans sa tentative de rationalisation de la gestion foncière, le gouvernement guinéen a adopté une approche pragmatique, participative qui allie les techniques juridiques et institutionnelles modernes aux pratiques traditionnelles pour assurer le développement économique et social du pays.

La Guinée est éligible au programme de l'Union Européenne lancé en 2014 visant à l'amélioration de la gouvernance foncière en Afrique subsaharienne par le développement des nouveaux outils d'enregistrement foncier, la sensibilisation des agriculteurs sur nécessité de la formalisation de leurs droits par l'établissement des titres de propriété individuels commercialisables.

1-5 : Le Mali

Au Mali, la gestion foncière a été dès les origines régulée par le principe du droit coutumier. La terre est considérée comme un patrimoine communautaire. Le Mali étant situé à la lisière de la zone désertique, il y a une certaine saturation démographique dans les terres agricoles. Cette raréfaction des terres entraîne de nombreux conflits entre les agriculteurs et les éleveurs, (les conflits fonciers représentent 60% des affaires jugées dans les tribunaux).

Pour prévenir et résoudre ces conflits et pour tenir compte de l'orientation libérale de l'économie, le gouvernement malien, en 2000, promulgue le « ***Code domanial et Foncier »***.

Dans le principe général de ce code, l'espace aérien, le sol et le sous-sol du territoire national constitue le « Domaine national du Mali ». Le domaine national est réparti en trois catégories:

1-5.1 : Les domaines public et privé de l'Etat du Mali

Le domaine public immobilier de l'Etat est, inaliénable, imprescriptible et insaisissable. Les biens relevant de ce domaine peuvent être immatriculés au nom de l'Etat.

Le domaine privé immobilier de l'Etat est constitué de:

- Terres faisant l'objet des titres fonciers.
- Celles non immatriculées, vacantes et sans maître sur lesquelles ne s'exerce aucun droit d'usage ni de disposition.

- Celles sur lesquelles s'exercent des droits fonciers coutumiers d'usage ou de disposition.
- Des dépendances des domaines forestiers, pastoraux ou miniers, lesquels sont cependant inaliénables parce que classés ;
- Certains biens et droits immobiliers privés placés sous la sauvegarde de l'Etat à titre provisoire: successions vacantes ou non réclamées, biens placés sous séquestre.

1-5.2 : Les domaines public et privé des collectivités territoriales

- Le domaine public de ces collectivités comprend les immeubles et meubles déterminés comme tels par la loi ou ayant fait l'objet d'une procédure spéciale de classement ;
- Leur domaine privé comprend les meubles, les immeubles et les droits immobiliers qu'elles détiennent.

1-5.3 : Le patrimoine foncier des autres personnes, physiques ou morales

Il comprend les immeubles détenus par les personnes physiques et morales en vertu d'un titre foncier transféré à leur nom à la suite de la conversion d'un droit de concession en titre de propriété immatriculée, d'une concession ou de tout mode de transfert d'un titre foncier.

Ainsi toutes les terres font partie du domaine national catégorisé en trois comme ci-dessus.

La notion des terres coutumières semble de prime abord disparaitre dans le nouveau code, mais ce n'est qu'une apparence, elle est confondue dans la catégorie « Patrimoine foncier des autres personnes, physiques ou morales ». Le nouveau code dit explicitement que « *les droits coutumiers exercés collectivement ou individuellement sur les terres non immatriculées sont confirmés* » Les détenteurs de ces terres ne peuvent être contraints de les céder que pour cause d'utilité publique et moyennant une juste indemnisation. Par ailleurs ces droits coutumiers, après l'enquête publique et contradictoire peuvent donner lieu à la délivrance d'un titre foncier opposable aux tiers, titre qui constate l'existence et l'étendue de ces droits.

Ces terres sont gérées par les chefs de village dans la limite de leur territoire selon la coutume. Les conventions conclues entre individus ou collectivités suivant les règles coutumières sur ces terres non immatriculées peuvent, en vue de preuve être constatées par écrit.

Il peut être fait abandon de tous les droits coutumiers tant en faveur des collectivités et établissements publics qu'en faveur des individus.

La recherche constante d'un équilibre stable entre la coutume et la modernité caractérise le système foncier malien.

L'immatriculation qui est la consolidation des droits sur une parcelle de terrain est encadrée aussi bien dans les délais que dans la procédure. Elle aboutit à l'obtention du titre foncier définitif et inattaquable. Toute action tendant à la revendication d'un droit réel non révélé au cours de la procédure et ayant pour effet de remettre en cause le droit de propriété d'un immeuble immatriculé est irrecevable. Seule la voie d'action personnelle en indemnité lui est ouverte en cas de dol.

L'expropriation pour cause d'utilité publique ne s'opère que par l'autorité de justice.

La texture du droit foncier malien est aussi marquée par l'évolution des institutions politiques et administratives du pays. En effet, avec l'avènement de la décentralisation, l'autorité du chef traditionnel en matière foncière a été formellement retirée au profit du maire et des autorités administratives locales. Cependant l'accès à la propriété pleine selon la procédure du code foncier et domanial commence toujours par un rituel traditionnel auprès du chef du village, on peut donc parler d'une espèce de concubinage entre le droit coutumier et le droit positif en matière foncière car eu égard à cette superposition des droits, les différents acteurs jouent sur les différents registres en fonction de leurs intérêts.[18]Dans la pratique quotidienne, l'accès des particuliers à la propriété foncière commence par l'acquisition des droits d'usage, soit par héritage, don ou achat du terrain auprès du chef du village, soit par l'attribution d'une concession rurale par l'Etat; pour consolider les droits ainsi acquis, le bénéficiaire doit en faire la demande à l'autorité administrative (préfet) pour la suite de la procédure. La procédure aboutit à l'obtention du titre foncier sur la parcelle suivant un cheminement bien défini dans le code domanial et foncier, cheminement souvent long et coûteux. C'est pourquoi certains

---

[18]:Béhima Kassibo: la Décentralisation au Mali: Etat des lieux. La question foncière; Bulletin de l'A.P.A.D. 31/1997,mis en ligne en 2007.

observateurs n'hésitent pas à dire que le système malien a été conçu dans un schéma qui ne favorise que les riches aux dépens des pauvres.

Une compréhension complète du système foncier malien ne saurait faire l'impasse sur une institution aussi vieille et influente sur la gestion foncière qu'est l'Office du Niger (O.N.).

Crée en 1932 sous la colonisation française, l'Office du Niger, devenu une agence gouvernementale après l'indépendance était chargé de gérer les terres irriguées autour du fleuve Niger en les distribuant principalement aux petits exploitants qui devaient s'acquitter des redevances au titre de l'eau fournie par le fleuve. En 1996 un décret confère à l'Office le droit d'étendre les zones et de prendre en charge, la gestion de toutes les terres qu'il jugerait importantes pour l'accomplissement de sa mission qui est de développer le delta central du fleuve Niger.

Sur les terres gérées par l'Office sont prévus trois types de baux :

- Le bail d'habitation ou bail des résidents qui s'applique à tout résident .
- Le bail emphytéotique ou bail à long terme (50 ans) pour les agro-entreprises.
- Le bail ordinaire valable pour trente ans pour la réalisation des infrastructures.

Au fur et à mesure que le temps passe, les petites exploitations sont absorbées par les agro-entreprises avec tous les problèmes sociaux que cela pose comme nous le verrons dans la partie réservée aux accaparements des terres.

1-6 : Le Niger

Au Niger, les pratiques traditionnelles de gestion foncière coexistent avec les nouvelles règles de gestion mises en place par l'Administration. Conformément aux us et coutumes, les autorités traditionnelles procèdent à des attributions des terres et résolvent les conflits qui en résultent. La loi impose très judicieusement par ailleurs que « toute procédure judiciaire relative à un conflit foncier soit obligatoirement précédée d'une tentative de conciliation devant les autorités coutumières.[19] »

Pour répondre aux exigences de développement, l'Etat nigérien a mis en place un cadre législatif qui s'applique essentiellement au milieu rural.

L'ordonnance N°93-015 du 2 mars 1993 fixe les principes d'orientation du code rural dont les missions sont entre autres la sécurisation des opérateurs ruraux, la conservation et la gestion des ressources naturelles.

Le trait caractéristique de cette législation est la promotion d'une gestion foncière de proximité par la création des ***Commissions Foncières*** (Cofo) à tous les niveaux du découpage territorial. Ainsi, on retrouve au niveau du village la commission foncière de base, des commissions communales pour les communes, des commissions départementales, des commissions régionales et une coordination nationale par le Secrétariat national du Code rural placé sous l'autorité d'un Comité national du Code rural[20].

La Commission foncière composée des représentants de l'Etat, des élus locaux, des autorités coutumières et des représentants des producteurs ruraux est l'instance la plus appropriée pour permettre la prise en compte des spécificités foncières de chaque localité lors de la prise de décisions en matière foncière. Ces commissions ont des missions bien définies :

- Vulgarisation des textes ;
- Délivrance des titres fonciers sur des terres individuelles et indivisibles.
- Délivrance des titres de droit d'usage prioritaire aux pasteurs sur leurs terroirs d'attache.
- Le recensement, la délimitation et la matérialisation des ressources communes (couloir de passage du bétail, enclaves pastorales et autres aires de pâturage, forêts, points d'eau publics.).
- Le constat par écrit des transactions foncières (vente, don, location, prêt, gage coutumier).

---

[19] Adam Kandine, juriste, Université de Niamey: Gestion décentralisée ou locale du foncier? Le cas du Niger. Des Fiches Pédagogiques pour comprendre et se poser de bonnes questions et agir sur le foncier en Afrique de l'Ouest.
[20]idem

- L'établissement et la conservation des dossiers ruraux.
- La préparation des concessions rurales.
- La participation à l'établissement des schémas d'aménagement foncier .
- Le contrôle de la mise en valeur des ressources naturelles.

Ces missions sont effectivement remplies grâce aux appuis des organismes qui interviennent dans la mise en œuvre du Code rural.

Le Niger constitue un cas singulier en matière de législation foncière parmi les pays francophones d'Afrique.

En effet, il semble avoir à travers les Cofos, établi des relations harmonieuses entre les pratiques foncières relevant de la coutume et des traditions et celles issues de la procédure d'immatriculation héritée de la colonisation.

Dans la plupart de pays, les gouvernements sont myopes devant les difficultés qu'éprouve la majorité de la population pour accéder à la propriété par la procédure des titres fonciers, alors que souvent moins de 10% des demandeurs peuvent être satisfaits à cause des lenteurs administratives, de la corruption, de la pénurie des ressources humaines.

Le Niger a contourné ces écueils en instituant à côté du titre foncier, « *l'attestation d'enregistrement au dossier rural* » qui a la même valeur que le titre foncier et dont l'obtention est plus rapide et moins coûteuse à travers la Commission foncière.

En dépit des réticences des banques pour accepter ces attestations comme garantie, cette procédure originale permet un règlement rapide des conflits fonciers en zone rurale, facilite les transactions immobilières et participe dès lors à la lutte contre la pauvreté.

Des commissions foncières des communes, des villages ou tribus sont créés pour répondre aux demandes des populations (arrêté N° 098 du 25 Nov. 2005).

Le Niger a signé un accord de partenariat foncier avec l'Union européenne qui porte sur l'examen de sa politique foncière qui doit ' « s'harmoniser » aussi bien avec les Directives volontaires de la FAO pour une gouvernance responsable des régimes fonciers qu'avec le Cadre sur les politiques foncières en Afrique. Ces Directives visent à apporter une sécurité foncière et un accès équitable à la terre, aux pêches et aux forêts, dans le but d'éliminer la faim et la pauvreté, de soutenir le développement durable et d'améliorer la gestion de l'environnement.

1-7 : Le Tchad

Le Tchad, Pays sahélien, désertique, a hérité du système foncier colonial laissé par la France. Actuellement les terres sont gérées sur la base des droits coutumiers et islamique et sur la base du droit moderne légué par l'ancienne puissance coloniale.

D'après le droit coutumier, la terre est un bien collectif de la tribu ou du clan ; c'est donc le responsable de la tribu (chef de clan ou chef de tribu) qui en assure la gestion[21].

En droit islamique, la possession aux fins d'exploitation d'une parcelle de terre de la collectivité pour chacun de ses membres est un droit primordial.

Que ce soit en droit coutumier ou en droit islamique, l'occupation ou l'exploitation d'une parcelle de terrain par un individu est soumise à certaines considérations : l'appartenance ou non de l'individu au clan à qui appartient la terre, la disponibilité des terres cultivables, la nature des activités à y mener (durable ou temporaire).

Le système foncier coutumier fait une large place à la collectivité, mais protège autant l'individu du groupe. Contrairement aux autres pays issus de la colonisation française, le Tchad n'a pas procédé à une réforme foncière au lendemain de son indépendance, il a juste adapté les lois coloniales par les lois 23, 24 et 25 du 22 juillet 1960 ***« portant statut des livres domaniaux, régimes de la propriété foncière et des droits coutumiers, limitation des droits sur les ressources foncières*** » et pris les décrets d'application de 1967 pour affirmer la mainmise de l'Etat sur toutes les terres.

Les terres coutumières sont reconnues, mais lorsqu'elles ne sont pas mises en valeur, elles sont considérées comme propriété de l'Etat. Toute terre non immatriculée est réputée sans maître, à moins que ne soit rapportée la preuve contraire qui peut consister en une mise en valeur. L'Etat peut immatriculer en son nom les terres vacantes et sans maître; en cas de l'existence des droits coutumiers n'entraînant pas de

---

[21] Sources : problématique de désertification au Tchad : un défi écologique à ralentir Par BanhoudelMekoudo Frédéric,
. 30 Août 2007

mise en valeur, l'Etat peut, après les avoir constatés, les supprimer en tant que droits réels en indemnisant les titulaires, soit leur proposer d'autres droits équivalents. Les droits coutumiers sont prescrits par dix ans de non-exercice. Seul l'auteur de la mise en valeur peut demander l'immatriculation. Les terres mises en valeur peuvent être grevées de droits coutumiers qui sont maintenus à titre de droits réels ou supprimés moyennant indemnisation.[22]

La reconnaissance des droits des collectivités locales est rendue impossible car il leur est exigé un enregistrement légal alors même que l'Etat nie les droits de propriété collective.

Dans la gestion des ressources foncières surtout en milieu rural, les conflits sont nombreux et violents entre agriculteurs et éleveurs. Le caractère semi-désertique du pays provoque une grande pression sur les espaces agricoles exploitées, il y a toujours des affrontements entre les autochtones, revendiquant leurs droits de propriété ancestraux et les migrants qui revendiquant leurs droits coutumiers d'exploitation ou leurs droits fonciers pastoraux traditionnels.

Le pastoralisme est un mode de production très répandu dans les zones sahéliennes. La réglementation foncière relative à ce mode de production est spécifique à cause de la mobilité cyclique des troupeaux appartenant à des propriétaires différents qui se nourrissent par prélèvement de ressources végétales sur leur passage. L'appropriation foncière dudit passage est dès lors exclue. Les droits pastoraux sur le foncier ne peuvent par conséquent être que de droits d'usage. L'usage peut être restrictif ou ouvert, ainsi on peut trouver des droits d'usage commun à plusieurs éleveurs, de droit d'usage prioritaire, de droit de passage et de droit exclusif temporaire.[23]

La législation pastorale Tchadienne qui date d'avant l'indépendance, réglemente le stationnement des nomades, leur recensement, la périodicité de passage et les itinéraires. L'une de ses dispositions fait obligation au pasteur nomade de se munir d'un laissez-passer. La législation foncière par contre reconnaît des droits

---

[22] Tchad: Propriété foncière et droits coutumiers. Loi no 24 du 22 juillet 1967

[23] Nicoletta Avella, Frédéric Reounodji, Université de Ndjamena, La législation foncière au Niger et au Tchad. Une analyse comparative. Actes du colloque:< Savanes africaines en développement: innover pour durer> 20-23 avril 2009 à Garoua, Cameroun.

sur la terre qu'aux producteurs agricoles, le passage des troupeaux ne conférant aucun droit réel. Cette discrimination dans une aire où l'élevage est d'un grand apport à l'économie est source de conflits permanents et souvent violents.

L'Etat Tchadien pendant longtemps n'a pas montré un quelconque empressement pour mettre sur pied une législation foncière globale incluant aussi bien les préoccupations agricoles que pastorales, aujourd'hui l'importance du secteur de l'élevage dans l'économie et la pression sur les zones cultivables nécessitent une réglementation foncière très élaborée pour mettre fin aux perpétuels conflits agropastoraux qui obèrent le développement économique du pays.

Au lieu d'une loi foncière englobant tous les secteurs des activités rurales, le Gouvernement a opté depuis 2009 pour l'élaboration d'un code sur le pastoralisme dont la loi a été votée en décembre 2014. Cette loi ferait obligation aux paysans de clôturer leurs champs et permettrait aux éleveurs de circuler en tout temps dans toutes les zones agricoles, disposition qui a soulevé un lever général des boucliers obligeant le Gouvernement à suspendre son application.

L'élevage est pratiqué au Tchad par seulement 3.5% de la population tchadienne, mais son impact sur l'ensemble de l'économie est très important : 40% de la valeur de la production agricole, 18% du PIB et 30% de la valeur des exportations.[24] Une loi foncière générale tenant compte de toutes les contraintes est dès lors préférable aux arrangements sectoriels qui amplifient les sources des conflits.

---

[24] Actes colloque national sur le pastoralisme : La Politique Sectorielle du pastoralisme au Tchad. Quelles Orientations ? Ndjamena, 1-3 Mars 2011.

1-8 : Le Togo

Le Togo, comme le Cameroun a connu successivement la colonisation allemande et la tutelle française. Sa législation foncière a donc suivi le même cheminement dans son évolution. Ainsi, du régime de non droit reconnu aux indigènes sous l'égide du Décret du 24 juillet 1906 portant organisation de la propriété foncière dans les colonies et territoires relevant du Gouvernement Général de l'Afrique occidentale Française, au régime de la constatation des droits fonciers indigènes, il faudra attendre la proclamation de l'indépendance pour assurer la reconnaissance et la protection de la propriété foncière des citoyens togolais.

Les pratiques coutumières qui varient suivant les régions survivent à travers le temps et l'histoire mais n'assurent pas une bonne sécurité pour les investissements. Dans les années 1970, le Gouvernement envisage un cadre pour sécuriser les investissements dans le foncier.

C'est ainsi qu'en 1974, ***« l'ordonnance N° 12 du 06 février 1974 portant réforme Agro- foncière et domaniale »*** classe les terres en trois catégories:

- Les terres détenues par les collectivités et les individus.
- Les terres constituant les domaines public et privé de l'Etat et des collectivités locales.
- Le Domaine foncier national.

Les terres de la première catégorie comprennent celles appartenant à des collectivités ou des individus en vertu des titres de propriété ou en vertu d'une détention coutumière. La détention coutumière suppose une mise en valeur au moins à des périodicités régulières et rapprochées.

Le domaine foncier national comprend toutes les terres n'entrant ni dans la catégorie de celles détenues par les collectivités coutumières et des individus en fonction d'un titre foncier ou d'un droit coutumier, ni celles des terres qui constituent les domaines public et privé de l'Etat.

Le Patrimoine foncier national est un outil aux mains du Gouvernement pour permettre l'installation et la sécurisation de grands programmes de développement rural, urbain et industriel.

En dehors des terres détenues par les collectivités et les individus, les terres du domaine public et privé de l'Etat, le reste, constitué des terres n'ayant jamais été mises en valeur depuis 10 ans tombent dans le domaine foncier national.

Cette réforme a rencontré beaucoup des difficultés à l'application, difficultés liées:

- Au maintien de la juxtaposition des règles de droits coutumiers à celles du droit moderne.
- A l'éclatement du cadre institutionnel qui éparpille les organes en charge de la gestion du foncier et des ressources naturelles au sein de plusieurs départements ministériels.
- A la négligence du rôle des communautés de base dans le processus du développement économique, la gestion du terroir et la protection de l'environnement.

Une structure dite « Comité National Foncier » est créée en 1990 pour réviser l'ordonnance de 1974. Les membres de ce comité sont recrutés dans toutes les strates de la société: administration, chefferies traditionnelles, société civile, organisations paysannes, universitaires, juristes, notaires géomètres et les partenaires techniques et financiers.

Ce comité a pour mission de proposer au Gouvernement une réforme agro-foncière et une stratégie assortie d'un plan d'action pour sa mise effective en application.[25]

Pour évaluer les objectifs par ce comité, un atelier national sur les stratégies d'actualisation et d'application de la réforme agro-foncière s'est tenu à Agoè Nyvé du 22 au 24 mai 2013 pour:

- Evaluer les analyses faites et définir les orientations les plus pertinentes pour le processus de sécurisation foncière.
- Identifier les actions prioritaires à mener.
- Proposer au gouvernement togolais une feuille de route pour la mise en place de cette nouvelle politique.

La rationalisation de la gestion foncière est pour le Gouvernement togolais un puissant moyen de lutte contre la pauvreté; d'importants moyens y sont consacrés avec l'espoir d'un retour sur investissement dans un avenir proche.

---

[25] Etat de mise en œuvre des orientations de PRAIA+9: Rapport de la République du Togo, octobre 2003.

1-9 : La Côte d’Ivoire

Comme dans la plupart des pays ayant été soumis à la colonisation, le foncier en Côte d'Ivoire est géré suivant la coutume d'une part et le droit moderne d'autre part.

Le peuplement de la Côte d’Ivoire issu des populations venues d’horizons divers , les krous au Sud-Ouest venus de l’actuel Libéria, les Senoufos au Nord-est venues du Mali fait que même le droit coutumier est très complexe à l’application.

Le principe généralement admis par tous est que la propriété du sol appartient au premier occupant. Suivant les particularismes locaux, la propriété sera considérée comme appartenant :

- Au chef de la communauté.
- A un lignage.
- A des familles fondatrices du village.

Dans chacune des hypothèses, la propriété exclut toute possibilité de vente de terre et les propriétaires ne sont que des gestionnaires qui doivent la préserver pour assurer les moyens de subsistance des générations futures.

Les portugais sont les premiers européens à entrer dans le pays. La pénétration de la France se fait par l’intermédiaire des missionnaires en 1637.

L’introduction de la culture du cacao et du café dans le Sud-est et la basse Cote dans les années 1920, amènera un mouvement de colonisation agricole en Côte d’Ivoire. Certains migrants s’installèrent définitivement avec l’encouragement des autorités coloniales, ainsi l’installation des voltaïques dans le centre-ouest valorise les potentialités agricoles de cette région.

Toutes ces installations sont faites sous l’égide du droit coutumier.

En 1935 la colonisation abolit les droits coutumiers, faisant de l’Etat colonial le propriétaire des terres non immatriculées. Ces terres représentent la quasi-totalité des terres à usage agricole et pastorale. Il devient dès lors le dispensateur de la propriété privée à travers l'immatriculation et de l'usage à travers la procédure de concession.[26]

En 1946, l'abolition du régime de l'indigénat qui protégeait les terres coutumières et avait permis l'expansion des plantations forestières d'est en ouest par des migrants, fait du droit écrit le seul support pour la gestion foncière.

A l'indépendance, contrairement aux autres pays africains, la priorité pour le gouvernement de la Côte d'Ivoire ne fut pas de mettre en place une réforme foncière, il se contenta de régler au coup par coup de nombreux conflits fonciers récurrents, parfois meurtriers entre autochtones et migrants, et entre autochtones et étrangers.

La fiction faisant du droit foncier coutumier un simple droit d'usage du sol non cessible est maintenue.

Le principe fondateur en matière de foncier du président Houphouët Boigny étant que « la terre appartenait à qui la mettait en valeur », le Gouvernement laisse exploser les transactions foncières basées sur les règles coutumières pour faciliter l'acquisition des terres par les migrants afin d'augmenter la production du cacao et du café surtout dans l'ouest forestier.

Ainsi, en violation des règles coutumières qui interdisent la vente des terres et du droit positif qui rend pareilles transactions nulles et de nul effet, les autochtones volontairement ou non cèdent des terres à des étrangers sous la protection de l'Administration.

Pour se donner bonne conscience, le Gouvernement interdit aux autochtones de lever des redevances sur les étrangers.

Les colons agricoles non-ivoiriens, bénéficiant d'une protection administrative efficace, ont pu acquérir et mettre en valeur de vastes étendues de terre.

Cependant, les autochtones résistent et maintiennent une certaine maîtrise foncière sur les terres cédées aux « étrangers » par le système de « tutorat » : devoir de reconnaissance permanent de « l'étranger » installé vis-à-vis de son « tuteur » l'autochtone qui le reçoit, devient son « père » ou son « patron ».

---

[26] A qui ces terres. Conflits fonciers et déplacement des populations dans l'Ouest forestier de la Côte d'Ivoire. Rapport rédigé par Barbara Mc Callin et Marzia Montemuro, octobre 2009

Cette pratique impose au bénéficiaire (migrant) d'une cession de terre (don et achat) de participer aux dépenses de son « tuteur »(le détenteur coutumier) lorsque ce dernier est confronté à des événements sociaux : (naissance, décès, fiançailles, mariages, etc....) et ceci à travers les générations.

La terre devenant avec le temps un bien économique de valeur de plus en plus croissante, les exigences des tuteurs vont devenir exorbitantes aux yeux des migrants et transformer les relations jadis harmonieuses entre parties en tension permanente et violente.

L'évolution des institutions politiques a eu une grande influence sur les enjeux fonciers.

En effet, à partir de l'indépendance en 1960, une espèce de pacte social et politique non écrit entre l'Etat-parti unique et les migrants non ivoiriens, assurant un accès facile au foncier contre leur appui électoral est conclu. La mise en pratique de ce compromis incombe à l'Etat et à ses démembrements locaux, à l'exclusion des autorités traditionnelles. Il n'y a pas de textes qui régulent de manière stricte la gestion foncière : les transactions foncières entre migrants et autochtones sont validées et encouragées par les diverses autorités locales à savoir : sous-préfet, préfets.

Les cadres de la haute administration obligés de véhiculer la doctrine officielle qui veut que la terre appartienne à ceux qui la mettent en valeur, ne voyaient cependant pas d'un bon œil l'accaparement des terres dans leurs régions d'origine par les étrangers et ne pouvaient pas protester, car le vote de ces étrangers en faveur du parti au pouvoir leur assurait une certaine sécurité de carrière.[27]

Cette gestion foncière par arrangement au cas par cas sera remise en cause à partir de 1990 car les autochtones vont commencer à contester toute la pratique antérieure au profit des migrants.

L'Etat Ivoirien entame dès lors la mise en place d'une infrastructure juridique pour l'administration du foncier. C'est ainsi qu'est entreprise l'opération pilote du plan « Foncier Rural » dans toutes les régions du pays. Cette opération devant constituer une

---

[27] Question foncière et construction nationale en Côte d'Ivoire, les enjeux silencieux d'un coup d'Etat, Jean Pierre Chauveau. IRD Montpelier, juin 2000

expérimentation en grandeur réelle d'une procédure simple d'enregistrement de droits existants, a jeté plutôt une incertitude sur les droits acquis.

En 1998, la loi N° 98750 du 23 août 1998 sur le domaine foncier rural a pour objectif de sécuriser les transactions foncières concernant les terres rurales par le biais de passage à un système de propriété individuelle privée dont les transactions seront gérées par l'Etat, supprimant ainsi les transactions coutumières sources des conflits et causes des tensions sociales.[28]

Le domaine foncier rural est ainsi bien défini dans sa destination et dans sa composition.

Il est constitué par l'ensemble des terres mises en valeur ou non ; c'est un patrimoine national auquel toute personne physique ou morale peut accéder à titre de propriétaire à condition d'être ivoirienne. Le Domaine public, les périmètres urbains, les zones d'aménagement différées et le domaine forestier en sont exclus.

Les terres propriétés de l'Etat, celles propriétés des collectivités publiques et des particuliers, les terres sans maître sont les principaux constituants du Domaine foncier rural.

A titre transitoire, il englobe les terres du domaine coutumier et des terres du domaine concédé par l'Etat à des collectivités publiques et à des particuliers.

Le Domaine foncier rural coutumier est constitué par l'ensemble des terres sur lesquelles s'exercent des droits coutumiers conformes aux traditions et les droits coutumiers cédés à des tiers.[29]

Cette loi reconnait à titre transitoire les cessions coutumières déjà passées qui seront graduellement transformées en titres de propriété pour les ivoiriens et en baux de longue durée pour les étrangers. Elle innove également en reconnaissant les droits coutumiers comme base de futurs titres fonciers ruraux et introduit une nuance en distinguant les droits coutumiers « originels » conformes à la tradition, c'est-à-dire

---

[28] A qui ces terres. Conflits fonciers et déplacement des populations dans l'Ouest forestier de la Côte d'Ivoire. Rapport rédigé par Barbara Mc Callin et Marzia Montemuro, octobre 2009

[29] Côte d'Ivoire : Loi relative au domaine foncier rural, loi no 98-750 du 23 décembre 1998 modifiée.

détenus par le propriétaire coutumier et son lignage, des droits coutumiers cédés à des tiers migrants, qu'ils soient ivoiriens ou non.

Procédures d'accession à la propriété d'une parcelle du domaine foncier rural

a. L'immatriculation

L'immatriculation au registre foncier constitue la preuve de la propriété d'une parcelle du domaine foncier rural.

b. Cas des terrains coutumiers

Les droits coutumiers sont constatés au terme d'une enquête réalisée conjointement par les autorités administratives et les conseils des villages concernés. En cas d'aboutissement de cette enquête, un certificat foncier collectif ou individuel est délivré par l'autorité administrative. Le certificat foncier publié au Journal officiel confère à son détenteur la capacité juridique d'ester en justice et d'entreprendre tous les actes de gestion. Il ouvre la voie à la procédure d'immatriculation.

c. La concession. Cette procédure concerne les terres concédées par l'Etat à titre provisoire avant la promulgation de la loi. Si cette parcelle n'est pas immatriculée, le concessionnaire doit en requérir l'immatriculation à ses frais.[30]

La loi de 1998 en reconnaissant les cessions coutumières met fin au Décret de 1971 qui faisait des droits coutumiers des droits personnels non cessibles. Elle permet la régularisation rétroactive des transactions coutumières et réserve la propriété foncière rurale aux seuls ivoiriens ; on assiste avec le concept de ‘‘ l'ivoirité'' à une « traditionalisation » des problèmes fonciers par la montée en force sur la scène des autorités traditionnelles qui sont désormais associées à la définition des textes régissant le foncier.

Le contexte de la guerre postélectorale rend très aléatoire l'application de la loi à cause du déplacement massif des populations et des nouveaux conflits fonciers qui en ont résulté. En effet, le déplacement des populations a eu pour effet surtout dans les régions

---

[30] Côte d'Ivoire : Loi relative au domaine foncier rural, loi no 98-750 du 23 décembre 1998 modifiée

de l'Ouest et du nord un désordre foncier qui nécessite du temps et du doigté pour être géré sans trop de casses.

Un minimum de consensus national semble le préalable nécessaire à toute réforme ou révision applicable dans la durée des textes fonciers en Côte d'Ivoire en dépit des pressions exercées sur le gouvernement par ses partenaires financiers.

C'est ainsi que dans le cadre de la Nouvelle Alliance du G8, le gouvernement s'est engagé à :

- Accélérer la délimitation des terres villageoises et l'émission des certificats fonciers avant juin 2015.

- Faciliter l'accès des femmes et des jeunes à la terre dans les zones rurales.

- Adopter une loi sur la transhumance avant 2013.

Toutes ces prévisions sont loin d'avoir été réalisées, l'illustration de ce retard est la mise à disposition de 200 000 ha de terrain au profit de l'agroalimentaire Louis Dreyfus Commodities pour la culture du riz suite aux accords signés en 2013 qui n'avait pas encore abouti en fin 2014 faute pour le gouvernement de tenir ses promesses.

1-10 : La République Démocratique du Congo

L'immensité de son territoire et son passé colonial font de la République démocratique du Congo un cas spécifique en matière de la gouvernance foncière.

Possession personnelle du roi Léopold II de 1885 jusqu'au 15 novembre 1908 sous la dénomination de l'Etat indépendant du Congo, le territoire est donné par le roi en gage d'un prêt à lui consenti par le parlement belge pour une durée de dix ans.

Durant cette période, on distinguait trois catégories de terres:

- Les terres occupées par les autochtones pour les besoins d'agriculture ou d'habitation; ces terres sont régies par la coutume.
- Les terres occupées par les blancs (hollandais, anglais, portugais, etc..), elles sont sous contrats passés avec les chefs indigènes.

- Les terres vacantes qui composaient le domaine de l'Etat.[31]

L'autorité coutumière est prééminente durant cette période.

Le parlement belge décide en 1908 d'annexer le territoire privant ainsi le roi de sa" propriété" et donnant dès lors naissance au Congo-Belge. Dans la nouvelle colonie, la distinction entre les terres situées dans les circonscriptions rurales et celles situées dans les circonscriptions urbaines est faite; toutes les deux catégories sont sous l'autorité du gouverneur général. Les européens qui occupaient ces fonds y jouissaient d'un droit de propriété protégé par la charte coloniale.

Les droits des indigènes sur le sol variaient selon qu'ils étaient en zones indigènes ou dans les circonscriptions urbaines.[32]Ainsi ils avaient de droits d'occupation précaire dans les zones urbaines, droits matérialisés dans le "livret de logeur" ; dans les zones rurales, seule la coutume protégeait leur occupation.

Le texte fondamental sur le régime juridique de l'octroi de cession et de concession sur les terres domaniales était régi par la loi du 18 octobre 1908 (charte coloniale) qui sera modifiée successivement en 1912 et en 1942. Ce texte et ses modificatifs à chaque fois délimitent clairement le champ de compétence de chaque autorité impliquée dans la gestion des terres. Ainsi, la superficie maximum que le roi pouvait céder ou concéder à titre gratuit dans une zone urbaine était de 10 ha; les cessions par les gouverneurs ou concessions n'excédant pas 10 ha dans les zones urbaines et 200 ha dans les zones rurales devaient être approuvées par le Roi.La cession de plus de 10 000 ha ou concession de plus de 25 000 ha consentie pour une durée inférieure à 30 ans devait faire l'objet d'une convention approuvée par les chambres législatives.[33]

Le colonisateur belge redoutait ainsi déjà à l'époque le phénomène d'accaparement des terres.

---

[31] TH. HEYSE: Les grandes lignes du régime des terres du Congo belge et du Ruanda-Urundi et leurs applications (1940-1946) publié par L.P Mair, vol 18, no 1 1948.

[32] / Prof. Kalamba Y. L., 1981, p. 100

[33] Loi no 73-021 du 20 juillet 1973 portant régime général des biens, Régime foncier et immobilier, modifiée et complétée par la loi 80-008 du 18 juillet 1980

Après l'avènement de l'indépendance, il faudra attendre 1971 pour voir promulguer les premières lois sur le foncier qui consacrent le principe de la " propriété de l'Etat sur le sol". Ces lois avaient surtout pour objet de mettre fin aux abus de grandes sociétés qui gelaient de vastes étendues sans les mettre en valeur. Ces lois conjoncturelles ne répondirent pas aux besoins de la maîtrise du foncier pour aiguillonner le développement.

« ***La loi N° 73-021 du 20 juillet 1973 portant régime général des biens, régime foncier et immobilier*** » est donc votée pour combler les attentes du Gouvernement. Cette loi réaffirme le principe de la propriété exclusive et inaliénable de l'Etat sur le sol. Elle précise en substance que « toutes les terres ne sont susceptibles, au profit des particuliers que des concessions ». Elle harmonise en outre les droits fonciers en domanialisant toutes les terres et en imposant la mise en valeur comme élément fondamental de la reconnaissance des droits.

Aux termes de cette loi, toutes les terres constituent le patrimoine foncier de l'Etat congolais composé du domaine public et du domaine foncier privé de l'Etat.

Les terres du domaine public sont inaliénables; celles du domaine privé peuvent faire l'objet d'une concession perpétuelle, d'une concession ordinaire ou d'une servitude foncière. La concession étant entendue comme le fait pour l'Etat de reconnaître à une collectivité, une personne physique ou morale, un droit de jouissance sur un fonds. La concession est à titre gratuit ou à titre onéreux.

a- Concession perpétuelle

La concession perpétuelle permet à son détenteur qui doit être de nationalité congolaise de jouir indéfiniment de son fonds dans le respect des règles fixées par la loi. Elle n'est cessible et transmissible qu'entre des personnes de nationalité congolaise. L'Etat assure la protection du concessionnaire pour une jouissance paisible et en cas d'éviction, pour une indemnisation adéquate. La concession perpétuelle peut prendre fin, mais à des conditions bien définies par la loi.

b- Concessions ordinaires

Les concessions ordinaires sont l'emphytéose, la superficie, l'usufruit, l'usage et la location.

- L'emphytéose donne au bénéficiaire la pleine jouissance d'un terrain inculte appartenant à l'Etat moyennant redevance. Sa durée ne peut excéder 25 ans.
- La superficie est le droit de jouir d'un fonds appartenant à l'Etat et de disposer des constructions, bois, arbres et autres plantes qui y sont incorporés. Sa durée maximum est de 25 ans renouvelables.
- L'usufruit est le droit d'user et de jouir que concède l'Etat sur un fonds à une personne, à charge pour elle de le conserver dans son état. Sa durée est de 25 ans renouvelables.
- L'usage d'un fonds est le droit que l'Etat reconnaît à une personne d'en jouir soit en y habitant, ou en y créant des entrepôts. Sa durée est de 15 ans renouvelables.
- La location est l'opération par laquelle l'Etat permet à une personne de jouir d'un terrain moyennant un prix. Sa durée ne peut excéder trois ans. Cette opération est en principe préparatoire à une concession.

Les concessions ordinaires s'éteignent par: l'échéance du terme, la reprise, la conversion, l'expropriation pour cause d'utilité publique, le rachat par l'Etat, etc.

Cette législation qui date ne s'accommode plus avec l'ampleur des problèmes fonciers actuels en République Démocratique du Congo et les exigences de son développement économique. Dès lors le gouvernement envisage une réforme en profondeur pour moderniser la gestion de son patrimoine foncier. Ainsi un atelier national sur la réforme foncière, réunissant l'ensemble des intervenants dans le secteur à savoir: les institutions publiques, les autorités coutumières, la société civile et les partenaires extérieurs s'est tenu en juillet 2012; au cours de cet atelier, tous les aspects négatifs de la gestion foncière ont été décortiqués et analysés et des recommandations faites pour l'aboutissement de la réforme au bout de cinq ans pour un coût estimé à l'époque à 11 000 000 USD[34].

1-11 : Le BURUNDI

Le Burundi petit pays de l'Afrique orientale avec une forte densité de population fut un des royaumes les plus puissants de la région des Grands Lacs. Il devint colonie allemande en 1896, subit l'occupation

[34] : Congo-Kinshasa: UN-Habitat à la rescousse de la RDC par Jules Ntambwé, 31 octobre 2012.

militaire belge de 1916 à 1919 et la tutelle de la Société des Nations en 1925 toujours sous administration belge et devint indépendant en 1962.

a- Quelques éléments de droit foncier du Burundi précolonial

Dans le Burundi précolonial, la terre était considérée comme un patrimoine collectif inaliénable administré par le chef appelé Mwami et ses délégués. Personne n'était propriétaire du sol, la propriété portait uniquement sur les mises en valeur.[35]

Le Mwami était lc dispensateur et le protecteur du patrimoine foncier et son autorité était reconnue par toute la population. Il avait le pouvoir de concéder un domaine foncier à tout demandeur; cette concession était résiliable à tout moment et retournait à la réserve domaniale en cas de déshérence, d'abandon ou de bannissement.[36]

Les terres que pouvait attribuer le Mwami comprenaient les terres en friche, telles que les forêts qui étaient considérées comme des terres vacantes, les terres à vocation pastorale et les terres mises en valeur constituées des domaines défrichés appartenant aux expulsés, des terres abandonnées sans espoir de retour ou des terres en déshérence.

Pour résoudre le problème de la rareté des terres pour les paysans, une institution traditionnelle appelée l'ubugererwa permettait la conclusion d'un contrat entre le propriétaire d'un fonds de terre (les hebuja) et le mugererwa (paysan sans terre), ce dernier s'engageant à payer des redevances en nature au premier et à effectuer des travaux divers pour son compte afin d'avoir la jouissance de son fonds. Ce contrat était à durée indéterminée et révocable à la demande d'une des parties.

Le droit foncier coutumier du Burundi, dans la mesure où le mwami était considéré comme l'homme qui incarne l'intérêt général lui a concédé trop de pouvoirs sur la gestion des ressources foncières,

---

[35] R. Bourgeois, Banyarwanda et Burundi, tome ll pp 186 et suivantes, cité par Jean Pierre Amani dans Evolution historique du droit foncier et son incidence sur la propriété foncière des Batwa au Burundi, avril 2009.

[36] : R. Bourgeois, Banyaruwanda et Burundi, tome 1, la coutume, Bruxelles, 1954, pp 186 à187. Cité par Jean Pierre Amani dans Evolution historique du droit foncier et son incidence sur la propriété foncière des Batwa au Burundi, avril 2009.

ces pouvoirs seront rapidement érodés par l'Administration coloniale belge.

b- La gestion foncière sous la colonisation belge

Sous la colonisation allemande, les institutions et les autorités coutumières furent maintenues; ainsi les allemands évitèrent d'imposer leurs lois en matière foncière.

Les Belges par contre, dès 1925 imposent des nouvelles règles de gestion foncière au Burundi en y important les législations foncières successives ayant été en vigueur au Congo belge. Ce qui bouleverse les habitudes agricoles, pastorales et artisanales des populations.

Ainsi, l'obligation faite aux autorités coutumières de mettre les zones humides et marécageuses à la disposition de tous les cultivateurs alors que ces zones coutumièrement étaient réservées au pâturage du gros bétail et à l'extraction de l'argile pour la poterie; tout contrat avec les" indigènes" pour une occupation des sols devait se faire devant un officier public commis par l'autorité. Par ailleurs nul ne peut occuper sans titre des terres vacantes qui sont considérées comme appartenant à l'Etat, ni déposséder les indigènes des terres qu'ils occupent; sur les terres domaniales, les indigènes pouvaient exercer de droit de chasse, de pêche, de cueillette.

La propriété individuelle des terres est reconnue sous réserve d'enregistrement par le conservateur des titres fonciers; cependant, les terres occupées par les indigènes continuent à être régies par les coutumes et usages locaux sous l'autorité des chefs coutumiers qui pouvaient disposer des terres abandonnées par leurs sujets ayant quitté la chefferie sans espoir de retour.

La création des réserves forestières sous l'égide de l'Ordonnance N° 83 bis/agri du 12décembre 1933 provoque le déplacement des populations autochtones et leur paupérisation car ces espaces protégés ne doivent être ni habités ni exploités .La chasse qui dans la coutume était une activité totalement libre est désormais soumise à une autorisation qui précise le territoire de chasse et l'espèce à abattre.

La législation coloniale apporte cependant une amélioration dans la situation des paysans sans terre: les relations contractuelles entre le « propriétaire » et le paysan sont désormais soumises à une juridiction indigène qui veille à protéger le dernier contre les abus du premier.

c- Le droit foncier après l'indépendance

A l'indépendance, le Burundi maintient les législations foncières issues de la colonisation en dépit d'une croissance démographique qui amplifie la pression foncière. En 1977, le Gouvernement abolit l'institution de l'ubugererwa, institution traditionnelle qui consistait en un contrat par lequel un propriétaire de terre (shebuja) s'engageait à en laisser la jouissance à un paysan (mugererwa) moyennant des redevances en nature. Ainsi, tout contrat passé sous ce régime avant le 30 juin 1977 est résilié, les anciens bénéficiaires en deviennent propriétaires.

En 1980 et en 1985 des textes sont pris pour respectivement créer les Parcs nationaux et organiser le code forestier.

Le Code foncier de 1986.

C'est en 1986 que le premier code foncier après l'indépendance fait l'objet d'une loi. Ce code réaffirme la domanialité des terres vacantes et sans maître, les forêts naturelles font partie de cette catégorie. Selon le code foncier, les forêts et les terres en friches appartiennent du domaine privé de l'Etat, dès lors elles sont aliénables et prescriptibles. Or le code forestier en incluant les forêts naturelles dans le domaine public de l'Etat les rend inaliénables, imprescriptibles et insaisissables, d'où une certaine incertitude juridique sur le statut réel des forêts , incertitude qui sera levée en 2000 par le Code de l'Environnement qui réaffirme le caractère inaliénable des forêts qui ne peuvent faire l'objet de cession ou de concession à des personnes privées.[37]

La mise en valeur des terres occupées constitue une des conditions pour l'accession à la propriété. La procédure d'immatriculation des droits fonciers est semée de trop d'embûches: multiples intervenants et nombreux documents qui, comme dans d'autres pays en enchérissent le coût.

Les exigences du développement liées aux difficultés d'accès du plus grand nombre à la terre, la situation sécuritaire précaire liée au retour massif des réfugiés, les contradictions entre les différents textes

---

[37] RCN. Justice et Démocratie, Etude sur les pratiques foncières au Burundi-Essai d'harmonisation, enquêtes menées dans 10provinces du Burundi en février-mars 2004, Bujumbura, décembre 2004,pp 39 et 40. Cité par Jean-Pierre Amani dans Evolution du droit foncier et son incidence sur la propriété foncière des Batwa au Burundi, avril 2009.

existants liés au foncier dénotent à suffisance l'inadéquation du Code foncier de 1986 et la nécessité de nouveaux instruments pour une bonne gouvernance foncière au Burundi.

« ***La Lettre de Politique foncière*** » adoptée le 16 avril 2009 par le parlement explicite les orientations du futur Code foncier dont le processus d'élaboration doit comprendre la participation de toutes les couches de la population burundaise.[38]

Cinq axes d'intervention doivent sous-tendre la réflexion au cours de la confection de ce code nouveau destiné à faciliter la résolution des problèmes fonciers qui plombent la pacification et le développement du pays : en dehors de la réforme du code de 1986, la modernisation des services fonciers existants, la création des services décentralisés, l'inventaire des terres domaniales constituent l'ossature de la feuille de route imposée au comité chargé de la rédaction de la nouvelle réglementation.

La Loi N° 1/13 du 9 août 2011 fixe le nouveau Code foncier burundais.

Code foncier de 2011

Ce code affirme en substance que l'ensemble des terres sur le territoire national constitue le Patrimoine foncier national.

Le patrimoine foncier national est dès lors composé de :

- Terres relevant du domaine public de l'Etat et de celui des autres personnes publiques.
- Terres relevant du domaine privé de l'Etat et des autres personnes publiques.
- Terres des personnes privées, physiques ou morales.

Le domaine public, naturel ou artificiel est inaliénable, imprescriptible et insaisissable.

Les terres des marais font désormais une catégorie à part et leurs règles de gestion sont bien explicitées ; c'est ainsi qu'elles relèvent selon le cas du domaine public, du domaine privé de l'Etat ou de la propriété des personnes privées, physiques ou morales. Les terres des

---

[38]Dominik kohlhagen : Vers un nouveau code foncier au Burundi? L'Afrique des Grands Lacs, Annuaire 2009 2010.

marais sont régies par le droit coutumier et ne peuvent faire l'objet d'un enregistrement.

Des nouvelles structures administratives telles que les services communaux, la Commission foncière nationale, l'Autorité de gestion des marais sont mises en place dans le nouveau code afin de pourvoir à tous les aspects de la gestion des terres dans l'intérêt de tous au Burundi. Ainsi, le droit de propriété foncière est désormais attesté soit par:

- un titre foncier établi par le Conservateur des titres fonciers.
- Un certificat foncier établi par le Service foncier communal reconnaissant une appropriation régulière du sol traduite par une emprise personnelle ou collective, permanente et durable.[39]

Chaque province du pays est dotée d'une circonscription foncière administrée par un conservateur des titres fonciers et des brigades provinciales du cadastre qui élaborent les plans fonciers qui sont mis à la disposition des services fonciers communaux et des services des titres fonciers.

Les certificats fonciers peuvent être transformés en titre foncier à la demande de son titulaire et après bornage de la parcelle concernée.

De par son histoire mouvementée récente, l'étroitesse de son territoire et sa démographie, les problèmes fonciers du Burundi revêtent un caractère spécifique ; dès lors l'existence d'un code foncier constitue un instrument aux mains des décideurs pour essayer de « réparer les abus et les spoliations du passé », pour résoudre de nombreux conflits fonciers, pour résoudre les problèmes posés par l'exigüité des terres. La solution durable à ce dernier volet du problème foncier burundais comme le dit si opportunément Dominik Kohlhagen « devra impliquer les pays voisins tels que la RDC et la Tanzanie qui disposant de réserves foncières plus importantes peuvent aider à élaborer des politiques facilitant la libre circulation et l'installation au-delà des frontières nationales » La Tanzanie a d'ailleurs donné un éclatant exemple de coopération en avril 2010 en naturalisant plus de 15000 réfugiés burundais , ce qui plus que toute

[39] Loi n0 1/13 du 9 Août 2011 Portant révision du code foncier du Burundi, art 313.

réforme juridique, a contribué a désamorcer la bombe foncière burundaise »[40]

1-12 : LE RWANDA

Pour les besoins de cette étude, nous avons sans doute à tort classé le Rwanda parmi les pays francophones. En effet, ancienne possession de l'empire allemand après la Conférence de Berlin de 1885, le Rwanda devint colonie Belge en 1916 et la langue officielle imposée fut le français. Mais en dépit d'une évolution politique marquée par plusieurs phases tragiques, ce pays s'est forgé une conscience nationale par l'adoption du kinyarwanda comme langue nationale et officielle à côté de l'Anglais qui a été adopté comme deuxième langue officielle au détriment de la langue française.

La gestion du foncier au Rwanda à travers son évolution politique

1.12.1- La période précoloniale

La structure sociale de la population était composée des familles regroupées dans des lignages patriarcaux. Les membres des familles étaient à leur tour regroupés dans des clans sous la conduite du chef de clan appelé Mwami issu d'un lignage patriarcal. Les clans étaient composés des Tutsis, éleveurs, des Hutus, agriculteurs et des Twas artisans.

Le Mwami du clan dominant était considéré comme le Roi auquel étaient soumis tous les autres clans.

La propriété collective des terres assurait une coexistence harmonieuse entre agriculteurs et éleveurs grâce à la gestion du Mwami qui suivant les traditions et les règles coutumières possédait un droit clanique appelé « Ubukonde » sur une portion du territoire sur laquelle il pouvait installer chaque famille de son clan avec un droit de jouissance conforme aux usages coutumiers.

Le droit de pâturage appelé »Igikingi » était accordé par le roi ou un chef de clan aux familles pratiquant l'élevage.

---

[40]Dominik kohlhagen : Vers un nouveau code foncier au Burundi? L'Afrique des Grands Lacs, Annuaire 2009 2010.

Les terres abandonnées ou non exploitées constituaient des réserves foncières que l'autorité coutumière locale pouvait attribuer à qui en faisait la demande.

La préoccupation pour une coexistence pacifique entre l'agriculture et l'élevage, compte tenu de la rareté des terres était d'une telle importance que deux chefs « umutware w'ubutaka » et « umutware w'umukenke » en étaient chargés : le premier veillait sur les terres agricoles, le deuxième sur les pâturages dans tout le pays.

Les droits fonciers étaient transmissibles de génération en génération, le roi étant le garant de la coutume.

1.12.2- La période coloniale

La colonisation allemande qui ne dura pas longtemps respecta l'autorité des chefs traditionnels sur la gestion des terres. Elle favorisa l'acquisition par les missions religieuses (protestantes et catholiques) de vastes étendues de terres pour leur installation.

Les Belges par la réforme de 1926 qui découpa le pays en chefferies et supprima les pratiques en vertu desquelles un chef pouvait avoir plusieurs possessions foncières dans les différents coins du pays détruisirent le système traditionnel afin de mieux contrôler le territoire.

Le droit écrit est introduit pour mieux assurer la sécurité foncière du colon, ainsi l'officier colonial garantit les droits d'occupation des terres prises aux indigènes par la délivrance d'un titre de propriété.

Les terres qui restent occupées par les indigènes pour leur subsistance ne leur sont cependant pas retirées, elles restent régies par le droit coutumier. Seuls les colons belges et les étrangers sont soumis au droit écrit.

Par son encouragement à l'agriculture de rente au détriment de l'élevage, la politique foncière belge a détruit le fragile équilibre entre ces deux activités et est à l'origine des premières migrations des populations d'éleveurs vers les pays voisins.

1.12.3- Après l'indépendance

En dépit de l'introduction par les belges du droit moderne dans la gestion foncière, à l'indépendance, c'est le droit coutumier qui régit la très grande partie des terres rwandaises.

La première mesure prise par l'Etat indépendant relative à la gestion foncière est de concéder aux communes par la Loi Communale du 23/11/1963, la conservation des droits relatifs aux terres enregistrées grevées de droits coutumiers. Par cette communalisation des terres coutumières le gouvernement espère récupérer assez d'espace pour rationaliser l'occupation et l'utilisation des terres devenues de plus en plus rares.

Le décret-loi 09 /76 du 4/03/76 règle l'achat et la vente des droits coutumiers sur les terres dans le sens de protéger les vendeurs contre la spoliation de leurs moyens de subsistance au profit des spéculateurs. Ainsi le vendeur doit conserver au moins deux hectares et l'acheteur prouver qu'il n'est pas déjà en possession de deux hectares. Toutes ces transactions sont faites avec l'autorisation et suivant une procédure dictée par l'administration .l'Etat tente de devenir dès lors le seul maître dans la gestion foncière. Mais la démographie galopante et la réduction des surfaces cultivables par une politique de reboisement inappropriée conduisent le pays dans les années 80 vers une impasse foncière caractérisée par une multitude des paysans sans terre, des conflits agro-pastoraux et une production agricole insuffisante.[41]

Un certain immobilisme caractérise le régime foncier rwandais jusqu'aux évènements des années 1990 ; à cette époque, la problématique foncière se complexifie face aux départs et retours massifs alternés des vagues des refugiés, à la famine créée par la sécheresse, à la politique dite de regroupement de l'habitat.

A partir de l'année 2004, il y a comme une accélération dans le processus de prise de décision pour l'administration du foncier. En effet les principes de la politique nationale foncière sont définis à cette époque. Il se dégage ainsi quatre objectifs que cette politique doit atteindre :

- La mise en place d'un cadre légal pour la gestion et l'administration du foncier ;
- La mise en place du cadre institutionnel ;
- L'enregistrement systématique de toutes les parcelles pour assurer la sécurité de la tenure foncière ;

---

[41] Politique Nationale Foncière, version Juin 2004, Ministère des Terres, de l'Environnement, des Forêts, de L'eau, et des Mines, République du Rwanda.

- L'utilisation rationnelle des terres guidée par le plan d'utilisation des terres au niveau national et au niveau des districts.[42]

La loi organique foncière de 2005 affirme comme principe devant guider toute politique foncière que la terre fait partie du patrimoine commun du peuple rwandais. Ainsi sa gestion devra toujours être empreinte d'égalité entre tous les Rwandais sans discrimination pour le profit de tous et de l'Etat.

Pour implémenter ces dispositions légales, au niveau des districts sont créées des commissions foncières ainsi que dans la ville de Kigali ; les bureaux fonciers dans chaque district et les comités fonciers dans les secteurs. L'Ordre des Evaluateurs immobiliers du Rwanda, organe relevant du secteur privé est également mis à contribution pour la mise en route de la nouvelle politique foncière

La promulgation de cette loi organique est le déclencheur d'une série d'actions qui vont changer radicalement le visage foncier du Rwanda en un temps très court eu égard aux enjeux.

Ainsi sont successivement créés :

- La Commission nationale Foncière en 2006.
- L'Office du Conservateur des titres fonciers en 2007 .
- Le Centre national de gestion des terres en 2008.

Le Schéma Directeur d'utilisation des terres est confectionné en 2008 ; la mise en en place effective des structures décentralisées créées s'effectue en 2009, année au cours de laquelle commencent les opérations d'enregistrement général des toutes les tenures foncières dans le pays. Les enseignements tirés de cette vaste opération amènent les autorités à créer en 2011 l'Office Rwandais des Ressources Naturelles pour en augmenter l'efficacité.

Dans le même souci de moderniser et d'adapter l'outil de gestion au nouveau visage foncier, la loi organique de 2005 sera finalement remplacée par la loi 043/2013 du 16 juin 2013 portant régime foncier au Rwanda.

---

[42] Rwanda building an effective land administration system, by Eng-Didier G.Sagashya, Daputy Director General, Department of Land and Mapping, Rwanda National Resources Authority, Kigali 11 Dec 2014, Validation workshop of the report on "Effective Land Administration in Africa organized by Land Policy Initiative (UNECA)

Cette nouvelle loi détermine les modalités d'accès, d'usage et de gestion des ressources foncières en même temps qu'elle établit les principes applicables aux droits reconnus sur toutes les terres situées sur le territoire du Rwanda.

Elle réaffirme les grands principes de la loi de 2005 à savoir l'appartenance du patrimoine foncier à tout le peuple rwandais ainsi que l'égalité parfaite entre l'homme et la femme pour le droit d'accès à la ressource foncière. . Aussi, l'Etat dispose d'un droit suprême de gestion sur ces terres dans l'intérêt général. L'Etat seul est habilité à accorder des droits d'usage et à ordonner l'expropriation pour cause d'utilité publique.

Le droit à la pleine propriété foncière est reconnu à tout citoyen rwandais sur les terres à usage **résidentiel, industriel, commercial, culturel ou scientifique**.

Les sociétés dont 51% des parts sont détenus par des citoyens rwandais jouissent de la pleine propriété foncière sur leur domaine exception faite des terres situées dans les zones dites Zones Economiques Spéciales.

La surface maximale pour la pleinc propriété est de 5 ha sauf dérogation accordée par le Ministre chargé des terres sur la base des justifications plausibles.

L'Etat et les collectivités locales jouissent de la pleine propriété sur leurs domaines qu'ils soient publics ou privés.

La loi procède égale à une catégorisation des terres suivant des critères qui tiennent compte soit de leur situation géographique par rapport aux agglomérations urbaines soit par rapport aux détenteurs des droits y afférents. On distingue ainsi :

1.12.4- **Les terres urbaines et les terres rurales**

Les premières sont celles contenues dans les limites des circonscriptions urbaines établies par des textes officiels, celles qui sont en dehors étant rurales.

1.12.5- **Les terres individuelles et les terres publiques**

Les terres individuelles privées comprennent les terres acquises en vertu de la coutume ou du droit écrit, celles concédées définitivement par l'autorité compétente et celles acquises par don, héritage et partage. Les terres publiques comprennent les terres relevant du domaine public ou du domaine privé de l'Etat, des établissements publics et des collectivités locales que ce soit du domaine public ou privé.

L'accession à la propriété foncière se fait à travers la concession par l'Etat d'un bail emphytéotique d'une durée comprise entre 3 et 99 ans renouvelable. La validation du bail est faite par la délivrance d'un certificat d'enregistrement délivré par le Conservateur des titres fonciers. L'enregistrement est obligatoire et Le certificat qui en découle donne à son détenteur la possibilité de procéder à des transactions conformément à la loi.

Les droits fonciers peuvent être cédés au tiers par voie de succession, de partage, d'héritage, de donation, vente, échange ou toute autre transaction conformément aux lois et règlements en la matière.

Les étrangers peuvent acquérir des terres en bail emphytéotique des personnes privées ou d'une concession de l'Etat sur la base d'un plan d'aménagement et d'un plan d'investissement approuvés par l'autorité compétente. La durée du bail est de 49 ans renouvelables. Dans les Zones économiques spéciales, l'étranger jouit des mêmes droits qu'un rwandais et peut dès lors bénéficier de la pleine propriété.

La gestion des terres se fait conformément au « ***Plan d'Utilisation des Terres*** » pour éviter entre autres la parcellisation extrême des terres réservées à l'élevage et à l'agriculture.

Les titulaires des droits de pleine propriété (centre urbain et zones économiques spéciales) sont redevables d'un impôt immobilier. Ceux titulaires de bail emphytéotiques (zones rurales) sont soumis à une taxe prévue dans le contrat de bail.

CONCLUSION

Le Rwanda a une vision à l'horizon 2020 : devenir un pays émergent. Les résultats obtenus dans le domaine de la gouvernance foncière n'autorisent pas le moindre doute sur la possibilité pour ce pays d'atteindre cet objectif.

En effet, à peine sorti d'une période très douloureuse de son histoire, le Rwanda a vite compris que le foncier constituait une source de richesses dont il fallait rationaliser l'exploitation. La volonté politique des dirigeants, l'engagement des équipes techniques et la participation active des populations ont permis d'obtenir en un laps de temps l'inventaire de tout le patrimoine foncier rwandais.

Estimé au départ à 7'9 millions de parcelles en juin 2009, les résultats suivants ont été obtenus en septembre 2014 :[43]

10'6 millions de parcelles délimitées et digitalisées ;

11840 parcelles litigieuses ;

8'7 millions des titres fonciers approuvés et édités ;

6'7 millions des titres retirés par leurs titulaires.

Coût moyen par parcelle : 8 dollars US.

[43] ibidem

Chap.2

Caractéristiques des régimes fonciers de quelques pays anglophones d'Afrique subsaharienne

2-1 : LE ZIMBABWE

Colonie britannique depuis 1890 sous l'appellation de Rhodésie du Sud, l'appellation et l'existence de la Rhodésie sont l'œuvre de Cecil Rhodes, un richissime homme d'affaires et député de la colonie britannique du Cap. Il usa de la tromperie pour faire signer au roi Ndébélé Lobengula du Matabéléland l'annexion de son royaume et de celui du Mashonaland sur lequel il ne régnait pas alors que le roi croyait concéder plutôt un droit de passage à la British South Africa Company (BSAC) compagnie minière que contrôlait Rhodes.

En 1930, la Land Apportionnement Act, consacre le régime ségrégationniste et organise la répartition des terres. En 1934, une autre loi interdit entre autres aux Noirs de s'installer dans des zones occupées par les Blancs. Cette loi divise le territoire en : zone blanche, réserves indigènes (pour permettre aux africains de se nourrir), les terres des missions, et les terres de la Couronne.[44]

Dans cette répartition, les terres réservées aux Blancs sont égales en superficie à celles attribuées aux Noirs, mais cela constitue un subterfuge car le nombre des Noirs est 10 fois supérieur à celui des Blancs et les terres les plus fertiles situées le long des voies de desserte leur sont réservées.

Ainsi les meilleures terres sont accaparées par une minorité aux dépens de la grande majorité, 6500 fermiers blancs possédaient 46% des terres agricoles les plus fertiles, reléguant les africains sur les terres arides.[45] Cette situation demeurera inchangée jusqu'à

[44] Histoire de la Rhodésie du Sud, Wikipedia
[45] Georges Courade : Les Afriques Au Défi du XXI Siècle, 2014, page 275, éditions Belin.

:

l'avènement de l'indépendance du pays issue des accords de Lancaster House en 1980.

Pour protéger les fermiers blancs, les accords de Lancaster House interdisent les nationalisations des terres pendant dix ans, mais encouragent une redistribution pacifique des terres avec indemnisation conséquente garantie par la Grande Bretagne et les Etats –Unis d'Amérique. Un fonds de compensation avait été prévu dans les accords et devait être alimenté principalement par ces deux pays et d'autres bailleurs des fonds.

Jusqu'en 1984, la répartition des terres entre les Populations autochtones noires et les colons blancs étaient encore d'essence très inégalitaire ; les 4200 fermiers blancs encore en place détenaient 16millions d'hectares soit 42% de la superficie du pays dans laquelle ils utilisaient 1.5 million des noirs comme ouvriers agricoles, les 4 500 000 noirs se contentant de 16 millions d'hectares.[46]

En 2000, suite à une réforme agraire lancée par le Gouvernement, beaucoup de fermiers blancs ont été expropriés sans indemnisation au profit de la majorité noire; le gouvernement zimbabwéen arguant du refus des autres signataires des accords de Lancaster House que sont la Grande Bretagne et les U.S.A d'honorer leurs engagements en alimentant les fonds de compensation.[47]

Cette réforme en deux ans a réduit de 45000 à 200 le nombre de gros propriétaires blancs au profit des fermiers noirs jadis sans terre. [48]

Cette redistribution des terres aux africains jadis arbitrairement dépossédés de leur patrimoine foncier fait dire par certains « analystes » que le Zimbabwe a sciemment plongé son économie dans le marasme, mais le débat serait ailleurs.

---

[46] Foucher : De la Rhodésie au Zimbabwe ou le foncier comme héritage. Une approche géographique. http://www.politique-africaine.com/numeros/pdf/021037.pdf.

[47], François Soudan, Mugabé, Héros ou tyran; Jeune Afrique décembre 2007 et Collette Braeckman, Bataille pour la terre au Zimbabwe, le Soir(Bruxelles), mai 2002, cités par René Jacques Lique dans Mugabé, Robert Gabriel " Souillure" or not " Souillure", Les Accords de Lancaster House, clé de voute mortelle pour le Zimbabwe (pages 43 à 50), Editions le Harmattan, Avril 2010.

[48]Sleduc, La bataille pour la terre au Zimbabwe, publié par France 24 le 25/9/2009.

2-2 : L'Afrique du Sud

Le paysage foncier de l'Afrique du Sud d'aujourd'hui est marqué par le régime d'apartheid qui gouvernait le pays jusqu'à son abolition en 1994.

Ce système dit de développement séparé avait classé les populations en quatre groupes suivant les critères raciaux à savoir: - les Blancs qui représentaient 21% de la population totale, les Indiens 3%, les Métis 9% et les Bantous 67%;

Le régime de l'apartheid avait sécrété des lois foncières ségrégationnistes; « la ***Native Land Act*** » interdit aux africains d'être propriétaires de terre en dehors des "Réserves indigènes", or ces réserves ne représentaient que 7% de la superficie du pays à l'époque, ce qui a entraîné l'expropriation de nombreux paysans. ***« La Native Urban Area Ac »***t institue la ségrégation résidentielle. « La Native Resettlement Act » permet le déplacement des populations noires vivant en zones déclarées blanches.

Les lois foncières de 1913 et de 1936 dites lois sur les territoires indigènes attribuèrent respectivement 7% et 13% du territoire aux non-Blancs, c'est-à-dire à 90% de la population. Cette situation a connu une légère amélioration à la veille de l'accession de la majorité noire au pouvoir; en effet pour atténuer les revendications foncières des Noirs et protéger les Intérêts de la minorité blanche, le gouvernement du premier ministre De Klerk par la loi dite « ***Upgrading of Land Tenure Act*** » de 1991 autorise la conversion en droits de propriété des baux de 99ans détenus par certains urbains noirs dans le parc immobilier public des townships; dans les zones périurbaines et rurales, les contrats de fermage et de concession sont également convertis en droits de propriété foncière. Cette "réformette" n'a pas changé de fond en comble la situation foncière jusqu'à l'avènement de la majorité noire au pouvoir. Une réforme foncière est dès lors incontournable.

Le premier Président de la nouvelle Afrique du Sud, Nelson Mandela, en 1994, fixa comme objectif de faire récupérer par les Sud-Africains noirs, 30% des terres encore possédées par les Blancs à l'horizon 2014. En 2000 la situation était la suivante : 82 millions d'hectares sont occupés par 150 000 fermiers blancs contre 15 millions occupés par 13 millions de noirs dont seulement 2'3 millions d'hectares de terres arables.[49] En 2008, seuls 4% des terres, soit environ 4 millions d'hectares avaient été redistribuées depuis 1994.[50]

Les gouvernements successifs ont fait de la réforme agraire un impératif catégorique dans la mesure où la paupérisation de la population noire est galopante et seule une mise à disposition des terres au profit des plus pauvres semble de nature à améliorer la situation.

Au cours des négociations qui ont précédé la fin du régime d'apartheid, il avait été conclu entre le Gouvernement de la minorité blanche et les dirigeants de l'A.N.C. que la réforme foncière se fera suivant le principe « *acquéreur volontaire-vendeur volontaire* » en évitant toute forme d'expropriation et d'intervention de l'Etat, mais compte tenu des antécédents historiques et des inégalités entre parties concernées, une intervention étatique s'imposera toujours.

Ainsi depuis 1994, une réforme foncière est mise en place; elle comporte trois volets:

a- la restitution foncière qui permet aux ayants droit de revendiquer la restitution des terres accaparées par les Blancs sous l'égide de la loi de discrimination raciale du 19 juin 1913 à leur détriment.

b- La réforme de l'administration foncière dans les anciens bantoustans, régions qui avaient été créées spécialement pour parquer les populations noires pendant le régime de l'apartheid. Les terres dans ces régions appartiennent en fait à l'Etat, mais continuent à être gérées par les autorités traditionnelles et sont fortement tribalisées entre des groupes sociaux aux intérêts antagonistes.

c- La redistribution foncière qui permet aux populations non éligibles aux deux programmes précédents d'acquérir des terres disponibles sur le marché avec le soutien de subventions publiques.[51]

---

[49] Georges Courade : Les Afriques Au Défi du XXI Siècle, 2014, page 275, éditions Belin.

[50] La question de terre en Afrique du Sud, Une bombe à retardement. René Jacques Lique dans Mugabé, Robert Gabriel " Souillure" or not " Souillure", Editions l'Harmattan, Avril 2010.

[51] Portail Foncier & Développement, Situation foncière et spatiale de l'Afrique du Sud, 2013

Cette réforme est très lente eu égard aux prévisions de 1994. En effet une redistribution rapide des terres était de nature à troubler la paix sociale encore fragile entre les communautés blanche et noire; par ailleurs il était difficile de dénombrer et d'identifier rapidement les personnes ou leurs ayants droit qui avaient été spoliés sous l'égide des lois de 1913 et1936.

Le Gouvernement a cependant mis en place un programme de redistribution compensé financièrement par un fonds d'accession à la propriété, fonds alimenté par des organisations internationales. Ce programme devrait en principe prendre fin en 1913.

Dans son livre vert, le gouvernement en aout 2011, avait précisé les orientations pour accélérer la réforme. Ces mesures comportent entre autres la restriction de la propriété foncière privée et l'achat des terres par les étrangers, l'encouragement à la location des terrains, la limitation de la taille des exploitations qui ne sont pas sous le contrôle de l'Etat, la communalisation des pâturages sous l'autorité des chefs traditionnels. Une commission de gestion des terres à créer devait veiller au respect de la réglementation foncière avec le pouvoir d'invalider les titres de propriété dont la procédure d'obtention n'aurait pas été conforme à la réglementation.

La situation foncière en Afrique du Sud présente une originalité dans la mesure où le gouvernement se doit d'abord d'assurer une équité dans la répartition des terres entre les blancs et les Noirs pour répondre aux aspirations légitimes de ces derniers, sans toutefois donner l'impression de spolier le patrimoine foncier des premiers; ensuite d'arbitrer les antagonismes dans les anciens "homelands" où le système de l'apartheid « *avait transféré aux entités tribales la propriété pleine et exclusive des terrains appartenant à l'Etat et sur lesquels elles n'avaient jusque-là qu'un droit de jouissance tout en refusant à leurs membres les droits de propriété individuelle* »[52]

2-3 : La République Fédérale du Nigéria

La République fédérale actuelle du Nigéria tient ses origines de la colonisation britannique qui en 1914 réunifia le Nigéria du sud et le Nigéria du nord qui était chacun composé des royaumes et des tribus

[52]J.B. Onana, Politiques et stratégies d'aménagement urbain en Afrique du sud: de la répression à la tolérance: 1948-1993, thèse de doctorat, Université de Paris xii- val de Marne, 1994.

diverses. Cette diversité ethnique et géographique impliquait dès lors des pratiques diversifiées dans la gestion foncière.

2-3.1 : Gestion foncière précoloniale

Ainsi dans le sud comme chez les Yorubas, les Ibos, etc. la terre était une propriété de la communauté, du village ou de la famille. Elle était administrée par le chef de l'unité concernée. La propriété individuelle était aussi reconnue sans pour autant que l'individu soit autorisé à réclamer une part divise dans la communauté. Ses droits se limitaient à la jouissance et à l'usage de la partie qui lui était attribuée. Ces droits étaient par ailleurs transmissibles. Le chef n'avait que le pouvoir d'administration dans l'intérêt de la communauté, du village ou de la famille sans autre privilège par rapport aux autres membres.

L'attribution coutumière définitive des terres aux personnes étrangères à la communauté pour des besoins de développement économique était pratiquée.

Dans le Nord, l'administration coutumière des terres fut influencée par l'invasion du territoire au 19e siècle par les fulanis qui imposèrent la loi islamique sur le territoire conquis.[53]Cependant le principe de l'appartenance communautaire des terres demeura intact.

On peut ainsi affirmer que la gestion coutumière des terres avant la colonisation en même temps qu'elle renforçait la cohésion du groupe, sauvegardait les intérêts individuels et contribuait à un développement durable.

2-3.2 : Gestion coloniale du foncier

La colonisation britannique trouve en place des systèmes fonciers bien opérationnels et dont les différentes populations concernées se sont appropriées. Elle n'apportera que de petites retouches à cette organisation pour sauvegarder ses intérêts sans trop porter atteinte à ceux des « indigènes ».

Ainsi dans le Sud, la gestion des terres continua à être régie par les pratiques coutumières avec une petite dose de lois foncières anglaises. Ce qui fait dire que la gestion foncière dans le sud obéissait à un système juridique dualiste. En effet, pour promouvoir les transactions

---

[53]Tunde Otubu Esq, Senior lecturer, department of private and Property Law, university of Lagos, in Housing needs and land administration in Nigeria,2009

foncières, la loi britannique autorisa l'accession individuelle à la propriété foncière au contraire de la coutume.

En 1917, la loi dite « ***Public Lands Acquisition Act*** » donna au Gouverneur de la colonie les moyens de procéder à l'expropriation des terres pour cause d'utilité publique.

L'individualisation de la propriété foncière par la loi coloniale amena le délitement des tissus sociaux avec tout ce que cela peut charrier comme conflits, violence et insécurité[54]

Dans la région Nord du Nigéria islamisée, les terres étaient gérées selon la loi islamique par le Calife qui avait dépouillé les chefs traditionnels de leurs pouvoirs. Les anglais n'eurent alors qu'à se substituer au Calife.

Toutes les terres dans le Nord furent déclarées coutumières par la Couronne britannique et placées sous l'autorité du Gouverneur britannique de la région pour leur gestion dans l'intérêt de toute la population et conformément aux us et coutumes. Cette feinte juridique en fait correspondait à une nationalisation des terres dans la partie nord du Nigéria.

2-3.4 : Gestion postcoloniale

A l'indépendance en 1960, le Gouvernement du Nigéria continue pendant longtemps à appliquer les législations héritées de la colonisation, à savoir la gestion dualiste (pouvoir des autorités traditionnelles et du High Commissionner) dans le sud et celle exclusive du High Commissionner dans le Nord, les Gouverneurs des Etats se substituant au High Commissionner.

La nécessité d'uniformisation de la législation foncière dans l'ensemble du pays va conduire le Gouvernement à mener des réflexions sur une nouvelle politique foncière. Ces réflexions vont donner lieu à la promulgation en 1978 de la loi foncière uniforme pour toutes les régions du pays: « ***The Land Use Act* ».**

Elle a pour principaux objectifs de permettre à l'administration de disposer rapidement des terres pour ses projets de développement et de faciliter l'accession à la propriété individuelle. La nouvelle loi lutte également contre l'accumulation des terres en limitant les superficies

[54] idem

maximales qui peuvent être attribuées à une seule personne; ainsi dans la zone urbaine, elle est de 5000 m² et de 500 ha en zone rurale quel que soit l'Etat.

A l'examen il s'avère que cette nouvelle loi est la généralisation de la législation foncière en usage dans le Nord.

Compte tenu de l'organisation fédérale du pays, la nouvelle loi institue une décentralisation très prononcée de l'administration foncière.

Ainsi, dans chaque Etat de la fédération, toutes les terres sont sous l'autorité du Gouverneur qui les administre dans l'intérêt de tous les Nigérians sans discrimination aucune.

Les terres sont classées en plusieurs catégories: les terres urbaines qui sont directement administrées par le Gouverneur, les terres rurales administrées par les administrations locales (communes) à l'exception des propriétés des particuliers reconnues (stututory rights of occupancy), les terres appartenant au gouvernement fédéral et les terres sur lesquelles sont installées des exploitations minières.

Une commission appelée « *The land use and allocation committee*>> assiste le Gouverneur dans la gestion en procédant par exemple aux évaluations des biens touchés en cas d'expropriation pour cause d'utilité publique.

Dans les communes (local councils) les « *lands allocation advisory committees* » jouent un rôle identique auprès des autorités locales.

Le principe d'une juste indemnisation préalable en cas d'expropriation pour cause d'utilité publique est fortement souligné dans la loi quelle que soit l'instance gouvernementale qui procède à l'expropriation.

Toute expropriation donne droit à des compensations quelle que soit la nature des droits (statutory rights of occupancy, costumary right of occupancy). Ainsi, une terre coutumièrement occupée, exploitée pour de besoin agricole, en cas d'expropriation, l'exploitant doit être indemnisé et réinstallé pour pouvoir continuer à pratiquer ses activités agricoles.

« ***La Land Use Act*** », consacre définitivement la mainmise de l'Administration sur les terres et par voie de conséquence la disparition des prérogatives des autorités coutumières sur leur gestion.

Son application est diversement appréciée suivant les Etats car chaque Gouverneur est tenté d'adapter la loi aux besoins spécifiques de son Etat, ce qui conduit souvent à des abus tels que le fait de déclarer toutes les terres ''urbaines'' dans une localité afin de faire échapper leur gestion de la sphère de l'autorité locale pour celle du Gouverneur.

Par ailleurs l'abus du pouvoir d'expropriation pour cause d'utilité publique par les Gouverneurs et les autorités locales rendent désormais les institutions financières très dubitatives pour l'octroi des crédits assis sur les attestations d'attribution (statutory certificate of occupancy)[55]

La terre est devenue un actif économique très important, car conditionnant la production des logements; la Land Use Act en concentrant tous les pouvoirs entre les mains des pouvoirs administratifs, sans prévoir une structure nationale de régulation pour contrôler son application uniforme et conforme partout et par tous, a amoindri le rôle moteur des transactions foncières et immobilières dans la croissance économique du pays. D'où la nécessité d'une relecture de cette loi aux dires de certains universitaires nigérians.

D'autres textes qui répartissent les terres dans chaque Etat suivant les usages et qui soulignent l'importance de la gestion foncière traditionnelle dans la régulation sociale concourent à la gouvernance foncière dans la République fédérale du Nigéria. Ainsi la ***« Grazing* Reserve Law** » (1965) donne le pouvoir aux gouvernements régionaux et aux autorités traditionnelles de constituer des réserves foncières pour les pâturages. Cette politique n'ayant pas réussi à atteindre cet objectif, la « **National agricultural Policy** » de 1988 est venue à la rescousse et prévoit 10% du territoire pour constituer la réserve pour le pâturage afin de booster l'élevage

Le Nigeria, dans le cadre des partenariats du G8 a signé des accords avec le Royaume-Uni qui visent à accélérer le rythme de délivrance dans la transparence des titres fonciers fiables afin de stimuler les investissements dans l'agriculture. A terme, ces accords signés en 2013 aboutiront à la refonte totale du système de gestion des terres dans le pays.

---

[55]Tunde Otubu Esq, Senior lecturer, department of private and Property Law, university of Lagos, in Housing needs and land administration in Nigeria,2009

2-4 : Le Ghana

Le Ghana, jadis appelé *Gold Coast* par les premiers explorateurs occidentaux à cause de la richesse en pépites d'or de certains de ses cours d'eau, émerge de la colonisation anglaise le 6 mars 1957 comme le premier pays africain indépendant au sud du Sahara, sous le leadership du Président Kwamé Nkrumah.

Le système foncier en usage à l'indépendance est comme dans les autres pays soumis à la colonisation un système dual fait des pratiques coutumières et des règles de droit moderne.

En effet, en dépit des diversités des traditions dans les tribus, la terre était partout considérée comme une ressource communautaire administrée par le chef de la communauté dans l'intérêt de tous. La communauté pouvant être la tribu, le village, la famille. Tout membre du groupe avait un droit d'accès garanti à la terre pour ses activités (logement, agriculture). Ceux qui pour une quelconque raison n'avaient pas pu avoir de la terre pouvaient migrer ailleurs dans d'autres tribus où ils étaient acceptés. En effet chaque chef était désireux d'accroitre son influence avec le nombre de personnes sous son commandement ; l'accueil des migrants était le moyen facile pour y parvenir car la terre n'avait pas à l'époque une valeur marchande. La peur de « l'étranger » n'empoisonnait pas les relations entre les autochtones et les allogènes qui pouvaient développer leurs activités agricoles et pastorales dans la mesure de leur capacité au nom de la légendaire hospitalité africaine. Cette vision idyllique de la gouvernance foncière traditionnelle a été vite tempérée dès que la terre peu à peu est devenue un actif commercial. En effet quelques autorités coutumières peu scrupuleuses ont procédé à des ventes d'une même parcelle à plusieurs personnes, donnant ainsi lieu à de nombreux litiges fonciers devant les tribunaux.[56]

La colonisation britannique a maintenu le pouvoir des autorités traditionnelles sur la gestion foncière mais en cherchant à sécuriser la propriété une fois reconnue par le système de l'enregistrement « (**Land Registration Ordinance of 1895)** ». Elle a également introduit de mesures de protection à travers les textes ci-après :

- *The Stool Land Protection Ordinance de 1940*

[56] Ghana, Land administration project, doc of the World Bank, report 25913,p5, July 8 2003

- *Kumasi Lands Ordinance de 1943*
- *The local Government Ordinance de 1951*[57]

Qui protègent les terres appartenant à des communautés coutumières et permettent une gestion équitable par les chefs au bénéfice de tous.

Elle a également pris un texte sur « l'expropriation pour cause d'utilité publique » dans le but de permettre à l'Administration de disposer des terres pour des investissements d'intérêt général. Dans ce cas l'indemnisation était prévue uniquement pour les dommages causés sur les mises en valeur réalisées, aucune compensation n'étant prévue pour le terrain nu.

Pendant quelques années après l'indépendance, le gouvernement continuera à appliquer la législation foncière issue de la colonisation jusqu'en 1962.la loi dite *« **The Administration of Lands Act** 1962 »* introduit non seulement l'enregistrement des actes mais aussi de tous les droits attachés à la parcelle concernée (droit de propriété, droit d'usage, hypothèque, etc.).

Cette loi dépossède les chefs traditionnels de leur pouvoir de gestion des terres coutumières au profit de l'Administration sans rien changer au régime juridique de ces terres qui restent coutumières.

Un impôt foncier est créé et son recouvrement ainsi que celui des autres revenus, (loyers, taxes, redevances diverses, etc..) est effectué par un service administratif spécialisé.

Les revenus ainsi récoltés étaient répartis dans les proportions suivantes:

- 10% au service du recouvrement ;
- 25% à la communauté à travers l'autorité traditionnelle du ressort des terres concernées pour l'entretien du domaine ;
- 20% à l'autorité traditionnelle ;
- 45% à l'assemblée du district.[58]

Cette loi met certes fin aux abus commis jadis par certains responsables coutumiers. Mais la nature imprécise des limites entre les parcelles des terres coutumières, l'absence des actes et des registres

---

[57] Matilda Esi Fiadzigbey,Ghana: Customary land administrator in Ghana-Challenges and prospects, xxiii FIG Congress, Munich Germany, October 8-13,2006
[58]ibidem

des transactions à l'origine de nombreux conflits fonciers conduisent à la nécessité d'une plus grande rationalisation de la gestion de ces terres qui couvrent 80% du territoire ghanéen.[59]

Ainsi, une nouvelle loi dite ***« The Land Title Registration Law 1986 »***, instaure, non plus l'enregistrement des actes, mais celui, obligatoire des titres de propriété pour assurer une plus grande sécurité à la propriété foncière et aux transactions y afférentes grâce, à la définition et à la matérialisation effective des limites, à la représentation de la parcelle dans le titre par un plan précis qui permet de régler en cas de besoin tout litige sur les limites.

L'importance de l'étendue des terres coutumières (80% de l'ensemble des terres du pays), de leur impact sur la vie sociale et les activités économiques, ne doit pas masquer l'existence des terres relevant du domaine de l'Etat et des propriétaires privés qui sont régies par le droit moderne. Le Gouvernement a perçu la nécessité d'harmoniser les deux modes de gestion pour faire du foncier un réel outil sécurisé de développement. Ainsi en 1999 une évaluation de l'administration foncière identifie les dysfonctionnements du système et leurs causes; de là nait le projet de réforme préparé par le Gouvernement *« **The Ghana Land Administration Project** » (LAP)* destiné à remédier à toutes ces imperfections.

Les grandes lignes de ce projet mis en route en 2003 comportent:

- Les réformes institutionnelles qui tiennent compte du genre.

- L'inventaire systématique des terres relevant du domaine de l'Etat.

- L'abornement général des terrains ruraux conduisant à l'obtention des titres de propriété individuels.

En 2004, la décentralisation de la gestion des terres coutumières est renforcée par la création et l'équipement des services dénommés *« The Customary Land Secretariat »* dans chacune des dix régions dont la fonction essentielle est de réglementer les transactions sur les terres coutumières pour éviter les doubles attributions ou ventes et d'adopter une procédure de règlement des litiges sur les

[59]Nana Anna Yirrah, Colandef: Improving customary land administration in Ghana: The role of the customary land secretariats. Annual World Bank Conference on Land and Poverty.

limites et les droits ; en somme de prendre toutes les mesures pour assurer une bonne sécurisation des transactions foncières coutumières.

La réforme, appuyée par la Banque Mondiale et ses agences était prévue pour être finalisée au bout de 15 ans avec des objectifs fixés pour chacune de trois phases d'une durée de 5 ans.

Les résultats connus atteints jusqu'à la fin de la deuxième phase sont palpables :

- La traçabilité des transactions sur les terrains coutumiers grâce au travail des « land customary secretariat ».

- La constitution des bases des données foncières dans les zones rurales pilotes.

- La résolution rapide de certains vieux conflits fonciers par des commissions locales en lieu et place des tribunaux.

- le rapprochement des usagers des services fonciers grâce à la décentralisation (présence des « land customary secretariat" »dans les régions).[60]

L'expérience ghanéenne présente un grand intérêt dans la mesure où le Gouvernement au lieu de mener une guerre sans fin contre la gestion coutumière, la reconnaît explicitement et cherche plutôt à en améliorer les mécanismes pour l'amener à la modernité compatible avec le développement économique.

2-5: Le Kenya

2-5.1 :L'administration du foncier à travers le temps

La terre a de tout temps été un élément central dans le processus du développement économique, social et politique du Kenya qui a une superficie de 582645 km² et une population de plus de 30 millions d'habitants.[61] Elle est aujourd'hui reconnue par la loi comme la

[60] Mark Kakraba-Ampeh; Customary Land Administration Unit, Ghana Land Administration Project, Ministry of Lands Forestry and Mines in Administration of rural lands. Customary Land Secretariats as local structures for effective rural land administration in Ghana. http/site resources Worlbank.org

ressource principale pour la survie de l'espèce humaine, végétale et animale. Dès lors elle a fait l'objet des réglementations successives au fil des temps.

Avant la colonisation, la terre au Kenya était administrée sur des bases ethniques, les dirigeants de chaque communauté prenant soin à ce que chacun des membres possède des terres en quantités suffisantes dont l'exploitation lui permette de pourvoir aux besoins de sa famille.

Le début du peuplement mixte du Kenya date de 1895 à l'arrivée des blancs pour la construction du chemin de fer de l'Ouganda entre 1896 et 1902.

Des concentrations humaines se développèrent le long de cette voie ferrée : ainsi naissent les villes de Mombassa, Nakuru, Nairobi, etc. A la fin de la première guerre mondiale, les soldats de l'armée britannique de l'East African Mounted Rifles qui étaient venus du Soudan, de la Rhodésie, de l'Afrique du Sud et d'Angleterre et ceux de la Royal Fusiliers ne souhaitèrent plus rentrer en Angleterre où à leurs anciennes bases. Le gouvernement britannique octroya à chacun une plantation dont la plus petite superficie était de 65 ha dans les régions de Kericho et de Kiu.

Avant la guerre, d'importantes superficies étaicnt déjà attribuées aux fermiers blancs, la demande par les soldats démobilisés augmenta ces superficies au point que les colons pourtant minoritaires eurent plus de terres mises à leur disposition que les africains largement majoritaires.

Les populations africaines ainsi dépossédées de leurs terres au profit des colons furent confinées dans des « réserves indigènes » avec de petites parcelles où il leur était interdit de pratiquer des cultures ou un élevage pouvant porter concurrence aux activités d'un fermier blanc

Des lois furent prises pour obliger les noirs à travailler dans les fermes des colons pour un salaire dérisoire. Toutes ces mesures

---

[61] :Chiffre du recensement de 1999, par Dr Claire Médard, Crise politique et foncière au Kenya, texte exposé au Séminaire organisé par le programme « Afrique subsaharienne » de l'Ifri le 17 et18 octobre 2008 et publié dans Note de l'Ifri de décembre 2009. L'Ifri est un centre français indépendant de recherche, d'information sur les grandes questions internationales crée en 1979 par Thierry de Montbrial. A

vexatoires provoquèrent une grogne des africains, grogne qui fut à la base de la création en 1933 de la « **Land Commission** » pour examiner les problèmes des terres des africains accaparées par les fermiers blancs.

Cette commission conclut que les africains avaient été effectivement victimes de la spoliation de leurs terres, mais le gouvernement opposa une fin de non-recevoir à toute demande de restitution.

Une résistance s'organisa dans le pays Kikuyu sous la conduite de Jomo Kenyatta lorsqu'en 1948 les squatteurs furent expulsés en masse des plantations européennes.

Suite à cette résistance, le nouveau gouvernement travailliste de Winston Churchill apporta des changements dans la politique foncière au Kenya. Ainsi, les noirs qui jusque-là n'avaient pas le droit de se regrouper en corporation formèrent les premières coopératives africaines de producteurs des cultures vivrières.

Cette politique foncière discriminatoire marquée par l'accaparement de grandes étendues de terre, l'expulsion des populations noires de certaines régions au profit des blancs et leur confinement dans des « réserves » présentait à terme une menace d'insécurité sur les exploitations des fermiers blancs.

Pour conjurer cette menace, un programme de distribution des terres aux africains, appelé « **Swynnerton Plan** » fut mis en place.

Du nom du Ministre anglais de l'Agriculture de l'époque, ce plan consistait à morceler les terres communautaires pour attribuer à titre individuel des parcelles aux habitants en discriminant les récalcitrants qui protestaient contre la domination blanche et en faisant la part belle (fourniture des intrants agricoles et commercialisation de leurs produits) aux collaborateurs locaux qui servaient d'informateurs sur les activités des *« Freedom fighters ».*

Cette politique permit de doter 600 000 familles noires chacune en parcelle de 4ha. Elle permit également de créer une classe moyenne parmi les populations africaines qui étaient désormais autorisées à faire des cultures industrielles.

En 1960 lorsqu'il devint évident que le pays allait s'émanciper de l'emprise britannique, un plan consistant à demander au futur gouvernement du Kenya indépendant soit de laisser les fermiers blancs continuer leurs activités, soit de les faire partir en rachetant leurs domaines fut élaboré.

La Grande Bretagne et la Banque Mondiale s'engagèrent à fournir les fonds pour indemniser ceux des blancs qui abandonneraient leurs fermes. L'opération d'achat et de redistribution des terres se déroula relativement bien entre 1962 et 1968 ; environ 50 000 familles soit 250 000 personnes furent installées sur l'1 million d'hectares?[62]

Toutes les réformes successives dans la législation foncière depuis les années 1970 jusqu'en 2000 en dehors de l'ère Kenyatta qui luttait contre la mainmise des blancs sur les terres, l'ont été au profit des clans particuliers (clientélisme autochtone, clientélisme de la classe dirigeante), ce qui n'a pas manqué de provoquer par intermittence des violents remous sociaux.

La répétition de ces violences cycliques a montré l'urgence d'une législation qui sauvegarde les intérêts de chaque strate sociale.

2-5.2 : Les grandes lignes de la réforme foncière de 2012

Les dirigeants kenyans conscients que le foncier est un secteur extrêmement sensible, ont au cours d'un processus largement participatif élaboré une nouvelle Constitution en 2010 qui a prévu des dispositions pour l'élaboration d'une réglementation foncière corrective des errements du passé. Les dispositions impératives de cette constitution promulguée le 27 août 2010 donnent les grands principes devant désormais régir l'administration des terres au Kenya, toutes les lois et régalements antérieurs en la matière devant s'y conformer.

La réforme foncière de 2012 est contenue dans trois lois votées par le parlement le 25 et le 26 avril et promulguées par le Président le 2 mai.

1 : La National Land Commission Act, 2012

Cette loi crée la Commission nationale des terres qui a désormais tous les pouvoirs de gestion et d'administration de toutes les catégories de terre : domaine public, domaine privé, terres communautaires. Les membres de cette commission devant être désignés suivant une procédure empreinte de transparence.

[62] Lands in Kenya : ownership, policy,laws, tenure and reform

L'approbation de leur désignation par le Parlement précède leur entrée en fonction. Désormais l'attribution d'une parcelle de terrain du domaine foncier de l'Etat relèvera de cette commission au lieu du Ministère chargé des affaires foncières ; ainsi les injustices dues à l'influence du gouvernement dans la gestion des terres longtemps décriées seront éliminées.

2: La Land Registration Act, 2012

Toutes les terres du Kenya, qu'elles relèvent du domaine public, du domaine privé ou qu'elles soient communautaires doivent être recensées et enregistrées.

Le domaine public est constitué essentiellement par l'ensemble des terres occupées par les administrations, les organismes publics, les parcs nationaux, les routes, les rivières, les lacs. Elles sont inaliénables et administrées par la Commission nationale et ses démembrements territoriaux.

Les terres communautaires sont celles qu'occupe tout groupe constitué soit sur une base ethnique, culturelle ou en vertu d'un intérêt commun entre ses membres. Les terres coutumières, celles habituellement destinées à la chasse, à la cueillette tombent dans la catégorie des terres communautaires. Ces terres sont immatriculées pour la communauté au nom de leurs représentants bien reconnus qui en assurent l'administration dans l'intérêt de tous.

3 : La Land Act 2012

Les terres du domaine privé des particuliers (***private land***) sont constituées par les anciennes fermes sur lesquelles les colons avaient le plein droit de propriété (***Free hold lands***) et les domaines que l'administration cédait en bail pour 999 ans. Avec la nouvelle loi, les anciens titres restent valides, mais doivent être réenregistrés sous le nouveau format s'ils ont été émis avant l'indépendance du pays ; dans le cas contraire une reprise de la procédure d'enregistrement suivant la nouvelle loi s'impose. Tous les baux sont ramenés de 999 ans à 99 ans.

Ces terres, à l'expiration de leur période de bail sont reversées dans le domaine de l'Etat, mais si le bénéficiaire du bail était un citoyen kenyan, il a le droit de préemption si le terrain concerné n'est pas destiné à un ouvrage d'intérêt public. Par ailleurs, les femmes sont très protégées dans la nouvelle loi car leurs droits en matière foncière sont désormais reconnus (possession, héritage, copropriété conjugale, etc.).

Le bon usage du sol est une préoccupation dans la nouvelle loi puisque l'accord de la *« **County Land Management** »*, structure délocalisée dérivée de la National Land Commission est requis dans toute transaction pour attester que la parcelle sera exploitée conformément à l'affectation des terrains dans la zone concernée.

Les transactions foncières, surtout au profit des sociétés et associations devront être effectuées en présence d'un avocat de la Cours Suprême du Kenya, d'un magistrat, d'un juge ou d'un notaire pour être valable.

L'expropriation pour cause d'utilité publique se fait sous l'égide de la National Commission qui veille à ce que l'envoi en possession par l'Etat ne se fasse qu'après la juste indemnisation des victimes.

La nouvelle loi va loin dans les détails tels que le respect de l'environnement, la taille minimale d'une parcelle économiquement viable suivant sa destination, les relations entre bailleurs et locataires, les sanctions encourues en cas de corruption dans les transactions, le règlement des conflits, etc.

Conclusion : le régime foncier au Kenya se caractérise par une instabilité dans les procédures d'appropriation due à l'interconnexion trop étroite entre politique et gouvernance foncière.

La colonisation a détruit les structures coutumières qui géraient les terres communautaires et provoqué les déplacements de ces populations dans des zones où elles n'avaient que des droits précaires individuels sur les terres qu'elles exploitaient. Les terres ainsi libérées, appelées *« Terres de la Couronne »* étaient distribuées sous forme de bail de 999 ans aux colons.

A l'indépendance, les nouvelles autorités s'engagent dans la récupération des anciens domaines dévolus aux colons contre compensation. Mais les terres ainsi récupérées au lieu d'être attribuées prioritairement aux anciennes communautés le sont plutôt à des clientèles politiques et administratives. Naissent alors des antagonismes régionaux et ethniques qui mettent à mal l'unité du pays et obligent les gouvernements successifs à reconsidérer certaines situations foncières qui pourtant semblaient acquises, créant ainsi une insécurité permanente.

Avec la création de la Commission Nationale, l'ensemble des lois de 2012, soustrait la gestion foncière des pesanteurs administratives et politiques. L'égalité du genre, la sauvegarde des droits des minorités et l'aménagement du territoire qui sont des impératifs contenus dans ces textes font entrer le Kenya dans la modernité en matière des droits humains.

Les nouvelles dispositions légales issues de la réforme foncière de 2012, si elles sont bien appliquées, sont de nature à assurer une paix foncière qui est un accélérateur du développement économique du Kenya. Cependant l'absence d'une clause limitant les superficies qui peuvent être acquises par des non kenyans fait du pays une proie facile des accapareurs des terres. Le Kenya fait d'ailleurs partie des pays concernés par le nouveau programme de l'Union européenne lancée en avril 2014, programme susceptible de modifier en profondeur sa législation foncière pour rendre ses terres accessibles sans limites aux investisseurs étrangers.

Chap.3
Caractéristiques des régimes fonciers de quelques pays lusophones d'Afrique subsaharienne

Le cas de ces quelques pays qui émergent de la colonisation portugaise permettra surtout de marquer les différences et les similitudes par rapport aux pays francophones et anglophones.

3-1 : Le Mozambique

Colonie portugaise depuis le 16e siècle, Le Mozambique après une longue guerre de libération sous la houlette du Front de Libération du Mozambique dirigé par Eduardo Mondlane assassiné en 1969, accède à l'indépendance le 25 juin 1975. Samora Machel devient le premier président de cette jeune république. A sa mort dans un accident d'avion, Joachim Chissano lui succède.

3-1.1 : Gestion coloniale des terres

A l'arrivée des colons portugais dans le courant du 16e siècle, les chefs indigènes leur faisaient dons des terres en échange de leurs services; en même temps le gouvernement portugais installait ses serviteurs sur des terres dites *Prazos da Coroa* (plantations de la Couronne) ; ceux-ci avaient pour autre mission de soumettre les populations qui montraient de velléité de résistance.

Au début du 19e siècle, les chefs noirs sont obligés de payer un tribut en ivoire ou en esclaves aux descendants des portugais, ce qui les oblige à fuir en leur abandonnant leurs terres.

La politique d'intégration territoriale des colonies à l'espace national portugais menée par Antonio Salazar permit d'attribuer de vastes étendues de terre aux colons portugais pour le développement des mines, des industries et des cultures d'exportations.

Ces attributions n'eurent pas une grande influence sur les populations autochtones en matière foncière eu égard au faible engouement des portugais pour s'installer au Mozambique, à l'abondance des terres disponibles, mais surtout aux dispositions pertinentes de « ***l'Acte Colonial portugais de 1933*** » qui *garantit aux* *indigènes la propriété et la possession de leurs terrains et cultures* et le respect de leurs us et coutumes non contraires à la morale.[63]

3-1.2 : Gestion postcoloniale

A l'issue de la lutte de libération marquée par la victoire du Front soutenu par les pays socialistes, le gouvernement adopta une politique économique qui nationalisa tous les moyens de production, y compris le foncier. Ainsi furent supprimées les exploitations familiales au profit des fermes d'Etat. L'échec de cette politique amena à une réforme qui rétablit les exploitations individuelles dès 1980; mais c'est en 1990 et 1997 que la Constitution et la Loi des terres définissent les régimes des terres au Mozambique.

3-1.3 : La loi foncière en vigueur

Cette loi fondamentale a été adoptée par le parlement en 1997 et ses différents textes d'application vers la fin de 1999. Ces textes régulent toutes les catégories de terre et leurs usages, l'organisation des services chargés de la gestion foncière pour permettre un développement harmonieux du pays en sécurisant les droits de tous les citoyens et ceux des investisseurs étrangers.

Dans le préambule de la loi, la terre est définie comme source commune de création des richesses et du bien-être dont l'usage et le bénéfice appartiennent à tout le peuple mozambicain.

Le principe de base stipule que la terre appartient à l'Etat et ne peut être vendue, aliénée ou grevée.

Toutes les catégories de terre constituent le patrimoine foncier de l'Etat mozambicain.

La loi distingue, le domaine public qui comprend les aires partiellement ou totalement protégées ; les zones totalement protégées le sont en raison de la conservation de la biodiversité et de la sécurité.

La zones partiellement protégées comprennent les lits des cours d'eau et les bandes des rives dont la largeur varie suivant l'importance des cours d'eau (rivière, fleuves, mers, etc.), les emprises du chemin de fer, des routes, des métros, les aéroports, les ports et toutes les terres occupées par les services publics.

---

[63] Articles 17 et 22 de l'Acte Colonial portugais cité par Gérard Chouquer dans Le régime de la terre et la propriété foncière au Mozambique, 29 octobre 2010.

Aucun droit d'usage ou d'occupation ne peut être acquis sur ces zones, sauf dérogation spéciale pour certaines activités.

Les particuliers, toute personne de nationalité mozambicaine, toute société de droit mozambicain ainsi que les communautés ont le droit d'usage des terres.

Les étrangers, individus ou société peuvent obtenir de droit d'usage à condition d'avoir un projet d'investissement approuvé ; pour les personnes physiques elles doivent avoir résidé au moins pendant les 5 dernières années au Mozambique ; pour les sociétés elles doivent être constituées ou enregistrées au Mozambique.

Le droit d'usage s'acquiert pour un individu ou pour une communauté par :

- Les règles coutumières qui ne doivent pas être contraires à la Constitution.
- L'occupation paisible et de bonne foi pour tout mozambicain pendant au moins dix ans
- L'autorisation de l'Administration compétente.

Les services du cadastre établissent des titres appelés « *droit d'usage et d'exploitation de la terre* »(DUAT) qui justifient les droits, mais l'absence de ce titre ne prive pas l'occupant de ses droits.

L'autorité administrative et les autorités traditionnelles se concertent avec les services du cadastre pour s'assurer que le terrain concerné est libre de toute occupation.

Les droits d'usage sont transmissibles par héritage sans distinction de genre.

Les infrastructures et les mises en valeur réalisées sur le terrain peuvent être vendues après approbation de l'autorité administrative territorialement compétente.

Ce transfert emporte aussi celui du droit d'usage du terrain en cas d'un immeuble urbain.

Le droit d'usage pour des activités économiques est accordé par bail d'une durée maximum de 50 ans renouvelable une fois. Après cela, une nouvelle demande d'attribution doit être formulée. Cependant, le droit d'usage issu de l'occupation par les communautés locales, celui destiné à l'habitat, celui détenu par des particuliers de nationalité mozambicaine destinée à l'usage familiale sont de durée illimitée.

Le droit d'usage s'éteint :

- Lorsque le bénéficiaire ne réalise pas l'investissement promis dans les délais sans justification ;
- Par la survenance d'une expropriation pour cause d'utilité publique ;
- Par l'expiration du bail ;
- Par renonciation du bénéficiaire.

Dans les zones non couvertes par le plan d'urbanisme, le gouverneur local peux autoriser une superficie qui n'excède pas 1000 ha. Le ministre est compétent pour les superficies supérieures à 1000 ha et inférieures à 10 000 ha.

Le conseil de ministres est compétent pour les superficies supérieures à 10 000 ha.

Tous les bénéficiaires de droit d'usage sont soumis à des redevances annuelles à l'exception des familles, des communautés locales et des petits agriculteurs nationaux.

Les textes d'application de la loi foncière mozambicaine comprennent des décrets et des annexes.

a- ***Le décret 66/98,*** ce texte précise les missions des services qui concourent à la gestion du foncier et les procédures, les caractéristiques des zones partiellement ou totalement protégées ainsi que les restrictions y afférentes.

b- ***Le décret N° 77/99 du 15 Octobre 1999*** fixe les montants des redevances pour chaque catégorie de sol exploité.

c- ***L'annexe techniques du 7/12/1999*** du ministre de l'Agriculture et de la pèche fixe les modalités de démarcation, les différentes occupations et précise les formats des documents graphiques et littéraux y afférents.

D'autres annexes précisent le champ d'intervention du géomètre privé dans les procédures foncières.

L'usage ou l'exploitation peut être prouvée par un titre ou par le témoignage des responsables des communautés locales.

La législation foncière mozambicaine englobe toutes les considérations concourant à une bonne gouvernance foncière et constitue une heureuse synthèse entre les pratiques traditionnelles et la modernité. Sachant que la terre n'est pas un bien reproductible, elle n'accorde que le droit d'usage (DUAT) transmissible par héritage aux nationaux de durée illimitée. Pour les nécessités de développement durable économique du pays, des baux d'une durée de 50 ans renouvelables une fois pour les étrangers et des zones protégées sont créées pour la protection de l'écosystème.

Sans fondamentalement bouleverser sa législation foncière, le gouvernement mozambicain a dans le cadre du projet piloté par le Millenium Challenge Corporation (MCC) des Etats Unis (2007) et d'un accord-cadre avec le G8 en 2012 accepté de réformer le système des droits d'utilisation des terres par l'accélération de la délivrance des certificats d'utilisation des terres (DUAT) et la simplification des procédures de son application dans les zones rurales ainsi que la participation des communautés à des partenariats à travers des baux et des sous-locations. La mise en application de ces accords a permis d'enregistrer 200 000 parcelles, 144 000 DUAT aux habitants des municipalités et 10 000 aux habitants des zones rurales.

3-2 : Le Cap-Vert

3-2.1 : Bref aperçu historique et administratif

Le Cap-Vert émerge comme pays indépendant de la colonisation portugaise en 1975. Peuplé d'environ 511000 habitants,[64] son territoire est constitué par neuf iles et treize ilots. La capitale Praia concentre le quart de la population totale du pays. Les terres arables ne représentent que 10% des terres disponibles.[65] Une forte décentralisation des collectivités caractérisent l'organisation administrative. Ainsi le pays est divisé en municipalités ; ces municipalités sont gérées par trois organes que sont l'assemblée municipale qui est un organe élu ayant des compétences délibératives, la chambre municipale également élue qui est l'organe exécutif et le Président du conseil de la Municipalité qui est l'organe exécutif permanent.

L'Etat central assure la tutelle sur l'ensemble des municipalités.

---

[64]*Alain ROCHEGUDE* et *Caroline PLANÇON : Décentralisation, foncier et acteurs locaux* - Fiche pays Cap-Vert

[65]*Alain ROCHEGUDE* et *Caroline PLANÇON : ibidem*

3-2.2 : Gestion Foncière et domaniale

Jusqu'en 2007 la gestion foncière et domaniale relevait des textes élaborés pendant l'époque coloniale.

La loi du 2 janvier 2007 organise le régime des terres et la procédure d'expropriation pour cause d'utilité publique, reconnaissant par la même occasion la propriété privée des terres. Elle définit :

- Le domaine public de l'Etat, le domaine public des collectivités locales ;
- Le domaine privé de l'Etat et des collectivités décentralisées et fixe leurs régimes juridiques ;
- Les différentes modalités de transfert de terrain du domaine public au profit des collectivités locales.

Elle établit une classification précise des terrains, crée des réserves foncières et leur régime juridique, réglemente les différents modes d'occupation des terrains quel que soit leur statut juridique.[66]

Les dispositions générales de la loi insistent sur la nécessité d'une mise valeur continue des terres en tenant compte des contraintes d'intérêt général écologiques, des règles d'urbanisme dans les centres urbains ainsi que sur le strict respect des droits de propriété.

Par ailleurs, l'abandon d'une parcelle par son exploitant constitue au terme de la loi une violation grave des principes et des règles d'utilisation des terres ; la rareté des terres explique cette exigence.

L'énoncé *« tous les citoyens ont le droit et le devoir de participer à la définition des politiques relatives à l'usage des terrains »* constitue l'une des seules originalités marquantes de la loi foncière et domaniale Cap-Verdienne ; en effet la classification des terres suivant qu'elles appartiennent à l'Etat, aux collectivités publiques ou aux particuliers, leurs régimes juridiques et les modalités de leur gestion obéissent aux schémas trouvés dans d'autres pays.

La deuxième originalité de loi de 2007 réside dans la création des réserves foncières ; les terrains classés comme réserves foncières sont destinés à des fins spécifiques et constituent une catégorie exclue du régime de droit commun applicable à l'occupation des terrains. Les réserves foncières sont de deux catégories : les réserves intégrales

---

[66] *Alain ROCHEGUDE* et *Caroline PLANÇON : ibidem*

dans lesquelles toute activité est interdite et les réserves partielles à l'intérieur desquelles certaines activités peuvent être autorisées.

Beaucoup de textes sont en gestation pour rationaliser la gestion foncière et domaniale au Cap-Vert, l'administration du cadastre est opérationnelle dans quelques iles mais les textes la réglementant ainsi que ceux relatifs au registre foncier et l'immatriculation sont encore à produire. Les pratiques foncières sont encore très diversifiées d'une île à l'autre, voire d'une municipalité à une autre, en fonction le plus souvent, de l'ancienneté des occupations, de leurs modalités ou d'appropriation du sol. Cette diversité se caractérise par la juxtaposition de vastes domaines appropriés et des occupations sans titre, aussi bien en zone rurale qu'en zone urbaine avec une forte croissance de l'habitat spontané dans les villes.

Les municipalités assurent l'administration et la gestion des biens constituant leurs domaines publics ou privés. Par ailleurs, elles ont la charge de la gestion des biens des domaines publics et privés de l'État qui sont situés sur leur territoire et bénéficient des recettes issues de l'impôt unique sur le patrimoine.

Le Cap-Vert en février 2012 s'est engagé sous la houlette du Millenium Challenge Corporation (MCC) à affiner l'environnement juridique, procédural et institutionnel de la gestion foncière pour faciliter les investissements étrangers.

3-3 : La Guinée Bissau

La Guinée-Bissau comme le Cap-Vert est une ancienne colonie portugaise dont l'indépendance autoproclamée en 1973 fut reconnue par la communauté internationale le 25 avril 1974 après une longue guerre de libération contre le Portugal soutenu par les puissances occidentales.

Les Portugais à leur pénétration vers la fin du 19e siècle étaient des immigrants qui payaient un impôt appelé Daxa aux autorités autochtones. Après avoir réussi à soumettre les populations à la suite d'une campagne guerrière dite de pacification, ils les dépossédèrent de la gestion de leurs territoires en imposant une administration centralisée pendant toute la période coloniale. Par ailleurs au cours de la lutte pour l'indépendance, le Parti Africain pour l'Indépendance de la Guinée Bissau et du Cap-Vert (PAIGC) a aboli les chefferies traditionnelles qui avaient le contrôle sur le foncier dans leurs zones d'influence, ce qui correspondait à une collectivisation forcée des terres avec ce que cela peut comporter comme germes de conflits.

En dépit de toutes ces péripéties dues aux aléas de l'histoire, les pratiques foncières de la Guinée Bissau quoique régies par les lois modernes restent empreintes d'une bonne dose du système traditionnel de gestion.

Le régime coutumier ne permet pas d'avoir de droits exclusifs sur la terre, mais de droits temporaires

Le régime foncier légal qui date de la colonisation institue la propriété privée, ainsi les concessions régies par le régime de propriété privée avec une superficie totale de 1'6 millions d'hectares représentent 45% de la superficie totale du pays.[67]

Gestions traditionnelles des terres

La Guinée Bissau est une société rurale peuplée des communautés ayant chacune ses us et coutumes qui influencent la gestion foncière, ainsi on ne saurait parler d'une gestion mais des gestions traditionnelles.

La typologie des communautés présente trois caractéristiques liées à leur mode de gouvernance :

- Les communautés au sein desquelles le pouvoir central relève d'une seule personne issue d'une famille régnante ; une communauté de cette catégorie a un territoire plus ou moins étendu. Les problèmes de possession et d'usage des terres sont gérés par la famille régnante ;
- Les communautés où le pouvoir peut être occupé par plusieurs familles ayant convenu des règles de succession ; leurs territoires sont dès lors très étendus. La terre dans ces zones est la propriété privée de cet ensemble qui en fixe les règles de redistribution ;
- Les communautés où n'existe aucune structure de pouvoir.

Ici deux entités responsables de la gestion foncière coexistent : le propriétaire de la terre ou chef de terre, qui recouvre la fonction d'administrateur, et le Conseil des anciens, qui intervient au moment de la résolution des disputes ou des désaccords.

---

[67] : Acte de l'Atelier Sous-Régional par Sous region Ecowas sur la collecte et l'Analyse des données pour l'aménagement des forêts- Joindre les efforts nationaux et internationaux.
Yamoussoukro, Côte D'Ivoire, 13-18/12/99.

La législation foncière actuelle ne reconnaît pas les droits fonciers traditionnels et ne permet pas la migration du système traditionnel vers le système de la propriété foncière; ainsi la loi ne reconnaît pas l'appartenance collective des terres, pratique courante dans les communautés rurales. Cette manière d'individualiser l'appropriation des terres n'est pas sans danger pour ce pays car la superficie moyenne de concession individuelle est passée de 24 ha en1975 à 245 en 1986 et 419 ha en 1990.[68] Cette course effrénée vers le foncier traduirait une montée spéculative dommageable pour les plus pauvres.

3-4 : L'Angola

L'Angola sous domination portugaise pendant plus de cinq siècles est un pays indépendant depuis novembre1975 après une longue guerre de libération déclenchée en 1961. Son histoire est également marquée par une guerre civile qui a duré de 1975 à 2002. Cette évolution mouvementée de l'histoire du pays a fortement marqué son organisation foncière à travers le temps.

Evolution du système foncier

Dans l'Angola d'avant la pénétration portugaise, la terre était un bien communautaire ; tout membre de la communauté pouvait cultiver autant de parcelles que lui permettaient ses forces. Là où les terres étaient abondantes, la jachère pouvait être pratiquée sans crainte de perte de la parcelle à la suite d'une occupation par autrui. Là où la pression démographique était grande, la permanence sur le site constituait une garantie des droits.

a) Le régime foncier sous l'administration portugaise

En 1856, le gouvernement portugais classa toutes les terres en deux catégories : les terres propriétés du Roi du Portugal et les jachères exploitées par les indigènes.

L'Administration coloniale concédait à des sociétés privées portugaises des droits d'exploitation des terres et des personnes qui y habitaient. A la fin du 19e siècle, elle introduisit la notion de terres vacantes, désignant ainsi les terres exploitées par les autochtones. Ces terres ne pouvaient faire l'objet d'aucune transaction sans autorisation de l'administration coloniale.

[68] Ibidem.

En 1930, suite à l'opposition violente des populations indigènes à la discrimination foncière, la notion de terres vacantes connut une autre définition: étaient considérées comme vacantes, toutes les parcelles non mises en valeur ou non exploitées pendant dix ans, sans pour autant signifier que le droit de propriété leur était reconnu sur celles mises en valeur. Les zones rurales ne présentaient pas un grand intérêt pour les colons jusque dans les années 1920 lorsqu'ils expropriérent les noirs pour étendre leurs plantations de café. L'immigration portugaise à partir de cette époque alla croissant avec un accaparement équivalent des terres. C'est ainsi que dans les années 1970, 300 000 colons possédaient 4.5 millions d'hectares dont seulement 11% de superficie exploitée alors que 4.3 millions de fermiers indigènes pour la petite portion à sa disposition, 60% de sa superficie était exploitée.[69]

L'abolition du statut de l'indigénat en 1961 n'apporta pas une grande amélioration dans le statut des noirs en ce qui concernait la possession des terres ; en effet si les Européens étaient autorisés à demander le titre de propriété sur les parcelles qu'ils avaient exploitées continuellement pendant 20 ans, celles exploitées par les « indigènes » étaient tout simplement protégées en tant que " réserves". Ces réserves comprenaient les terres occupées par les villages. En 1973, une nouvelle réglementation foncière déclara que toutes les terres non objet d'une propriété privée étaient susceptibles de concession à l'exception des terres coutumières. Cette législation permit aux colons portugais d'étendre leurs fermes au détriment des Angolais entassés dans des campements forcés.

b) Après l'indépendance

L'indépendance obtenue de haute lutte par les nationalistes angolais fait fuir de nombreux fermiers portugais. L'article 11 de la première Constitution angolaise nationalise toutes les ressources foncières non objet d'appropriation privée. Ainsi toute parcelle abandonnée par le propriétaire pendant une période de 45 jours sans justification était nationalisée. Cependant à cause de l'abondance des terres, aucune loi

[69] ISS interview, Lubango, 28september, 2003, par Jenny Clover (senior researcher at the African Security Analysis Progamm, Institute for Security Studies) in Land reform in Angola: Establishing the ground rules

foncière spécifique ne fut élaborée jusqu'en 1992 quand fut promulguée la première loi foncière de l'Angola indépendante.

Loi 21-C/92 du 28 aout 1992

Cette loi réglemente l'accès à la terre et protège les droits d'accès et d'appropriation des terres par les communautés locales. Seulement elle ne règle que le problème d'attribution de petites parcelles pour les cultures de subsistance et de logement Elle évite de toucher les zones rurales où de grandes parcelles pourraient être attribuées aux fins d'exploitation commerciale ou industrielle. Cette prudence du Gouvernement est due au fait que la guerre civile a provoqué un grand déplacement de population de leur terroir, ce qui risque de raviver les rancœurs en cas d'une gestion tant soit peu maladroite des terres.

Cependant, avec l'application de cette loi, on a assisté à l'accaparement de vastes étendues des terres par quelques individus issus de la classe politique ou de son entourage à la suite de la privatisation des anciennes fermes d'Etat. La nouvelle réglementation évite d'esquisser des solutions à des problèmes épineux tels que la récupération par les Angolais des terres que les colons leur avaient arrachées de force, le statut juridique des terres communautaires, les relations entre le gouvernement central et les collectivités en matière foncière, le domaine public, etc. Cette loi foncière assez approximative et vague, favorisait surtout les cadres politiques au détriment de petits citoyens qui ne souhaitaient qu'un peu de sécurité dans leurs exploitations retrouvées une fois libérés de la colonisation portugaise.

L'application de la loi de 1992 ne comble pas les attentes, le Gouvernement en prend conscience et dès 1999 entreprend sa révision avec la participation populaire à travers des consultations publiques qui aboutirent à la loi foncière de 2004 intitulée en portugais: ***Lei da Terrs de Angola, Lei 09/04, de 9 de Novembro.***

Caractéristiques de Lei da Terrs de Angola 2004

Cette nouvelle loi, venant après la fin de la guerre civile suscite beaucoup d'attentes : la réinstallation des populations déplacées du fait des guerres, la restitution des terres occupées par les colons portugais à leurs anciens propriétaires, l'atténuation des accaparements des terres par les élites.

Le préambule fixe les objectifs de la nouvelle réglementation à savoir: contribuer à résoudre le problème de l'habitat dans les zones urbaines, réguler et encadrer l'exploitation des ressources naturelles, soutenir l'activité économique dans les secteurs de l'agriculture, des mines et des industries tout en préservant l'environnement.

Les principes fondamentaux régissant le foncier sont explicités: toutes les terres relèvent de l'Etat, celles de son domaine privé sont cessibles, la mise en valeur est impérative, le respect des droits des communautés rurales devient une exigence, la propriété exclusive de l'Etat sur les ressources naturelles est proclamée ainsi que la non-réversibilité des terres nationalisées ou confisquées.[70]

Le droit d'exproprier pour cause d'utilité publique est reconnu à l'Etat et aux collectivités publiques moyennant juste indemnisation.

L'organisation du Territoire, la planification urbaine et la protection de l'écosystème font également partie des préoccupations de la loi qui procède à une classification des terres suivant leur usage et leur statut juridique: les terres cessibles, les lots urbains, les terrains ruraux, les terres communautaires rurales, les terres agricoles, les terrains industriels, les réserves foncières.

L'Etat et les collectivités publiques pour les besoins d'intérêt général possèdent des domaines fonciers classés en deux catégories:

- Le domaine public de l'Etat ou des collectivités publiques qui sont inaliénables, définitifs et insaisissables.
- Le domaine privé de l'Etat ou des collectivités publiques qui peut être aliéné.

Ainsi les titres de propriété peuvent être délivrés sur des parcelles issues du domaine privé de l'Etat ou des collectivités publiques à des angolais, à des personnes morales de droit public ayant leur siège dans le pays, à des personnes morales de droit privé poursuivant des objectifs culturels, religieux ou humanitaires ayant leur siège dans le pays, des entreprises publiques angolaises et les sociétés commerciales ayant leur siège principal dans le pays, des étrangers à qui aucune disposition réglementaire n'oppose un empêchement, des

[70] Lei da Terrs de Angola, Lei 09/04, de 9 de Novembro, art 4.

sociétés étrangères dont les pays d'origine reconnaissent les mêmes droits aux ressortissants angolais en matière foncière.[71]

La loi reconnait et protège les droits coutumiers sur les terres rurales occupées et exploitées par des collectivités et gérées suivant leurs us et coutumes. Ces droits consistent en l'usage, la possession et la jouissance.

Cette catégorie ne peut pas faire l'objet de concession, mais peut réintégrer le domaine privé de l'Etat ou de la collectivité en cas de non-utilisation constatée suivant les règles coutumières.

La loi très détaillée règle les droits de superficie, des occupations précaires, des terres supportant les infrastructures urbaines, la procédure de concession, etc. Ce souci du détail procède de la conscience qu'avaient les législateurs de la complexité de la situation foncière du pays marquée par des conflits d'une typologie difficilement maitrisable.

En effet ces conflits varient d'une région à l'autre et dans la même région varient suivant l'ancien statut du sol ou sa destination: ainsi

- Dans les zones des anciennes plantations de café abandonnées, les revendications montent des descendants des ancêtres premiers occupants, des anciens employés qui sont restés sur place après la privatisation et ont continué à cultiver pour leur propre compte, des personnes déplacées du fait de guerre qui ont été officiellement installées ou non, des anciens propriétaires européens qui sont revenus après la guerre.
- Les paysans dans la plupart des régions sont en conflit avec les éleveurs.
- La cohabitation est difficile entre les communautés coutumières et les immigrants venus d'autres régions du fait de la guerre, même l'Etat se retrouve dans de situations conflictuelles avec les particuliers du fait des terres convoitées.

L'article 43 de la loi limite les superficies qui peuvent être attribuées par la procédure de concession en zone urbaine et en zone rurale, mais laisse le pouvoir au conseil de ministres pour aller au-delà en cas de besoin. Cette disposition semble avoir ouvert la voie au

---

[71] Lei da Terrs de Angola, Lei 09/04, de 9 de Novembro, art42

phénomène d'accaparement qu'on observe en ce moment de la part aussi bien des Angolais que des étrangers.

Grand producteur de pétrole, l'Angola n'a pas succombé aux effluves de l'or noir. Disposant d'immenses ressources foncières dont la gestion très délicate, eu égard aux nombreux conflits dus à la fois au passé colonial et à la guerre civile, le pays s'est doté à travers la Lei da Terrs de Angola, d'un instrument puissant de régulation foncière. Cette loi vise à restaurer la confiance entre l'Etat et les citoyens et contribuera au développement durable du pays en facilitant l'exploitation des immenses potentialités agricoles dont il recèle.

Chap.4
Deux singularités : la Guinée Equatoriale et l'Ethiopie

1. La Guinée Equatoriale.

La Guinée équatoriale constitue aussi bien une curiosité linguistique qu'une curiosité foncière au sud du Sahara.

Son territoire d'une superficie de 28051 km² est éclaté en trois parties: une partie continentale, la plus étendue (260170km²) et de deux îles (Bioko et Annobon). Sa population est estimée à 500 000 habitants en 2005.

Ancienne colonie espagnole, indépendante depuis 1968 sous l'appellation de « République de Guinée équatoriale, elle est en passe d'avoir quatre langues officielles à savoir l'Espagnol, le Français depuis 1998, le Portugais depuis 2011 et bientôt l'Anglais.

Gestion foncière à travers le temps.

Les premiers habitants étaient des pygmées qui furent chassés par les fangs bantous au cours de leur immigration dans la région.

Les Portugais, premiers Européens à découvrir le territoire arrivèrent d'abord dans l'île de Bioko qu'ils appelèrent Fernando po, puis dans l'îlot d'Annobon au 15e siècle. En 1778 le Portugal céda les deux îles à l'Espagne en échange d'un territoire au Brésil.

Les colons espagnols confièrent les terres à des sociétés missionnaires à charge à ces dernières d'évangéliser les indigènes dépossédés de leurs terres et confinés dans des " « réserves » sur lesquelles ils devaient s'acquitter d'un impôt. Ce régime de l'indigénat une espèce d'esclavagisme privant les populations autochtones de leurs droits fut aboli en 1959. Des vastes étendues de terres étaient accaparées par les colons pour la culture du cacao avec la main d'œuvre des ressortissants nigérians.

Les forêts couvrent 98% de la superficie totale du pays, ceci expliquerait pourquoi la législation relative au code forestier seule a fait l'objet jusqu'ici de la préoccupation du gouvernement après l'indépendance en l'absence de toute législation foncière. Ainsi en matière de foresterie, les forêts communautaires sont gérées par les collectivités locales, mais sans toutefois être leur propriété, les forêts restant propriété publique.

Le boom pétrolier, la construction de grandes infrastructures, l'exploitation des ressources forestières semblent avoir relégué au second plan les préoccupations agricoles car dans la panoplie des textes législatifs et réglementaires auxquels nous avons eu accès, aucun n'est relatif au secteur foncier.

2. La spécificité éthiopienne

2.1. Les grandes étapes de l'histoire de l'Ethiopie

L'Ethiopie est à plus d'un titre une singularité parmi les pays africains. D'abord son histoire remonte aux origines de l'humanité, ce qui explique l'intensité des recherches et de découvertes archéologiques dans ce pays. Ensuite il ne traîne pas un passé colonial. Membre fondateur de la Société des Nations, puis de l'Organisation des Nations Unies (O.N.U.) et de l'Union Africaine(U.A), l'Ethiopie abrite les sièges de plusieurs organisations internationales.

D'une superficie de 1 110 000 km², son évolution n'a pas subi les influences de la colonisation comme les autres pays africains malgré la brève occupation par l'Italie de 1936 à 1941.

Son organisation actuelle est l'aboutissement d'une longue évolution politique à travers le temps qui a vu le pays s'agrandir passant du royaume à l'empire jusqu'à la révolution de 1974 qui proclame la République populaire démocratique d'Ethiopie.

La constitution de 1995 fait de l'Ethiopie une République fédérale après la chute du régime révolutionnaire en 1991. Ainsi l'organisation administrative du pays comporte neuf Etats fédérés autonomes auxquels s'ajoutent deux agglomérations à régime spécial à savoir Addis Ababa et Dire Dawa relevant du gouvernement fédéral.

2.2. Evolution des politiques foncières [72]

1 : Sous l'Empire

Tout au long de l'histoire politique mouvementée de ce pays de l'Afrique orientale, le foncier a toujours été contrôlé par l'élite gouvernante qui le gérait surtout au profit de ses obligés.

Sous l'Empire il avait une multitude de régimes fonciers qui variaient d'une région à l'autre. Cette diversité des régimes fonciers prévaudra jusqu'en 1964. Cette année-là sous le règne de l'empereur Hailé Sélassié est créé le Ministère de l'Administration et du Régime foncier qui va tenter une certaine uniformisation en donnant une reconnaissance officielle à certaines catégories de terre préexistantes qui désormais sont assujetties au payement des droits et taxes. On distingue ainsi les terres communales (Rist), les terres de concessions (Gult), les propriétés foncières perpétuelles libres (Gebbar), les terres des églises (Samon) et les terres d'Etat (Maderia).

- Dans les terres communales (Rist) l'individu accède au droit d'usage par la filiation ou l'héritage ; la résidence dans la communauté et le payement des taxes foncières correspondant à la parcelle occupée permet l'accession à ce droit. Le droit d'usage n'est pas cessible à un individu en dehors de la famille parce que la terre appartient au groupe, la location est cependant permise.
- Les terres de la concession (Gult) étaient des terres accordées par l'Empereur à l'aristocratie en reconnaissance des services rendus ; elles ne pouvaient pas être transmises par héritage car l'Empereur pouvait les retirer à tout moment.
- Les propriétés foncières perpétuelles libres (Gebar) étaient constituées de toutes les terres exploitées par des paysans pour lesquelles les propriétaires percevaient des taxes et en retour ne versaient rien au Gouvernement. Elles avaient dès lors été converties en terres gouvernementales et accordées aux soldats, aux représentants du gouvernement, aux seigneurs féodaux, aux services des églises en rétribution des taches qu'ils exécutaient pour le Gouvernement. Les bénéficiaires étaient astreints au payement de la taxe foncière et des autres taxes. Leurs propriétés étaient en retour transférables :

[72] Système de propriété foncière en Ethiopie, Wikipédia, portail de l'Ethiopie.

- Les terres accordées au service des églises (prêtres et diacres) sont transmissibles par héritage.
- Celles accordées aux représentants du gouvernement peuvent être transmises à des héritiers qui ont l'obligation de servir le gouvernement soit dans l'Administration soit dans l'armée.

A travers les guerres au cours de la deuxième moitié du 19e siècle, de vastes territoires qui constituent la partie sud de l'actuelle Ethiopie furent conquis. Les terres ainsi conquises furent distribuées aux soldats en récompense de leur bravoure, aux chefs locaux qui n'avaient pas opposé une résistance à la conquête et au clergé ; le reste devait servir à l'installation des gens du nord pour un contrôle effectif des territoires conquis.[73]

Ainsi dans le sud conquis par l'Empereur Ménélik, la propriété privée des terres était reconnue à l'opposé des pratiques dans le nord et les paysans locaux furent dépossédés de 60% de leurs terres au profit de l'Eglise pour un tiers, de la famille impériale et de grands féodaux pour un autre tiers , le dernier tiers allant à la petite noblesse, aux militaires et aux fonctionnaires en récompense de leurs services.[74]

2 : Sous la Révolution

La révolution de 1974 qui abolit l'empire nationalisa toutes les terres rurales qui devinrent propriété de l'Etat. Les paysans furent autorisés à exploiter les terres qu'ils occupaient sans plus payer des redevances aux « propriétaires ». Les fermes collectives furent créées et obligation faite aux paysans de livrer leurs récoltes au gouvernement à bas prix.

Les terrains urbains et les immeubles furent également expropriés sans indemnisation à l'exception des résidences familiales avec cependant la possibilité pour une famille de posséder un et un seul logement commercial.

---

[73]: Daniel Weldegebriel Ambaye : Lands rights in Ethiopia, :ownership, equity, and liberty in land use rights, reviewed paper , FIG working Week , Rome, Italy,6-10 Mai 2012.

[74] : Georges Courade : Les Afriques Au Défi du XXI Siècle, 2014, page 286, éditions Belin.

La période de la révolution est marquée par une villagisation forcée de l'espace rurale aux conséquences sociales désastreuses qui précipitent sa fin en 1991.

3 : Période actuelle

Le gouvernement de transition qui remplace le régime révolutionnaire dissout les fermes collectives dès 1991 et disloque tous les regroupements villageois forcés.

En 1995, la nouvelle constitution fait de l'Ethiopie une République fédérale et proclame dans son article 40(3) que toutes les terres qu'elles soient urbaines ou rurales, aussi bien que les ressources nationales sont la propriété exclusive de l'Etat et du peuple éthiopien et ne peuvent dès lors faire l'objet de vente ou de toute autre transaction.[75] Ainsi tout paysan a un accès libre à la terre et a droit à la protection de son exploitation. Les éleveurs jouissent des mêmes droits.

De nombreux textes subséquents règlent l'administration et l'usage des terres aussi bien au niveau fédéral qu'à celui des états fédérés.

Les terres rurales, les terres urbaines et l'expropriation pour cause d'utilité publique font l'objet pour chacune des catégories d'une réglementation particulière.

Les terres rurales

La loi foncière appelée « **Proclamation 87/1997** » promulguée par le gouvernement fédéral est remplacée en 2005 par celle 456/2005 dite « **Federal Democratic Republic of Ethiopia Rural Land Administration and Land Use Proclamation** » qui fixe les règles d'administration des terres rurales dans l'ensemble du pays en laissant à chaque région (les Etats fédérés) le pouvoir de procéder à des adaptations compatibles pour tenir compte de ses spécificités.[76]

Cette loi fait de la terre, l'instrument fondamental du développement du pays dont l'exploitation doit respecter la biodiversité et tenir compte des besoins des générations futures.

---

[75]Daniel Weldegebriel Ambaye : Lands rights in Ethiopia, :ownership, equity,and liberty in land use rights, reviewed paper , FIG working Week , Rome, Italy,6-10 Mai 2012

[76] :Federal Negarit Gazeta of the Federal Democratic Republic of Ethiopia,15th July 2005

Les paysans, les éleveurs ont un accès libre et gratuit à la terre pour exercer leurs activités. Il en est de même pour tout éthiopien âgé de plus de 18 ans sans distinction de sexe qui désire s'engager dans les activités agricoles ou pastorales. Ce principe est assorti dans les législations régionales (des Etats fédérés) de deux conditionnalités à savoir : avoir l'agriculture ou l'élevage pour activité principale et résider dans la localité.

Les compagnies privées qui désirent investir dans les activités agricoles conformes au plan de développement du gouvernement fédéral ou de la Région sont autorisées à occuper les superficies qui conviennent à leurs activités.

Il en est de même pour les organisations non gouvernementales (O.N.G) et les institutions d'intérêt économique et social.

Toutes les parcelles doivent être identifiées et enregistrées dans la base des données administrées par l'autorité compétente en charge de la gestion.

L'attributaire de la parcelle doit avoir un certificat d'attribution qui indique sa destination et son degré de fertilité ainsi que les droits et obligations y afférents. A ce certificat est joint un plan cadastral qui indique les dimensions de la parcelle, ses limites et sa superficie.

L'appropriation privée des terres est proscrite, il est reconnu seulement un « droit de détention » (*holding right*) qui à l'application ne semble pas très éloigné du droit de propriété ; en effet à l'exception du droit de vendre ou d'hypothéquer qui ne lui est pas reconnu sur la parcelle exploitée, le paysan peut louer, céder en héritage à sa famille ou à tout autre héritier légal la parcelle qu'il exploite. Il peut également la louer à un autre paysan ou à un investisseur. Par ailleurs ce droit est d'une durée illimitée car transmissible par héritage.

Le droit d'usage d'une parcelle par un investisseur peut lui servir de garantie.

Les modalités d'accession à la possession foncière sont :

- *L'attribution* par les services compétents de l'Etat : il s'agit ici des terres domaniales non occupées, des terres de réserve, des terres retirées pour non-occupation ou non mise en valeur.
- *L'héritage et la donation* : ces modes de dévolution de terres sont valables entre les membres d'une famille, le membre de famille étant défini dans certains états comme une personne qui vit en

permanence avec le détenteur de la parcelle alors que la loi fédérale tient compte des liens comme le mariage et autres proximités parentales.

- *La location* : la loi fédérale autorise le fermier à louer à d'autres fermiers ou à un investisseur une partie de son exploitation dont la superficie et la durée de la location sont déterminées conformément à la loi de l'Etat fédéré concerné. En aucun cas cette transaction ne doit provoquer l'éviction du fermier.
- *Le bail* : l'Etat peut également donner des parcelles en bail à des investisseurs ; l'article 5(4a) de la loi fédérale (456/2005) permet d'attribuer des terres agricoles aux investisseurs.

Le gouvernement éthiopien a ainsi avec d'autres mesures incitatrices attiré des investisseurs sur de vastes étendues de terres qui jadis étaient inexploitées, surtout dans la partie sud du pays. Pour éviter les abus de la part des investisseurs dus à l'inexpérience des états fédérés dans les négociations, toutes les parcelles inoccupées de superficie supérieure à 5000 ha relèvent du gouvernement fédéral pour leur gestion. Ainsi le conseil des ministres du gouvernement fédéral en 2010 a instruit le ministre fédéral de l'agriculture de recenser les terres de cette catégorie dans tous les états.

Tout détenteur d'une parcelle rurale a l'obligation d'en assurer une exploitation durable en veillant à éviter toute action qui pourrait en provoquer la dégradation.

Les terrains urbains

La gestion des terrains urbains est réglementée par une loi d'octobre 2011 dite « **Urban Land Lease Holding Proclamation no 721/2011** » promulguée le 28 nov. 2011.[77]

Aux termes de cette loi, les terres urbaines sont celles situées dans les limites administratives d'un centre urbain ; celui-ci étant une agglomération dotée d'un conseil municipal et ayant une population d'au moins 2000 habitants dont au moins 50% ne tirent pas leurs subsistances des activités agricoles.

La Constitution ayant déclaré toutes les terres propriété de l'état éthiopien, cette loi poursuit deux objectifs principaux : satisfaire la

[77] Federal Negarit Gazeta of the Federal Democratic Republic of Ethiopia, 18th year, no 4 du 28th November 2011,page 3133..

demande croissante des terrains à bâtir impulsée par la rapide croissance économique du pays, créer la condition optimum pour le fonctionnement d'un marché immobilier à travers une gestion transparente du foncier urbain. Ainsi l'appropriation privée des terres est proscrite, seul le droit d'usage est reconnu. Ce droit s'obtient à travers le bail dont l'organisation fait l'objet de la loi de 2011.

Ainsi les anciens modes d'accession au droit d'usage de la propriété foncière urbaine qui laissaient libre cours à la corruption, au trafic d'influence sont proscrits : toute acquisition de droit d'usage de terrain se fait désormais à travers une procédure d'offre d'achat aux enchères. Exceptionnellement, les autorités municipales peuvent procéder à l'attribution de gré à gré, sur des sites d'une certaine importance, des parcelles de terrain à des organismes d'Etat, aux institutions religieuses, à des missions diplomatiques et à des programmes publics de construction d'habitations.

Pour obtenir un bail sur une parcelle, le prétendant doit participer à une espèce de vente aux enchères sur la base des parcelles disponibles publiées par la municipalité concernée.

A partir du prix de base arrêté par la municipalité, le soumissionnaire propose sa mise et, au dépouillement des offres, le plus enchérisseur se voit attribué le bail sur la parcelle. Dès lors un contrat de bail entre la municipalité ou la région et le bénéficiaire est signé. Ce contrat est assorti des conditions de mise en valeur, de respect des clauses du cahier de charges, des délais, d'acquittement des redevances, etc.

En général les baux urbains ont de durées variables en fonction de la destination du terrain. C'est ainsi que les baux d'habitation ont une durée de 99 ans renouvelable, les baux industriels 80 ans, les baux commerciaux et autres 70 ans. Tous sont révocables par l'autorité compétente en cas du non-respect des prescriptions contractuelles.

Le contrat de bail peut servir d'apport à la constitution d'une société à concurrence du montant des redevances déjà acquittées. L'annulation d'un bail pour cause d'utilité publique donne droit à une compensation équitable. Le transfert des droits du bail emporte également celui des obligations.

La loi sur les terrains urbains est d'une application rétroactive, ainsi toute personne occupant une parcelle dans le périmètre urbain doit régulariser son occupation en remplissant les formalités nécessaires pour obtenir un contrat de bail et payer une redevance dont le montant relève d'une mercuriale propre à chaque ville quelle que soit la période du début d'occupation.

Tout attributaire régulier possède une attestation de bail « *lease certificate* » qui identifie le titulaire de droit, l'étendue du terrain, sa situation géographique, sa destination, le montant de la redevance et la durée du bail.

Les conflits relatifs aux baux urbains sont du ressort des tribunaux spécialisés.

Expropriation pour cause d'utilité publique

La nécessité pour les autorités publiques de construire des infrastructures telles que les routes, les logements et les édifices publics, l'extension progressive des agglomérations urbaines crée un besoin presque permanent à l'Etat et les collectivités territoriales de posséder des espaces pour répondre à ces sollicitations. La loi 455/2005 dite « **Expropriation of Land holdings for Public Purposes and payment of Compensation Proclamation** » règle la procédure d'expropriation et les méthodes de calcul de compensation.[78]

Les parcelles de terre qu'elles soient rurales ou urbaines peuvent faire l'objet d'une expropriation lorsque l'autorité publique compétente juge que ces parcelles sont propices à une utilisation plus efficiente d'intérêt public.

Les détenteurs des baux sur ces parcelles doivent dans ce cas être notifiés par écrit avec indication de la date de prise d'effet et le montant de la compensation. Le délai d'entrée en possession de la parcelle par le nouveau preneur ne doit en aucun cas être inférieur à 90 jours

Les éventuels déplacements ou la reconstruction des ouvrages tels que les lignes électriques, les conduites d'eau pour rendre la parcelle propre à sa nouvelle destination sont à la charge du nouveau bénéficiaire.

[7878] Federal Negarit Gazeta of the Federal Democratic Republic of Ethiopia, 11th year, no 43 du 15 juillet 2005, page 3124.

Le calcul du montant de la compensation doit prendre en compte les investissements réalisés sur la parcelle, le coût de réinstallation.

Le paysan dont la parcelle a été expropriée doit en plus de la compensation normale recevoir l'indemnité de déplacement équivalente à 10 fois la moyenne des revenus qu'il a épargnés au cours des cinq dernières années précédant l'expropriation.

A toute personne victime de l'expropriation, une parcelle urbaine devra lui être attribuée en compensation et une indemnité de déplacement équivalente au loyer annuel de sa maison détruite.

L'évaluation des biens situés sur la parcelle à exproprier est faite par des experts agréés ou par des administrations qualifiées sur la base d'un référentiel adopté sur le plan national.

Pour rassurer les investisseurs selon les exigences de la Nouvelle Alliance du G8, le Gouvernement éthiopien a promis d'étendre la certification des terres à tous les propriétaires fonciers ruraux en privilégiant les zones accueillant des programmes de développement agricole. La loi foncière de 2005 sera révisée pour renforcer les baux de longue durée.

4. REMARQUES GENERALES

A quelques exceptions près, les politiques foncières des pays africains au Sud du Sahara sont soumises à l'influence paralysante des anciens textes coloniaux. L'Etat centralisé, dirigiste, est en perpétuelle recherche d'une administration efficiente des terres.

Avant la pénétration coloniale en Afrique, la plupart des groupements humains étaient des sociétés paysannes dont la terre constituait la base de survie. En effet ces sociétés vivant de l'agriculture, la terre, « base et source de la vie était sacrée : était une entité ni appropriable, ni aliénable, dès lors insusceptible d'appropriation privée » [79] Le paysan pour sa survie jouissait d'une parcelle de terrain qu'il exploitait pour en faire une propriété personnelle, l'essentiel étant de la cultiver et non de la posséder.

L'autorité en charge de la gestion était suivant le cas de type territorial (chef de village par exemple) ou de type lignagère fondé sur

---

[79] Catherine Coquery-Vidrovitch : Les régimes fonciers en Afrique Noire., Orstom, centre de documentation Montpellier.

les liens familiaux. Ainsi le chef du village ou le chef de famille répartissait les terres disponibles suivant les besoins de famille qui n'y avaient que le droit d'exploitation. Cependant le droit d'exploitation était transmissible par héritage ou par gage, ce dernier consistant pour l'exploitant d'une terre à la donner en garantie d'une prestation mais avec le droit de la récupérer. Dans certaines régions le système de prêt à gage était pratiqué à la chaîne, ce qui compliquait la procédure de récupération de la terre gagée.

L'introduction de l'économie monétaire et des cultures de rente telles que le riz, le cacao accéléra la pratique de gage surtout dans la région de l'actuel Ghana où des étrangers venus du Nord ou du Soudan Français s'accaparèrent de vastes plantations dans lesquelles les emprunteurs devenaient des salariés agricoles.

La colonisation britannique a fait montre d'un certain degré de respect des coutumes préexistantes en matière foncière dans certaines de ses colonies pour la gestion des terres destinées aux « indigènes » une fois la spoliation des meilleures terres effectuée en faveur des colons blancs. Les réserves ou terres indigènes été gérées suivant les règles coutumières par les chefs traditionnels et les notables et ne pouvaient faire l'objet d'une appropriation individuelle. Pour les terres destinées aux colons leur mode de gestion était la généralisation du système anglais du bail emphytéotique (99 ans).

Dans les colonies françaises et belges, l'introduction de la notion de domaine de l'Etat a permis l'expropriation de vastes étendues de terre en faveur de l'Etat colonial et au détriment des populations indigènes sous l'égide du principe « de terres vacantes et sans maître » une notion de droit français. La généralisation auprès des autochtones de la propriété privée à travers les immatriculations écarta les autorités traditionnelles de la gestion foncière.

Dans les colonies lusophones, la politique d'intégration territoriale de l'espace colonial à l'ensemble métropolitain permit au gouvernement du Portugal de dessaisir les chefs autochtones de leur pouvoir de régulation foncière et d'imposer une législation étrangère aux us et coutumes des habitants.

Ainsi les premières législations foncières d'après l'indépendance dans les pays francophones et lusophones au sud du Sahara, l'ont été dans la continuité de la législation coloniale, nonobstant quelques correctifs sémantiques pour tenir compte du nouveau statut politique des pays concernés. Dans certains pays anglophones, le degré de spoliation des terres aux dépens des indigènes par la colonisation a été telle qu'une législation révolutionnaire s'imposait même si la mise en application s'est avérée difficile au fil du temps.

A l'orée du 21e siècle, la mondialisation et la libéralisation de l'économie, le poids des traditions, la pression démographique, les migrations internes et transfrontalières invitent chaque pays à repenser sereinement sa politique foncière pour répondre aux besoins de développement et du bien-être de ses populations, de la justice et de la paix sociale.

Le gouvernement de chaque pays devrait dès lors définir un cadre d'orientation de sa politique foncière en précisant les objectifs globaux recherchés. Une fois ces orientations clairement définies, des « états généraux du foncier » composés des élus à l'échelle nationale et locales (députés, sénateurs, maires, etc..), des représentants des communautés coutumières (chefs coutumiers), des juristes, des économistes, des autorités religieuses, et des opérateurs économiques, des techniciens du foncier (géomètres, urbanistes, agronomes, environnementalistes, etc.…) devraient se tenir pour en déterminer les modalités d'application en tenant compte des exigences de la libéralisation des économies, de la nécessité de faire de la terre, bien non renouvelable, un outil de production aussi pour les générations futures.

Le document intitulé : ***« Le cadre des Principes Directeurs sur les politiques foncières en Afrique »*** élaboré par la Commission économique pour l'Afrique (CEA) et adopté par les Chefs d'Etat de l'Union Africaine devant servir de guide adapté à chaque contexte national.

Cette tâche est particulièrement ardue car les pays du nord et leurs alliés se sont mués en « voyageurs placiers » au profit des agro-industries. A travers des programmes de développement bien ciblés, ils imposent des réformes des lois foncières pour faciliter et sécuriser les transactions foncières aux investisseurs étrangers aux dépens de la paysannerie locale. Les acteurs principaux de ce phénomène sont :

-Le G8 qui a institué ***« La nouvelle alliance pour la sécurité alimentaire et la nutrition »*** mise en œuvre à travers les partenariats fonciers.

- L'Union Européenne avec « **Les** ***accords-cadres de coopération*** » *(ACC).*

–La Banque mondiale à travers des programmes appelés « ***Opérations d'Appui aux politiques de développement de l'agriculture*** » *(AgDPO*).

-Les Etats-Unis à travers ***l'USAID*** et « ***Le millenium challenge corporation*** » (MCC).

Quel que soit le projet annoncé par ces acteurs, il comporte toujours un volet relatif à la révision de la réglementation foncière du pays concerné comme conditionnalité.

Par ailleurs l'absence des infrastructures géo spatiales telles que : un réseau géodésique précis dans chacun des pays, une cartographie à grande échelle régulièrement mise à jour, un cadastre à buts multiples, rendra toujours inopérante toutes les législations foncières élaborées, car les textes devant trouver leur application sur le terrain, ne peuvent l'être de manière efficiente qu'avec une infrastructure géo spatiale fiable.

Le manque d'Ecoles de formation de haut niveau dans les disciplines relatives au foncier est le dernier, mais le plus important des écueils qui empêchent l'éclosion d'une administration foncière rationnelle dans nos pays pour faire de la terre un outil de développement au profit du plus grand nombre.

En dépit de la diversité des langues officielles, la création des écoles régionales destinées aux ressortissants d'un groupe des pays d'une aire géographique ou linguistique, dotées d'un corps professoral compétent et des équipements adéquats en lieu et place des « écoles nationales » mal outillées est un impératif pour accompagner la rationalisation de la gestion foncière.

La résistance aux pressions extérieures pour des réformes inopportunes des régimes fonciers doit aussi être considérée comme un gage de stabilité et de sécurisation des agriculteurs et autres investisseurs locaux.

La facilitation des investissements étrangers ne devrait pas contribuer à déposséder les nationaux de leurs terres à travers les accaparements dont nous essayons de cerner l'ampleur et les conséquences dans les pages qui suivent.

TROISIEME PARTIE : L'ACCAPAREMENT DES TERRES : UN MAL NECESSAIRE ?

« ACHETEZ DE LA TERRE, ON N'EN FABRIQUE PLUS » (Mark Twain)

Chap. 1

Définitions et typologie des accaparements des terres

1- Définitions

Dans une logique purement quantitative, l'accaparement des terres peut être entendu comme le fait pour une personne, un groupe de personnes ou une personne morale de s'approprier soit de manière temporaire soit de manière définitive de grandes étendues de terre

Par contre du point de vue de la morale et du droit, l'accaparement des terres peut aussi consister à déposséder arbitrairement un individu ou une communauté de ses droits de jouissance ou de propriété sur les terres qu'il ou qu'elle occupe ; c'est ainsi qu'Oxfam[80] le définit comme « des acquisitions des terres qui enfreignent les droits de l'homme et qui ne prévoient pas le consentement libre, informé et préalable des usagers des terres concernées »[81].

A travers l'histoire, un élément fondamental caractérise l'accaparement des terres dans chacune des deux hypothèses envisagées ci-dessus : la violence : la découverte des nouvelles terres a toujours été suivie par l'expulsion des « indigènes » ou leur cantonnement dans des réduits ; la colonisation des pays africains au siècle dernier se caractérise quel que soit le colonisateur par l'expulsion des populations autochtones de leurs terres dont les meilleures sont réservées aux colons.

De nos jours, la violence est plus veloutée et s'exerce par/ou à travers les états sous des prétextes moralement acceptables de la «

---

[80] : Oxfam (Oxford Committy for Relief Famine) est une confédération internationale de 17 organisations qui travaillent ensemble pour trouver des solutions durables à la pauvreté, aux injustices st aux inégalités. Fondée en Grande Bretagne en 1942 pour envoyer des vivres à la Grèce affamée par les nazis, elle s'est fait connaître par ses plaidoyers pour mettre fin aux règles commerciales non équitables

[81] Matt Grainger et Kate Geary : Oxfam : New Forests Company et ses plantations en Ouganda, étude de cas, 22 septembre 2011

lutte contre la pauvreté, de la mise en valeur des terres ».Les procédures utilisées consistent en l'achat ou la location entre particuliers, mais aussi et le plus souvent à travers des concessions, locations ou ventes par les Etats, les communautés coutumières à des particuliers ou à des entreprises des terres occupées par des populations locales.

Ce phénomène peut procéder de trois sources principales : un réel besoin d'espace pour investir, des visées spéculatives, du souci de sécurisation des capitaux oisifs.

Les effets nocifs de l'accaparement se font sentir à tous les niveaux de la société : individuel, familial, communautaire voire au niveau d'un pays tout entier.

Pour l'individu ou la famille, la vente de terres familiales souvent due à la précarité économique présente plusieurs conséquences dont la décapitalisation des producteurs, la paupérisation de la famille, la disparition des moyens de subsistance pour le producteur et sa descendance, l'insécurité alimentaire.[82]

Les auteurs de cette appropriation massive des terres sont quelquefois des nationaux, très souvent des fonds d'investissement occidentaux, des pétromonarchies du Moyen Orient et des pays asiatiques.

L'examen du phénomène montrera que l'acquisition controversée de grandes étendues de terre agricole dans les pays en développement, quels qu'en soient les auteurs, interroge la communauté humaine sur le devenir de la terre qui est notre « maison commune » comme l'appelle le Pape François dans son encyclique ''Laudate Si'' (Loué Sois-tu).

2- Esquisse de la typologie et des techniques d'accaparement

2. 1- Les accaparements internes.

Cette catégorie concerne la concentration de la propriété foncière qu'elle soit urbaine ou rurale, entre les mains d'une petite minorité qui

---

[82] Sani Mamane Amadou du Secrétariat Permanent du Code Rural du Niger : intervention au cours de l'Atelier des Organisations Paysannes sur le foncier et la problématique de l'accaparement de terres, Niamey, 18-19 juin 2012.

très souvent usent des manœuvres dolosives et opaques, du jeu d'influence pour dépouiller la grande majorité de leur unique moyen de subsistance qu'est la parcelle de terre qu'elle exploite.

Dans les grandes agglomérations, même lorsque l'Etat initie des aménagements tels que des lotissements domaniaux, les attributaires (bénéficiaires) sont en majorité des hauts fonctionnaires, des hommes politiques et leurs proches qui par la suite, en dépit des clauses résolutoires qui interdisent la revente des lots non mis en valeur les revendent à des prix spéculatifs.

Les mêmes, anticipant l'extension prochaine des villes, se livrent à une course effrénée dans les périphéries pour acquérir des terres à vil prix chez les autochtones qui voient leur espace vital réduit jour après jour.

Les lotissements et autres logements dits sociaux, initialement conçus pour améliorer l'habitat du pauvre sont accaparés par les élites administratives et financières dans la plupart des pays étudiés et servent plus tard à alimenter la spéculation foncière et immobilière et la pollution de l'environnement. Les pauvres sont confinés pendant ce temps dans les zones insalubres.

Dans les villages, particulièrement dans certaines régions du Cameroun, l'achat désordonné des concessions des familles démunies par les élites crée des conditions objectives d'un désordre social imminent causé par la paysannerie sans terre ainsi artificiellement créée.

En effet dans la plupart de ces localités, les terres sont identifiées par des concessions dont chacune est une propriété indivise d'une famille souvent polygamique. Tant que le père, chef de cette famille vit, il administre cette propriété au mieux des intérêts de tous ses membres.

A sa mort, la dévolution de la succession se retrouve confrontée à deux procédures en perpétuel conflit : suivant les pratiques traditionnelles l'un des descendants mâles du défunt prend sa succession et pense dès lors qu'il peut disposer des terres y rattachées comme bon lui semble. Mais la loi en matière de succession fait de tous les descendants du père ses héritiers, ce qui limite les pouvoirs d'administration du successeur et est à l'origine de nombreux conflits fonciers.

En effet le successeur dans la plupart des cas est le fils le plus démuni de la famille ou le plus jeune qui dès lors résiste difficilement aux sollicitations des élites financières urbaines qui sont constamment à l'affut du moindre lopin de terre pour enrichir leur patrimoine foncier. Une fois au courant de la transaction, les autres membres de la famille contestent la régularité de l'opération. Ces terres relevant dans la majorité des cas du Domaine national, le litige est d'abord porté devant les autorités traditionnelles qui rendent souvent des jugements à la Pilate, car entretenant des rapports intéressés avec les bourgeoisies prédatrices.

Le recours devant les autorités administratives ne sera pas plus fructueux pour les plaignants car ces autorités ne sont pas aussi insensibles aux avances des élites qui utilisent leur influence pour boucher toutes les voies de recours. N'ayant pas assez de moyens pour ester en justice, laquelle est loin d'être moins ombrageuse dans ses méthodes et dans son rythme , ces exilés sur leur propre terre se résignent soit à abandonner le combat soit à utiliser la voie d'une opposition violente qui souvent les conduit en prison d'où ils ne sortiront plus tard que grâce à la « magnanimité » de leur bourreau qui utilisera son entregent pour le faire libérer ; ce stratagème bien huilé lui permettant par la suite d'avoir une jouissance paisible du bien ainsi acquis de manière quasi violente.

Dans le cas où la succession porte sur une parcelle immatriculée, la loi permet à chacun des cohéritiers la sortie de l'indivision par la procédure de morcellement et de pouvoir ainsi vendre souvent au franc symbolique cette portion du patrimoine commun, vente contribuant au délitement de la cellule familiale.

En Afrique du Sud et au Zimbabwe pays ayant subi la colonisation britannique, les colons s'étaient emparés des terres fertiles en reléguant les autochtones dans des réduits insalubres et infertiles. Après l'accession de ces pays à l'indépendance, les nouveaux dirigeants ont nationalisé une partie de ces terres aux fins de redistribution aux nationaux. Ces opérations de nationalisation et de redistribution bien que prévues dans les accords issus des négociations entre la Grande Bretagne, la communauté internationale et les leaders de la lutte de libération de ces pays très applaudies à l'époque semblent décriées aujourd'hui sous le prétexte que les nouveaux propriétaires n'ont pas été capables de maintenir un niveau de production équivalent à celui obtenu par les anciens maîtres. Ce constat sans doute pas contestable du point de vue strict des chiffres, fait adroitement abstraction des promesses non tenues de la Grande Bretagne, des Etats –Unis et des bailleurs de fonds qui devaient accompagner ces opérations pour les rendre performantes.

L'aspiration légitime à récupérer les terres dont elles ont été spoliées à l'époque coloniale reste vivace chez ces populations et leurs dirigeants et peut à tout moment constituer une menace à la paix internationale.

2. 2 - Les accaparements transnationaux

2.2.1 - Comprendre le phénomène d'accaparements : Pourquoi cette soudaine ruée sur les terres d'autrui ? Qui sont les accapareurs ?

Beaucoup des pays dépendent des importations des produits alimentaires pour l'alimentation de leurs populations. La montée brusque des prix des produits céréaliers sur le marché mondial entre les années 2007 et 2008 a alerté les pays importateurs sur les risques d'une crise alimentaire qui les frapperait ; afin de se mettre à l'abri d'une telle éventualité, ceux d'entre eux qui en avaient les moyens, ont décidé d'assurer leur sécurité alimentaire à travers la production par eux-mêmes des denrées en dehors de leur territoire.

Dans la liste non exhaustive de ces pays, on retrouve la Chine, l'Inde, le Japon ; la Malaisie et la Corée du Sud en Asie, l'Egypte et la Libye en Afrique ; le Bahreïn, la Jordanie, le Koweït, le Qatar, l'Arabie Saoudite et les Emirats arabes unis au Moyen-Orient.[83]

Les raisons qui poussent ces pays à chercher des terres à l'extérieur varient en fonction des situations démographiques, géographiques et climatiques de chacun.

La Chine cherche à assurer la sécurité alimentaire de sa nombreuse population qui ne dispose pas de terres agricoles en quantité suffisante.

Les Etats du Golfe sont des Etats désertiques dont l'alimentation dépend uniquement des importations des denrées alimentaires financées par la vente du pétrole dont regorge leur sous-sol. Pour se

---

[83] GRAIN : Main basse sur les terres agricoles en pleine crise alimentaire et financière. 25 Octobre 2008.

soustraire aux effets pervers des variations erratiques des cours des produits alimentaires sur le marché mondial, ces pays ont conçu une stratégie de négociation des terres dans les pays étrangers au profit de leurs entreprises qui réexporteront leur production chez eux.

Le Japon et la Corée du Sud sont des pays très industrialisés dont les populations sont alimentées en grande partie par les importations. Le premier a une politique agricole qui protège les exploitations familiales et bannit l'acquisition des terres par les grandes entreprises qui se tournent dès lors vers l'extérieur pour acheter des terres. Le second a depuis longtemps élaboré une politique nationale pour faciliter l'acquisition des terres à l'étranger par ses entreprises.

L'Inde confrontée à la baisse de la fertilité de son sol encourage ses sociétés agroalimentaires à acquérir des terres à l'extérieur pour produire surtout les oléagineux qui par la suite seront réexportés en Inde.

A côté des pays soucieux de la sécurité alimentaire qui externalisent leur production agricole, des fonds d'investissements, les agro-industries, les négociants en céréales à la recherche de nouvelles sources de profit, spéculent sur le foncier pour la production alimentaire et la fabrication du biocarburant.

« L'astuce ici est de ne pas se contenter de moissonner des récoltes, mais de moissonner de l'argent » dit Mikhail Orlov, fondateur de Black Earth Farming, « la meilleure couverture contre la récession pour les 10 à 15 ans qui viennent est un investissement dans les terres agricoles » renchérit Reza Vishkai, responsable des alternatives à Insight Investment.[84] .

Ces sociétés d'investissement et fonds spéculatifs depuis 2008 se sont emparées de grandes étendues de terres agricoles de par le monde et particulièrement en Afrique.

Ainsi, la course effrénée à l'acquisition des terres à partir de 2007 trouve ses origines dans ce que les anglo-saxons ont appelé ''*Triple F Crisis*'' à savoir la crise alimentaire mondiale (Food) avec la hausse et la volatilité des prix des produits de base, la hausse de la demande en

---

[84] : ibidem. : Insight Investment : Fonds d'investissement britannique fondé en 2002. Black Earth Farming : Fonds d'investissement public russe pour le développement de l'agriculture.

biocarburant (Fuel) due aux fluctuations du prix du pétrole, et la crise financière mondiale (Finance).

Grâce à l'abondance et à : la fertilité de ses terres agricoles, aux coûts faibles de la main-d'œuvre agricole, de la cession ou de la location des terres, de l'absence de législations foncières contraignantes, l'Afrique a exercé une grande attractivité sur les spéculateurs.[85]

2.2.2- Les stratégies d'accaparements et leurs conséquences

Dans les pages qui suivent nous passerons en revue quelques cas des accaparements des terres par des pays, investisseurs ou tout organisme de nationalité étrangère à celle du pays d'accueil et leurs effets sur les populations touchées.

La voie conduisant aux accaparements est souvent bien pavée *à travers des réformes institutionnelles judicieusement orientées imposées aux gouvernements des pays qui en sont victimes.*

La majorité des terres africaines est régie par des règles coutumières propres à chaque communauté en dépit de l'intrusion pendant la période de la colonisation de la notion de « propriété individuelle » des terres par le droit moderne. Ces terres sont dès lors impropres en l'état aux transactions commerciales. Or la terre étant devenue au fur du temps un enjeu économique de taille, les nouveaux conquérants que sont les fonds spéculatifs, les firmes d'agrobusiness, à la recherche des espaces pour la production alimentaire et les agro carburants rivalisent des stratégies pour sécuriser leurs investissements ; c'est ainsi que grâce aux pressions sur les gouvernements locaux, ils vont faire passer ces terres du statut de terres coutumières à celui du droit moderne régissant les propriétés individuelles afin de faciliter à la fois leur marchandisation et leur financiarisation.

Des groupes de pression comprenant des intermédiaires locaux, soutenus par les gouvernements des pays d'origine des accapareurs servent d'éclaireurs et agissent sur les gouvernements locaux pour faciliter la cession des terres au franc symbolique.

---

[85] Lionel Gbaguidi, Agivet Partners (Benin) : Accaparement des terres en Afrique, Evolution et Situation actuelle, Partager le savoir(9), Ciencia Viva, Lisbone, 15-17 Mai 2014.

Dans cette perspective, le gouvernement des Etats-Unis d'Amérique a dès 2004, crée le Millenium Challenge Corporation (MCC), agence chargée d'opérer des réformes structurelles dans les économies africaines par la création des conditions idoines pour la marchandisation des terres agricoles afin de sécuriser les investissements américains dans l'agrobusiness: réécriture des lois, enregistrement des titres, mise en place de la cartographie par satellite des systèmes cadastraux.

Pour être éligible aux subventions du MCC, le pays doit encourager le libéralisme économique selon les critères définis par les institutions de Brettons Wood que sont le Fonds Monétaire International (FMI) et la Banque Mondiale.

De 2004 à 2008 sept pays africains ont « bénéficié »de ces subventions avec de fortunes diverses.

- Madagascar : la gestion décentralisée des terres a permis l'accélération de la délivrance des titres de propriété foncière simplifiés appelés certificats fonciers, mais en facilitant en même temps de ventes massives des terres aux investisseurs étrangers.
- Au Mali, le MCA-Mali, dans le l'Office du Niger, le plus vaste projet d'irrigation du Gouvernement malien, s'est approprié plus de 21000 ha qu'il gère de manière autonome au détriment des paysans locaux.
- Au Ghana, le Millenium Development Authority (MiDA) obtient du gouvernement une zone pilote à statut spécial, zone spécialisée dans la production d'ananas. Elle est déclarée « zone d'enregistrement obligatoire des titres ». Cette accélération du processus de délivrance de titre de propriété individuel sur des parcelles de terrains ruraux était en fait une amorce de sécurisation des acquisitions foncières auxquelles les investisseurs étrangers allaient procéder en ruinant les paysans ghanéens qui ont vu la production et l'exportation des ananas leur échapper au profit des multinationales.
- Au Mozambique, la loi foncière mozambicaine de 1997 a créé le droit d'usage et d'exploitation de la terre (DUAT)[86]qui est un droit accordé par l'Etat aux communautés et aux investisseurs (nationaux ou étrangers) sous forme de concession de longue durée (50 ans renouvelables). Cette loi fait obligation aux investisseurs de consulter

[86] Du portugais : Direito de Uso e Aproveitamento de Terra.

les populations locales pour s'assurer de la disponibilité des terres et de monter des partenariats avec elles. Cette clause ne va pas dans le sens des intérêts du MCA-Mozambique qui œuvre plutôt pour une dépossession de ces populations de leur patrimoine foncier à travers des ventes sécurisées.

En effet cet organisme identifie dans le pays des zones dans lesquelles les projets d'infrastructures et d'agrobusiness rendent les terres agricoles plus attractives ; il organise l'enregistrement rapide de ces terres au profit des communautés locales et des personnes individuelles conformément à la loi foncière dans l'unique but de faciliter leurs ventes à vil prix aux investisseurs car les paysans locaux bradent leurs terres dès qu'ils ont la moindre difficulté financière et les fonds d'investissement en font une matière de grande spéculation.

« Notre première tâche va être de faire de l'argent avec la terre elle-même... Nous pourrions, de façon idiote, décider de ne rien cultiver et je crois que nous ferions tout de même de l'argent dans les dix prochaines années » dit Susan Payne, directeur général d'Emergent Asset Management, un fonds d'investissement du Royaume-Uni qui vise les terres arables au Mozambique et dans d'autres pays africains.[87]

Au Benin, la loi foncière de 2007 permet aux communautés locales d'identifier et de définir de façon collective leurs droits fonciers dans leurs régions à travers les plans fonciers ruraux (PFR). Le MCA-Benin travestit cette disposition en procédant au cadastrage des parcelles individuelles dans le seul but d'en faciliter les transactions sur le marché foncier. « Si l'on veut que le développement se fasse, il faut que les gens puissent rapidement investir et que chaque portion du territoire béninois ait un propriétaire et que cela puisse être vérifié par un titre foncier » affirme-t-il. « .Il faut que dans chaque commune, à la limite dans chaque département, il y ait un organisme qui s'occupe de mobiliser les propriétaires pour qu'aussi rapidement que possible chacun d'eux dispose d'un titre foncier » dit Roland Riboux,

---

[87] :Millenium challenge corporation : l'Afrique livrée au big business, Suzan Payne's presentation at the AgriPods conference in London, February 2010, Grain 13 Avril 2010.

un homme d'affaires français, directeur de l'entreprise d'agrobusiness Fludor.[88]

L'acquisition massive des terres par les étrangers en Afrique semble aussi encouragée par les institutions internationales comme la Banque Mondiale, la FAO, la Banque Africaine de Développement (BAD) sous le prétexte largement discutable que cela représente des opportunités de développement et de la lutte contre la pauvreté.

La réalité est de loin plus contrastée quand on s'en réfère à certaines données disponibles auprès des agences gouvernementales.

De 2004 à 2009 les transactions foncières en Ethiopie, au Mali, à Madagascar et au Soudan ont porté sur une superficie de 2.5 millions d'hectares pour un montant de 920 millions de dollars U.S.[89] Un examen sommaire de ces chiffres montre que le mètre carré de terre agricole est bradé à moins de 0.003euro soit moins de 2 francs CFA.

Lorsque ces étendues sont mises en valeur, c'est dans la plupart des cas à des fins non alimentaires, les cultures industrielles tournées vers l'exportation et les agro carburants prenant le dessus sur la sécurité alimentaire, surtout la sécurité alimentaire locale.

Comme paradoxe, dans certains pays de l'Afrique australe où les populations avaient été spoliées de leurs terres, les tentatives de démantèlement des anciennes grandes exploitations au profit des populations qui en réclament la restitution se conjuguent allégrement avec l'acquisition de nouvelles grandes superficies par des investisseurs étrangers !

---

[88] ibidem

[89] Nadia Djabali, dans L'accaparement des terres africaines : « opportunité de développement » ou néocolonialisme foncier ? juin 2009

Chap. 2

Etat des lieux

Dans les pages qui suivent, l'examen sommaire de la situation dans quelques pays permettra de saisir l'ampleur du phénomène d'accaparement de terres, qui à terme est en passe de devenir un fléau s'il n'est pas bien encadré par une régulation supranationale imposable à tous.

La situation de chaque pays étudié sera illustrée par un tableau faisant ressortir les données disponibles sur les auteurs, l'étendue et la destination des terres accaparées. Ces données proviennent de la compilation des documents et des rapports rédigés par des organismes d'aide au développement , des organisations et mouvements sociaux qui soutiennent la lutte des paysans pour renforcer le contrôle des communautés sur les systèmes alimentaires fondés sur la biodiversité.

1- Le Zimbabwe

Au Zimbabwe, la question de la récupération des terres jadis arbitrairement confisquées par les colons blancs au profit des populations noires demeure une constante de la politique du Gouvernement de ce pays. En 2001, sur une population de douze millions d'habitants, sept millions vivaient dans les zones rurales. Pour installer les paysans sans terre, 60 000 petites fermes ont été créées à la suite de la nationalisation de quelques fermes détenues par les blancs.[90]Cette volonté du Gouvernement est entravée par l'imposition des réformes structurelles dictées par le FMI et la Banque Mondiale. Ces réformes ont ainsi permis à la société britannique Emvest de devenir propriétaire de quatre fermes d'une superficie de 9913 ha.[91]

[90] Zimbabwe : Les accords sur les terres reflètent l'intérêt de l'Occident pour l'instabilité en Afrique, Chris Talbot, 14 septembre 2001.

[91] : Données sur plus de 400 cas d'accaparement de terres dans le monde publié par GRAIN en mars 2012.

2- La Zambie

Tableau 8: Données disponibles des accords sur les terres

Nom société	Nationalité	Nature contrat	Date et durée	Superficie	Nature exploitation	observations
Menafea Holding	Arabie Saoudite	Non indiquée	2011	5000 ha	Plantation d'ananas et usine de transformation	Investissement prévu : 125 millions dollars us
Export Trading Group	Singapour	Joint-venture avec Bio-Energy Investment	2006	57000 ha	Cultures alimentaires jatropha	
Ag-Zam	Afrique du Sud	Protocole d'accord Agence développement Zambie et Agzam	2011	15000 ha	Usine transformation sucre et culture canne.	
Chayton Capital	Royaume-Uni	bail	2006 14 ans	20 000 ha	Ferme	Financé par la Banque Mondiale
Emvest	Royaume-Uni	bail	2007 99 ans	2513 ha	Plantation de banane, culture du blé élevage bétail et tourisme	

Il ressort de ce tableau que les terres zambiennes sont assez convoitées par les étrangers de toute nationalité.

Les sociétés originaires du Royaume-Uni sont les plus attirées ; parmi les neuf sociétés installées, elles sont deux, mais les superficies exploitées ne sont pas les plus importantes.

Ainsi, Chayton Capital, société de capital d'investissement basée à Londres a obtenu un bail de 14 ans sur 20 000 ha à Mkushi pour une ferme.

Emvest, une autre société de capital investissement britannique a obtenu un bail de 99ans sur un domaine de 2513 ha pour la culture de bananes, du blé, du mais du piment et pour l'élevage du bétail.

Par contre l'unique société indienne, Neha International spécialisée dans l'agro-industrie a acquis 100 000 ha de terre agricole ; la société Export Trading, Group de Singapour, à travers sa filiale Blo-Energy Investment exploite une ferme de 57000 ha.

La compagnie saoudienne Menafes Holdings Ltd exploite une ferme de 5000 ha pour la production des ananas et la construction d'une usine de transformation des fruits.

En 2011 l'Agence de développement de Zambie et la société sud-africaine AGZAM ont signé un accord pour le développement de 15000 ha de plantation de canne à sucre dans le sud de la Zambie.

Ainsi le total en 2011 des terres zambiennes accaparées représente une superficie de 1 94513 ha.

3- La Namibie

Tableau 9: Données disponibles des accords sur les terres

Société	Nationalité	Nature contrat	Date et durée	Superficie	Nature exploitation	Observations
Camparo Group	Royaume - Uni	concession	2010	30 000 ha	Fruits, céréales herbes, pâturages	Coût estimé du projet : 250 millions us dollars
Dem-International	Royaume-Uni	Bail de 25 ans signé par autorité traditionnelle	2009	10 000 ha	Canola, mais, riz, blé	Participation de l'autorité traditionnelle à hauteur de 15% pour un investissement de :20 millions us
Al Dara	EAU	concession	2010	200 ha	Palmier dattier	

En Namibie, la redistribution des terres récupérées sur les domaines de quelques grandes fermes détenues par les blancs a permis la réinstallation d'environ 35000 paysans sans terre au cours de la période allant de l'indépendance en 1990 à 2001 ; performance que le syndicat des fermiers de Namibie n'apprécie guère.[92] Ce qui n'a pas empêché le gouvernement de procéder à des nouvelles concessions ;c'est ainsi qu'en 2010 le groupe AlDahra d'Abu Dhabi a acquis 200 ha pour la culture du palmier dattier ; la Caparo group du

[92] Idem 11

Royaume-Uni, 30 000 ha pour la culture des céréales et fruits et Dem-Inter international 10 000 ha pour la culture du canola, du mais du blé et du riz en partenariat avec la société namibienne Labour Investment holdings propriété de la fédération nationale des syndicats des travailleurs namibiens.

En 2010 la superficie des terres aux mains des groupes agro-industriels ou des holdings financiers pouvait dès lors être estimée à 40200 ha.

4- Le Nigeria

Tableau 10 : Données disponibles des accords sur les terres

Société	Nationalité	Nature contrat	Date et durée	Superficie	Nature exploitation	Observations
T4M	Royaume-Uni	Bail	25 ans	300 000 ha	Riz	T4M travaille en partenariat avec le gouvernement du Vietnam
Dominiom Farm	USA	Achat		30 000 ha	Riz	
Floras International Investment Co	Arabie Saoudite	achat		1000 h	Riz	
Fri El Green power	Italie	achat	2009	11292 ha	Palmier à huile	Droit d'expansion jusqu'à 100 000 ha
Vietnam Africa Agricultural Development Company	Vietnam	concession	2009	10 000 ha	Riz	Possibilité d'extension à 100 000 ha
Salim Group	Indonésie	Concession	Mars 2014	60 000 ha	Palmier à huile	Annonce Commissaire à l'agriculture de l'Etat d'Edo
Siat Group	Belgique	achat	1991	27 000 ha	Palmier à huile	Joint-venture avec GMG Global Ltd en 2012
Socfin	Luxembourg	concession	1976	35 900 ha	Palmier à huile	Occupation contestée par les populations, 1914 : extension 20 000 ha
Wilmar International	Singapour	concession	2011	19 732 ha	Palmier à huile	projet d'extension à 100 000 ha dans Etat Cross River, conflits avec la communauté locale ;

Sources : Rapports GRAIN 2012 et septembre 2014.

La plus grande superficie donnée en bail par le gouvernement nigérian est de 300 000 ha. Le bail d'une durée de 25 ans a été accordé à T4M, une société britannique d'agrobusiness.

Dominion Farms des USA a obtenu un bail sur 30 000 ha dans l'Etat de Taraba tandis que la Vietnam Africa Agricultural Development company, une joint-venture Vietnamienne et Britannique, a en 2009 obtenu une concession de 10 000 ha dans

l'Etat d'Anambra pour la riziculture. Trois autres sociétés, Foras International Investment Co (saoudienne),), Fri-El Green (italienne)) et Vietnamese Investors(vietnamienne) ont obtenu respectivement des concessions de 1000ha, 11292 ha, et 4000 ha.

En 2012, un inventaire des terres attribuées aux investisseurs pour une longue période donnait une superficie de 542 500 ha.[93]

5- L'Afrique du Sud

En Afrique du Sud, les noirs largement majoritaires ne possèdent que 15% des terres malgré l'existence d'une loi permettant la restitution des terres à ceux qui peuvent prouver qu'elles ont été saisies sous l'apartheid.[94] Les 85% restant étant détenu par les fermiers blancs.

En dépit de cette situation de déséquilibre foncière, la société britannique Capital-Investment Emergent Asset Management a, en 2007, en partenariat avec la société d'agrobusiness sud-africaine Russel Stone, acquis 13900 ha pour cultiver le soja, le maïs et les légumes.

6- Le Burkina Faso

Les terres du Burkina Faso semblent très fertiles pour la culture du Jatropha car toutes les sociétés agroindustrielles qui y exploitent de grandes étendues le font pour la production de cette plante qui sert à la fabrication du biocarburant.

Ainsi, AgroTech Faso, une société française exploite 250 000ha avec la possibilité d'extension à 1000 000 ha.

BRP Faso, une autre agro-industrie française exploite 1000 000 ha.

---

[93] :Grain A contre-courant, 20 aout 2012.

[94]iDonnées sur plus de 400 cas d'accaparement de terres dans le monde publié par GRAIN en mars 2012

Deutsch Biodiesel, société allemande : 67000 ha.

Green Oil, filiale d'Independence Oil and Gaz, société canadienne: 10 000 ha.

Agro Energie Développement, société française : 200 000 ha.

Les hauts fonctionnaires, les élites politiques et financières grâce aux facilités à eux accordées par le gouvernement se sont découverts une vocation d'agro businessmen : des parcelles dont les superficies varient entre 20 et 100 ha leur sont attribuées et souvent aux dépens de la paysannerie traditionnelle.

1 527 000 ha de terre cédée aux multinationales avec option d'une superficie additionnelle de 750 000 ha étaient recensés au Burkina Faso en 2013.

7- Le Cameroun

Tableau 11: Données disponibles des accords sur les terres

Société	Nationalité	Nature contrat	Date et durée	Superficie	Nature exploitation	Observations
Biopalm Energy	Inde			200 000 ha	Palmier à huile	
Heraclès	USA	Bail	2009 99 ans	773 000ha	Palmier à huile	Superficie réduite à 20 000 ha en 2013 après protestations.[95]
Sosucam	France	bail	2006 99 ans	11 980 ha	Canne à sucre	
Iko	Chine	bail	2006 99ans	10 000 ha	Manioc,mais, riz	Accord d'investissement sur ferme rizicole de Ndjoré et bail sur 4 sites.
GMC	Chine	achat	1996	45200 ha	hévéa	Prise de participation de 90% dans Sud Hévéa
Sud-Cameroon Hévéa	Singapour (Sinochem International)	concession	2011	28000 ha	hévéa	Accord pour extension à 45200 ha
Socfin	Luxembourg	achat		58 063 ha	Palmier à huile	Connu sous le nom Socapalm, propriété de Vincent Bolloré et Hubert Fabri
Ferme Suisse	France	Privatisation		4000ha		Groupe Bolloré

[95] Protestations menées par Nasako Besingi avec son ONG Struggle to Economize the Future Environnent (SEFE).

Société	**Nationalité**	**Nature contrat**	**Date et durée**	**Superficie**	**Nature exploitation**	**Observations**
Pamol	Cameroun			9000 ha	Palmier à huile.	
CDC	cameroun			12 670 ha	Palmier à huile	
Cargill	Etats Unis	concession	2012	50 000 ha	Palmier à huile	Cargill en collaboration avec l'ONG proforest Négociations en cours avec le Gouvernement.
Sinochem	Chine	concession	2013	20 000 ha	Palmier à huile	Filiale GMC Global qui contôle Sud Hévéa.
Siva Group	Singapour	Protocole d'accord	2011	200 000 ha	Palmier à huile	Seuls 3 348 ha ont été attribués par décret de 2012
Sime Darby	Malaisie	Négociatio ns en cours	2011	300 000 ha	Palmier à huile à Yingui	Souhaite avoir 600 000 ha pour diversifier sa production.
Safacam	France	Issu privatisatio n		4870 ha	Palmier à huile	Groupe Bolloré
Socapalm	France			28027 ha	Palmier à huile	Groupe Bolloré

Sources :- Rapports GRAIN 2012 et septembre 2014.

- Le développement du palmier à huile au Cameroun, document de travail WWF, rapport 2012 préparé par David Hoyle (WWF) et Patrice Leveng (IRD)

Les grandes plantations industrielles sont essaimées dans la plupart des régions, certaines créées avant l'indépendance telles que la C.D.C (Cameroon Development Corporation) , Hevecam et d'autres dans les années 1970 telles la Société Camerounaise des palmeraies du groupe français Bolloré qui avec 40.000 hectares de plantations domine le secteur du palmier à huile par l'entremise de ses entreprises SOCAPALM, SAFACAM et Ferme Suisse. Ces entités coexistent plus ou moins pacifiquement avec les exploitations paysannes.

SOSUCAM, la plus grande compagnie sucrière au Cameroun est une filiale de Somdiaa, géant de l'agrobusiness appartenant au groupement Vilain-Castel. Sosucam, a obtenu en 2006 du gouvernement camerounais un bail de 99 ans sur 11 980 ha sur le site de ses plantations dans le département de la Haute-Sanaga.

Des créations nouvelles ont fait leur apparition et menacent aussi bien la paix sociale que l'équilibre de la biodiversité. Tel est le cas d'un projet de palmeraie initié par la société SGSOC (SG Sustainable Oil of Cameroun) filiale camerounaise de la firme américaine Héraclès Farms. Le but est de créer une gigantesque plantation de palmiers à huile dans la Région du Sud-ouest du Cameroun.

Dans ce but, en 2009, l'Etat camerounais concède à cette société 73000 hectares [96]pour une durée de 99 ans à raison d'un dollar américain par hectare et par an, et 50cents pour les terres non aménagées, en clair celle qui ne sont pas exploitées par les populations locales. Cette cession s'accompagne des avantages fiscaux et juridiques inédits au détriment de populations et de l'environnement.[97]

En effet ces populations dépendent totalement des cultures de cacao, de maïs, et d'autres fruits et légumes ; or les limites de cette concession n'ont pas tenu compte de ces occupations. Si le Gouvernement ne réagit pas pour mettre un terme à de telles pratiques décriées aussi bien par les organisations non gouvernementales locales

---

[96] : Manuel Domergue : Accaparement des terres : les palmiers de la colère, Alternatives Economiques no 317-octobre2012.

[97]Rapport intitulé : Héraclès Farms du Cameroun : une déforestation massive travestie en projet de développement durable, rédigé parFréderic Mousseau, Directeur des politiques à l'Oakland Institute, collaboration Greenpeace international, contribution du centre pour l'Environnement et le Développement (CED) Cameroun, sept 2012

qu'internationales, ce sont 2 millions d'hectares de terre cultivables qui sont ainsi menacés par des concessions illégales et inéquitables.[98] Ces concessions jouxtent plusieurs réserves naturelles importantes, notamment le parc naturel de Korup.

En 2006, un accord d'investissement de 120 millions de dollars us a été signé entre le Gouvernement camerounais et Iko une filiale de la Shaanxi Land Reclamation General Corporation qui a donné à cette dernière la ferme rizicole de Nanga_Eboko et un bail de 99 ans sur une superficie supplémentaire de 10 000 ha dont 2000 à Nanga Eboko, 4000 à Ndjoré et 4000 à Santchou dans la région de l'Ouest[99].

Biopalm Energy , filiale du Siva group d'origine indienne basé à Singapour aurait également signé un bail avec le gouvernement pour une superficie de 200 000 ha destinés à la culture du palmier à huile.

Smart Holdings essaie d'acquérir 25 000 hectares pour des plantations de palmiers à huile.

La GMG de Singapour, par l'intermédiaire de la compagnie Sud-Cameroun Hévéa, a négocié l'acquisition de 45 200 hectares pour des plantations de palmiers à huile et d'hévéa[100]

Le phénomène d'accaparement des terres au Cameroun est loin d'être une exclusivité des étrangers ; les accapareurs nationaux se recrutent essentiellement parmi les hauts fonctionnaires, la classe politique au pouvoir et accessoirement dans l'élite économique. Leurs moyens d'action pour accéder à ces terres tiennent quelques fois de l'abus de pouvoir pour les fonctionnaires et hommes politiques, de la corruption pour les commerçants, hommes et femmes d'affaires.

Au Cameroun, dans sa région ouest, Il existait dans le temps des terres qui étaient à la disposition des populations pour la production des cultures vivrières. Elles étaient insusceptibles d'appropriation privée, le chef traditionnel veillant à la juste répartition des superficies

---

[98] : Idriss Linge : Accaparement illicite des terres : Des ONG camerounaises rentrent dans la bataille, Journal du Cameroun.Com, 11/09/2012.

[99]Données sur plus de 400 cas d'accaparement de terres dans le monde publié par GRAIN en mars 2012.

[100] : Le Palmier à huile en Afrique : le passé, le présent et l'avenir, par Ricardo Carrere , Mouvement Mondial pour la Forêt Tropicale, Décembre 2010, actualisé en Aout 2013.

à cultiver par famille qui en manifestait le désir. C'est ainsi que des populations parcouraient des dizaines des kilomètres pour aller dans ce bassin fertile situé en dehors des limites de leur village pratiquer des cultures. Des accords passés entre les chefs de ces villages et le village hôte assuraient la sécurité des exploitations et des exploitants. Mais dans un passé pas lointain, ces terres ont été attribuées par l'administration à un particulier qui les a immatriculées comme un bien personnel et qui en a fait une palmeraie nonobstant les plaintes des nombreux exploitants désormais privés de leur moyen de subsistance.

Ces pratiques ont tendance à se multiplier au point que des villages entiers soient reconnus comme propriété foncière d'un individu par la Justice (cas récent dans les environs de Douala où un village habité de 1000 ha a été reconnu comme la propriété d'un individu.)

En dehors de la grogne des populations spoliées, ces terres souffrent d'une mise en valeur insuffisante : les superficies obtenues ne sont que très partiellement exploitées par une main d'œuvre souvent familiale ou très mal rémunérée et dès lors inefficace. Les cultures pratiquées sur ces étendues sont généralement de cultures de rente, rarement des cultures vivrières. Ces exploitations ne participent pas à la résorption des pénuries des denrées alimentaires dans le pays. L'exode rural des jeunes est accentué par l'impossibilité pour eux d'accéder à la terre dans des régions où pourtant de vastes étendues sont inexploitées, mais interdites d'accès car étant des propriétés privées.

En 2013, compte tenu de l'opacité qui entoure les transactions foncières entre le gouvernement et les investisseurs étrangers, les superficies attribuées représenteraient un total de 344980 ha, total qui ne comporte pas les superficies de certaines grandes plantations industrielles dont les données sont inaccessibles.

Une dépêche de blaksea.net du 4 septembre 2014 rapporte que les Plantations du Haut Penja (PHP) fusion de la Société des plantations de Bananes de Mbomé (SBM) avec la Société des Plantations Nouvelles de Penja (SPNP) propriété de la Compagnie Fruitière française ont entrepris d'étendre leurs exploitations sur une superficie additionnelle de 800 ha dans la zone de Dehaene.

8- Le Congo-Brazzaville

Tableau 12: Données disponibles des accords sur les terres

Nom société	Nationalité	Nature du contrat	Année et durée	Superficie	Nature production	Observations
Aurantia	Espagnole	concession		Non annoncée	Palmier à huile	Pour production biodiesel
ENI	Italienne	concession	2009	70 000 ha	Palmier à huile	
Fri-El Green	Italie	Achat plantations 4000 ha	2008 30 ans	44 000 ha	Palmier à huile	Accord avec gouvernement pour un bail de 30 ans sur 40 000 ha
Wah Seong	Malaisie	Bail : 5 dollars/ha/an	2012	470 000 ha	Palmier à huile	Contrat initial en 2010 avec Atama plantations ,puis rachat en 2012.
Congo Agriculture	Afrique du Sud	Bail	30 ans	80 000 ha		Société créée par les agricultures sud Africains.[2]
Ibeco corporation	Espagne	Protocole	2012	60 000 ha	Palmier à huile	Projet envisagé dans les régions des Cuvettes.
Lexus Agric	Malaisie	concession	2013	50 000 ha	Palmier à huile	

Sources : *Rapports GRAIN 2012 et septembre 2014*

Les terres de ce pays semblent très fertiles pour la culture du palmier à huile, les superficies déjà mises en valeur sont très grandes et celles envisagées dans les nouveaux contrats sont encore plus importantes.

Pour développer des plantations de palmiers à huile, Atama Plantations, une société Malaisienne a obtenu du gouvernement un bail sur 470 000 ha dans les régions de la Cuvette et de la Sangha.

Congo-Agriculture, une firme créée par des agriculteurs sud-africains, pour établir de grandes fermes au Congo, a obtenu un bail de 30 ans sur 80 000 ha. Sur cette superficie, les 48 000 ha se trouvant dans le district de Malolo ont été lotis en 30 fermes et attribués aux agriculteurs sud-africains qui participent à l'opération.

Fri-el Green Power, une société italienne a acheté en 2008 la Sangha Palm et la Congo National palm Plantations Authority, deux sociétés appartenant à l'Etat couvrant une superficie de 4000 ha de palmier à huile que la société entend étendre à 40 000 ha.

Eni, société italienne de l'énergie a signé en 2009 un protocole d'accord avec le gouvernement du Congo relatif au projet de plantation de palmiers à huile dénommé Food Plus Biodiesel dans la région de Niari.

Ainsi la superficie totale des terres recensées destinées aux agro-industries étrangères est de

6 60 000 ha.

9- L'Ethiopie

Tableau 13: Données disponibles des accords sur des terres

Nom société	Nationalité	Nature contrat	Année et durée	Superficie	Nature production	Observations
Karuturi Global Ltd	Inde	Bail	2008 50 ans	111 000 ha	20 000 ha pour le palmier à huile et le reste pour le sucre, mais, blé	Option d'extension à 311 000 ha , projet compromis à causes difficultés financières (2014)
Al Amoudi	Arabie Saoudite	bail	2008	140 000 ha	2levage, mais, riz oléagineux canne à sucre, teff	Option extension à 430000 ha avec 250 000ha palmier à huile
Jalandar potato grower's Association	Inde	Bail en cours de négociation	2010	100 000 ha	Coton, mais, paddy, pomme de terre, légumineuse, blé	4 dollars Us/ha par an.
Chadha Agro Pic	Inde			22 000 ha	Canne à sucre	Promesse extension à 100 000 ha
Acazis AG	Allemagne	bail		56 000 ha	Arachides pour production d'huile.	77 millions US dollars
Confederation of Potato Seed Farmers	Inde	Bail en cours	2011	50 000 ha	Mais, légumineuse, oléagineux, canne à sucre	4 dollars US/ha/a
Ruchi Group	Inde	Bail	2010 25 ans	25 000 ha Coût bail : 4 millions us dollars	soja	Possibilité porter superficie à 50 000 ha.
Shapoorji Palonji & Co. (S&P Co)	Inde	bail	2011		Cultures alimentaires et fruits de pongomia pour production agro	

Nom société	Nationalité	Nature contrat	Année et durée	Superficie	Nature production	Observations
					carburant.	
Fri-El Green Power	Italie	bail		30 000 ha pour 18 millions dollars US	Palmier à huile et jatropha	Hérite du site du projet raté d'Ethio- korea Palm Oil
Almida	Inde	bail			Canne à sucre	
National Biodiesel corporation	UK : 80% (SunBiofuels Ethiopie 20%	Joint-venture	2008	80 000 ha	jatropha	
Flora EcoPower	De/Lux	concession		56 000 ha	Castor /Jatropha.	Accord pour extension à 256 000 ha
Petro Palm corporation	Autriche/USA	concession	2008	50 000 ha	jatropha	
BDFC	Brésil	concession	2008	18 000 ha	Canne à sucre	Extensible à 30 000 ha

Sources : *Grain : -le G8 et l'accaparement des terres en Afrique, mars 2013 ; 400 cas d'accaparement des terres dans le monde.*

- *Rapport Grain septembre 2014*
- *Africa: Up for grabs, thescale and impact of land grabbing for agro fuels, Friends of the Earth Europe, August 1st 2010.*
- *Rapport Grain septembre 2014*
- *Africa: Up for grabs, the scale and impact of land grabbing for agro fuels, Friends of the Earth Europe, August 1st 2010.*

Dans ce pays, pour les besoins de construction d'un grand barrage sur la rivière Omo et la création dans la vallée des plantations de canne à sucre, des canaux d'irrigation, des raffineries, le Gouvernement a procédé au déplacement des populations sans compensation ni relogement[101] d'une zone pourtant classée au patrimoine mondial de l'Unesco depuis 1980. Les 350.000 hectares ainsi dégagés seront consacrés 250000 à la canne à sucre et 100.000 aux autres cultures commerciales. Ce changement impactera plus ou moins négativement la vie d'au moins 200.000 éthiopiens et 300.000 kényans.[102]

Du rapport publié en 2012 par L'organisation de soutien de la lutte des paysans et des mouvements sociaux, il ressort que l'Ethiopie est le pays le plus attrayant car on y dénombre au moins 22 groupes étrangers ayant des intérêts fonciers dont les superficies vont de 3000 ha à 311 000 ha. Parmi ces groupes on compte 14 indiens, 2 allemands, 1 égyptiens, 1 chinois, 1emiraqui, 1 saoudien, 1 américain et un djiboutien. Les baux vont de 25 à 99 ans selon la nature de l'exploitation et les superficies concernées, ceux de longue durée étant pour les grandes superficies.

Lc processus d'acquisition de grandes parcelles de terres est souvent assez progressif de manière pour le gouvernement à s'assurer de la mise en valeur effective des terres convoitées et aussi à atténuer l'ire des populations qui en sont victimes.

Ainsi la société indienne Karuturi Global Ltd pour obtenir les 311 000 ha a d'abord eu un bail de longue durée sur 11 000 ha dans la région de l'Oromia, puis un bail de 5 ans renouvelable sur 100 000 ha dans la région de Gambela avec une option de 200 000 ha supplémentaires.

Une autre société indienne, Ruchi Soja, filiale du Ruchi Group, producteur d'huile végétale, obtient un bail de 25 ans du gouvernement éthiopien portant sur 25 000 ha pour la culture du soja dans la région de Gambela ; ce bail comporte une clause de possibilité de doublement de la superficie, donc d'extension à 50 000 ha.

---

[101] : Rapport de l'ONG HumanRights Watch de mars 2012.Rapport réfuté en parties par le Gouvernement Ethiopien.
[102] : ibdem.

De même ayant sollicité 100 000 ha pour la culture de la canne à sucre, une autre société indienne Chadha Agro Pic s'est vue accorder seulement 22 000 ha avec promesse que les 78 000 ha restant lui seront alloués lorsque la production aura démarré sur la première parcelle.

La Saudi Star PLC, société saoudienne, dans le cadre de l'initiative du Royaume pour délocaliser la production alimentaire à l'étranger a développé dès 2008 une production du riz sur10 000 ha à dans la région de Gambela, par la suite a obtenu un bail sur 140 000 ha et serait en pourparlers pour obtenir 290 000 ha.

Une superficie de 533 000 ha fait l'objet des baux fermes allant de 25 à 99 ans et plus de 400 000 autres ha seraient en cours de négociation.

10- Le Kenya

Le Kenya n'exercerait pas un grand attrait sur les investisseurs étrangers car jusqu'en 2012, on y dénombrait que 2 domaines fonciers aux mains des sociétés d'agrobusiness dont Omnicane, d'origine mauricienne qui en joint-venture avec des investisseurs locaux a créé une compagnie pour exploiter 6879 ha pour la culture de la canne à sucre.

La seconde société, Dominion Farms basée aux USA a obtenu en 2003 un bail de 25 ans sur 7000 ha de terrain situé dans la région du marais de Yala sur les 17500 ha existants.

Le décompte ci-dessus n'est qu'une approximation dans la mesure où une opacité totale entoure les transactions foncières entre les gouvernements et les sociétés étrangères.

En 2008, le Président kenyan a loué 40 000 ha dans le delta du fleuve Tana au Gouvernement du Qatar pour le développement des produits horticoles, mais l'emplacement de cette plantation est resté longtemps secret.

Cette absence d'engouement procède du fait de la résistance des populations qui ne se laissent pas délester de leurs terres aussi facilement qu'ailleurs. Un cas illustratif de cette résistance est le manifeste intitulé : Appel Urgent N°339 « Kenya : Carburant contre paysan »[103]de juin 2010, campagne qui a obligé le gouvernement à annuler la location de 50 000 ha de terre destinés à une entreprise italienne.

Superficie totale connue en 2012 :53879 ha.

[103] .Campagne menée par Action Aide Kenya (AAK) qui est une ONG qui soutient les organisations locales qui agissent en vue de garantir l'accès des paysans à la terre et développement d'une agriculture familiale et paysanne.

11- La Tanzanie

Tableau 14: Données disponibles des accords sur les terres

Nom société	Nationalité	Nature du Contrat	Date et Durée	Superficie	Nature exploitation	Observations
AgriSol	USA	bail		325 000 ha	Elevage, biocarburant	Anciens camps des réfugiés .
Karuturi	Inde	bail	2011	1000	Cultures diverses	En négociation pour obtenir 311700 ha
Korea Rural Cmmunity Corporation	Corée du Sud	Protocole d'accord.	2010	15 000 ha	Riz	Négociations en cours pour un total de 100 000 ha ;
Yes Bank	Inde		2009	50 000 ha	Riz, Blé	En négociations
Pharos Financial group	EAU	bail	2010 98 ans	50 000 ha	Riz	Production pour assurer l'approvisionnement des pays du Golfe
TM Plantations	USA		2007	50 000 ha	Palmier à huile	Négociations en cours
Intrasia	Singapour	bail	98 ans	30 000 ha	Riz	
Nirmal Seeds	Inde			30 000 ha	Semences	
Bhati Bangla Agrotech	Bangladesh	Bail	Juin 2012 99ans	30 000 ha	Mais, riz, légumineuses	La société compte faire venir 4000 paysans bangladais en Tanzanie.
Asian Global Management	USA	Bail	2011	42 000 ha	Cultures de rente	
Dws Galof	Allemagne		2007	27 000 ha	culture	Dws avait en 2012 3 57 700 ha en Amérique du sud, Afrique et en Asie.
Sekab	Suède	bail	2009	22 000 ha	Canne à sucre	Sekab a cédé toutes ses actions a Bagamoyo EcoEnergy Ltd en 2009.
Cams Group	USA	bail	2012	20 000 ha	Sorgho doux	Production destinée à la fabrication de l'éthanol
Export TTrading Group	Singapour			8 000 ha		
Felisa	Belgique	Société par actions		4 223 ha	Palmier à huile	Recherche 5000 ha supplémentaire ;

Sources : *Grain : -le G8 et l'accaparement des terres en Afrique, mars 2013 ; 400 cas d'accaparement des terres dans le monde.*

La singularité du cas tanzanien dans le phénomène d'appropriation massive des terres par les étrangers réside dans le fait que les accapareurs ne sont pas seulement des investisseurs classiques et des pays, mais aussi des institutions universitaires.

En effet l'université américaine.de l'Iowa, à travers la société Agrisol Energy qui a constitué une joint-venture avec la firme de Dubai Pharos FRinancial et le Summit Group américain,[104] convoite pour les prochaines années la location de 300.000 hectares de terre pour la production agricole destinée à l'exportation. Ces terres, anciens camps des refugiés occupés par des familles des réfugiés arrivés en Tanzanie depuis des dizaines d'années, situées dans les régions de Kigoma et de Rukwa en bordure du lac Tanganyika, d'une superficie de 300.000 hectares seront louées à moins de un dollars par hectare et par an ; elles abritent actuellement une population de 160.000 fermiers qui seront ainsi dépossédés de leurs moyens de subsistance.

D'autres sociétés au nombre de 17 de toutes nationalités également ont acquis des terres pour les cultures de palmier à huile et la production du biocarburant ; celles qui occupent les plus grandes superficies sont par ordre décroissant:

- Karukiri Global Ltd, société indienne spécialisée entre autres dans la production des fleurs a, en août 2011 formellement fait une demande pour obtenir 1000 ha dans le bassin de Rufiji avec espoir de l'étendre à 311 700 ha.
- Corea Rural Community Corporation. Cette structure du gouvernement sud-coréenne a signé en août 2010, avec l'Autorité de développement du Bassin du Rufiji, un protocole d'accord pour développer une ferme rizicole de 15 000 ha extensible à 100 000 ha.
- Pour cultiver du riz et du blé en Afrique, la banque indienne Yes Bank a entamé en 2009 des négociations pour obtenir 50 000 ha.
- La société Pharos de Dubaï et Miro holdings International une société londonienne, ont créé en 2009 la Pharos miros Agircultural Funds pour faire de la riziculture en Afrique. En 2010 ce fonds s'est assuré d'un bail de 98 ans sur 50 000 ha pour cultiver du riz destiné aux pays du Golfe.

---

[104] Données sur plus de 400 cas d'accaparement de terres dans le monde publié par GRAIN en mars 2012.

- TM Plantations, filiale de TM Global Holding, un fonds d'investissement basé aux Etats- Unis, avait demandé et obtenu en 2007, 50 000 ha dans le district de Kasulu pour une plantation de palmiers à huile.
- Le journal tanzanien The Guadian révèle en juillet 2011 que dans la région de Mongoro, l'Aslan Global Management, une société d'investissement américaine a acquis 42 000ha pour la culture de rente.
- Un énorme projet de 200 000 ha pour la production du sucre destiné à la production d'éthanol, initié en 2008 par la Swedish Alcool Chimistry AB, société suédoise d'agro-industries, abandonné par cette dernière est repris en main par son ancien PDG qui a installé à Bagamoyo une compagnie sucrière avec une plantation de canne à sucre de 8000 ha. Son entreprise Bagamoyo EcoEnergy Ltd enregistrée à Maurice, exploite pour le moment 22 000 ha, mais entend continuer son expansion sur 200 000 ha.
- Un cas assez singulier dans le phénomène d'accaparement des terres en Tanzanie est celui de la société Bhati Bangla Agrotech du Bangladesh; en effet cette société qui a sollicité 30 000 ha de terre pour la culture des légumineuses et du riz entend faire venir 4000 paysans bangladais pour y travailler.
- Le semencier indien, Nimal Seeds pour approvisionner le marché des semences en Afrique de l'Est a, en 2011 fait une demande de 30 000 ha au gouvernement tanzanien pour établir des fermes semencières.
- La société Tanza Grain, filiale de Vita Grain, société Singapourienne, elle-même propriété de la société d'investissement Intrasia Capital a obtenu un bail de 98 ans dans le bassin de Rufiji sur une superficie de 30 000ha pour la culture du riz.

Les autres investisseurs de petites dimensions sont: Agrica (Royaume –uni) 5818 ha pour la riziculture; DWS GALOF (allemand) qui exploite 5000 ha pour les cultures et l'élevage; la FELISA(joint-venture tanzano-belge) pour le palmier à huile sur 4258 ha; Emvest (Royaume-Uni) 1386 ha pour l'élevage, pommes de terre, canne à sucre; Chongqing Seed Corp (Chine) 300 ha pour semences de riz

En 2010, 938944 ha de terre étaient entre les mains des investisseurs étrangers et plus de 500 000 autres hectares en cours de négociation.

12- Le Mali

Tableau 15: Données disponibles des accords sur les terres

Nom Société	Nationalité	Nature contrat	Date et durée	superficie	Nature exploitation	Observations
Libya African Investment Potfolio	Libye	Bail	2008 50 ans	100 000 ha	Elevage, riz, légumes	Projet compromis après chute du régime de Kadhafi.
Community of Sahel- saharan States		Attribution.	2010	100 000 ha		Les compagnies attributaires et la destination des terres n'ont pas été révélées par le Gouvernement.
Foras International Investment Co	Arabie Saoudite	bail	2009	5000 ha	Riz	Après phase expérimentale, extension à 100 000 ha
SeedRock Africa Agriculture	Canada	concession		40 000 ha	mais, riz, sorgho, soja, tournesol, semence.	SeedRock a obtenu en concession plusieurs parcelles sur lesquelles elle mène depuis 2010 des cultures expérimentales.
Millennium Challenge Corporation	USA	Attribution		22 441 ha	Riz	Programme visant la sécurisation de la propriété individuelle.
Southern Global Inc	USA	Attribution	2008	30 000 ha	Riz	Accroitre de 50% la production du riz.
Lonrho	Royaume-Uni	concession	2009	20 000 ha	Canne à sucre	extensible à 100 000 ha
Associated British Foods	Royaume- Uni	bail	2007 50 ans	17 000 ha	Canne à sucre	Projet raffinerie de sucre en conflit avec un projet chinois identique.
China Light Industrial Corporation	Chine	Bail	2009 50 ans	20 000 ha	Canne à sucre	Production destinée à l'alimentation du complexe sucrier malien.

Sources : *Grain : -le G8 et l'accaparement des terres en Afrique, mars 2013 ; 400 cas d'accaparement des terres dans le monde.*

L'Etat malien avant la crise de 2012 avait donné le contrôle d'énormes superficies de terres arables à plusieurs investisseurs dont la majorité des étrangers parmi lesquels 9 se destinaient à la production des agro-carburants. Les plus importants en taille de superficies obtenues sont:

- la société libyenne Malibya, filiale de la Libyan African Investment Portfolio du fonds souverain de Libye qui a obtenu gratuitement un bail de 50 ans renouvelable sur 100.000 hectares pour la culture du riz hybride, de la tomate et l'élevage dans l'Office du Niger. Ce projet semble avoir été suspendu à la suite du changement de régime en Libye.
- China Light industriel Corporation for foreign Economic and technical cooperation: 20 000 ha pour la culture de la canne à sucre.
- Foras International Investment.Co, branche investissement de l'Organisation de la Conférence islamique (OCI) par l'intermédiaire de l'Arabie saoudite, en 2012 négociait 100 000 ha pour la culture du riz;
- Petrotech-AFN Agro Mali (filiale de Petrotech-FFN- USA), 10 000 hectares
- Moulin Moderne du Mali : 20 000 hectares.
- Groupe Tomota (Huicona): 100 000 hectares.

La ruée vers les terres au Mali est telle que des cris d'alarme s'élèvent de partout pour en dénoncer les effets présents ou futurs. Ainsi, dans une interview à Radio France Internationale en 2012, Ibrahima Coulibaly, président et fondateur de la Coordination nationale des organisations paysannes du Mali (CNOP) et vice-président du réseau des organisations paysannes d'Afrique de 'l'ouest (ROPPa) déclare: « *la situation est grave. Des villages entiers sont rachetés par des entreprises et des violences sont commises contre les paysans qui refusent d'abandonner leurs terres, les autorités veulent faire du Mali un nouveau Brésil.* »

Au total, d'après un rapport très élaboré de The Oakland Institute, on estime à 544.567 hectares les superficies allouées aux investisseurs étrangers.[105]Selon les documents officiels, le chiffre atteindrait 819.567 hectares en tenant compte des plans d'extension non officiels.

---

[105] Comprendre les investissements fonciers en Afrique, Rapport Mali par Oakland Institute et la Coordination Nationale des organisations paysannes du Mali, 21 novembre 2011

Le cas du Mali, très singulier a donné lieu à une analyse très pointue par The Oakland Institute cité plus haut.

Ainsi, compte tenu de la taille moyenne de l'exploitation agricole vivrière familiale au Mali (4,7ha), les récentes attributions concentrées entre les mains de 22 investisseurs pourraient faire vivre 112537 familles agricoles. Contrairement à une opinion très répandue, ces grands aménagements ne génèrent pas des activités rémunérées à forte intensité de main d'œuvre, de deux études de cas (Petrotech et Tomota), il a été mis en évidence que ces sociétés fortement mécanisées pourront employer une personne pour 100 ha alors que 100 ha peuvent soutenir 21 familles soit 105 personnes dans le système de production traditionnel.

13- L'Ouganda

Tableau 16 : Données disponibles des accords sur les terres

Nom Société	Nationalité	Nature contrat	Date et durée	superficie	Nature exploitation	Observations
Egypt	Egypte	Concession	2008	800 000 ha	Mais, blé	Le gouvernement égyptien acquiert ces terres pour les attribuer en suite à des sociétés égyptiennes.
Wilmar International	Singapour	concession		40 000 ha	Palmier à huile	Financement FIda et BM.
Mehta Group	Inde	concession		14 600	Canne à sucre	Ancienne usine de sucre désaffectée
Icemark	Islande			270 ha	Fruits	Production destinée à l'exportation dans les pays européens
Nitol-Niloy Group	Bangladesh	Bail de 25 ans	2010	10 000 ha		Pour installer 2300 fermiers du Bangladesh.
Hebel Company	Chine		2009	540 ha	Fruits élevage, mais, riz, blé	Extension à 41 000 ha dans les dix ans à venir
Liu Jianjun	Chine	Bail	2008 99 ans	4000 ha		Bail au prix de 1 dollar à l'hectare par an !

Sources : Grain : *-le G8 et l'accaparement des terres en Afrique, mars 2013 ; 400 cas d'accaparement des terres dans le monde.*

Le gouvernement ougandais en 2008, a alloué au gouvernement égyptien 800 000 ha dans plusieurs endroits du pays pour la culture du maïs et du blé.

La cession de deux parcelles de terrain à new Forest Company (NFC), une société anglaise a fait l'objet de controverses et d'une grande opposition des populations locales à cause des dommages que l'exploitation de ces parcelles allaient leur causer. Cette société pour installer ses plantations, s'est vu concéder de vastes étendues de terres déjà mises en valeur par les habitants dans les villages de Kiboga et de Mubendé d'où 20000 habitants ont été expulsés sans être ni indemnisés pour leurs mises en valeur ni réinstallés.[106] Ces terres sont destinées à la plantation des arbres pour l'exportation en lieu et place des cultures vivrières pour la consommation locale. La vigoureuse opposition des populations soutenues par des organisations telles que Oxfam[107] a abouti en juillet 2013 à la signature d'un accord entre New Forests Company et les représentants de la communauté Mubendé, accord qui tout en sauvegardant l'essentiel des intérêts des populations leur ouvre de nouvelles perspectives. New Forests Company aurait entrepris également de négocier avec les populations du village Kiboga.

On dénombrait en 2013 sept autres sociétés dont deux chinoises, une vietnamienne, une du Bangladesh , une Islandaise, une indienne, une islandaise et une de Singapour pour de petites superficies allant de 270 ha à 40 000 ha.

---

[106] : Matt Grainger et Kate Geary : rapport Oxfam International 22 sept 2011.

.

14- La République démocratique du Congo

Tableau 17: Données disponibles des accords sur les terres

Nom Société	Nationalité	Nature contrat	Date et durée	superficie	Nature exploitation	Observations
Feronia Inc	Canada	Achat plantations Unilever et une ferme céréalière	2009	110 000 ha	Palmier à huile,riz, soja	Recherche 90 000 ha supplémentaires.
ZTE	Chine	Convention avec le Gouvernement.	2008	100 000 ha	Palmier à huile	Projet gelé.
Freiha Holding	Liban	Concession	2009	10 000 ha	Palmier à huile	Joint-venture avec société congolaise Congo Oil & Derivatives SARL (COD)
Groupe Blattner Elwyn	USA	Reprise des plantations de la Société Générale de Belgique	1980	23700 ha	Palmier à huile	Cette société contrôle plus de 3 millions d'hectares de concessions foncières en RDC
Hawkwood Capital llp	Royaume-Uni	Concession		22 000 ha	Palmier à huile	
Nocafex	Belgique	Propriété individuelle		60 000 ha	Palmier à huile, caoutchouc, café cacao	Nouvelle Compagnie Africaine d'Exportation, société maritime.
Socfin	Luxembourg	Bail	2011, 25 ans	26 261 ha	Palmier à huile	Nom actuelle Sté :Brabanta.
Groupe Agro-Pastoral (GAP)	Belgique /USA	bail		10 000 ha	Palmier à huile	

Sources : *Grain : -le G8 et l'accaparement des terres en Afrique, mars 2013 ; 400 cas d'accaparement des terres dans le monde.*

- *Rapport Grain septembre 2014 Le Palmier à huile en Afrique : le passé, le présent et l'avenir, par Ricardo Carrère, Mouvement Mondial pour la Forêt Tropicale, Décembre 2010, actualisé en Aout 2013.*

En dépit de sa vaste étendue, les terres de ce pays ne semblent pas particulièrement prisées par les investisseurs en agriculture industrielle; peut-être que cela est dû à la situation souvent tendue dans certaines de ses régions. On y trouve quelques sociétés pas très gourmandes en superficies qui se contentent de racheter de vieilles concessions.

- Feronia Inc, société canadienne spécialement mise en place par le fonds d'investissement Trinorth Capital pour acquérir des fermes en Afrique a, en 2009 a obtenu une concession de 100 000 ha pour la culture de palmier à huile et 10 000 ha pour la culture du riz dans le Bas-Congo.
- La société chinoise des télécommunications ZTE a en 2008 a acheté 258 ha à Menkao, près de Kinshasa pour une étude expérimentale des potentialités agricoles de la zone, par la suite en 2010 elle a acheté une ferme de 600 ha. Une concession de 100 000 ha lui a été par la suite accordée pour la production de palmiers à huile.
- La Deutsche Bank, à travers son fonds d'investissements DWS GALOF a acquis 25000 ha pour l'exploitation des cultures diverses.

En 2012, la superficie totale occupée par les investisseurs étrangers était de 401 000 ha, soit à peine 2% des terres agricoles et 0.2% de la superficie totale du pays.[108]

[108] : GRAIN A contre-courant, 20 aout 2012.

15- La Côte-D'ivoire.

Tableau 18: Données disponibles des accords sur les terres

Nom société	Nationalité	Nature du Contrat	Date et Durée	Superficie	Nature exploitation	Observations
PalmCi	Cote D'Ivoire	Partenariat avec Groupe français		35000 ha	Huile de palme	Projet de 160 000 ha
Sipec-Ci	Belge	Bail	1997 99 ans	12700 ha	Palmier à huile	
Palm Afrique (Groupe l'Aiglon)	Suisse	Concession	2009	7500 ha	Huile de palme, karité	Participation Gouvernement : 30%
Siph	France			2800 h	hévéa	
Sifca	France.	concession	1964	12000 ha	Canne à sucre	
Louis Dreyfus	France- Cote D'Ivoire	idem	Cession	100 000 ha Extension à 200 000 ha	Riz	idem
Groupe Mimran	France	idem	cession	182 000 ha	Riz	idem
Groupe Sic	suisse	idem	cession	inconnue	Riz	idem
Cevital	Algérie	idem			Riz	Idem
Export Trading Group	Singapour	idem	cession	inconnue	riz	Idem
Novel Group	suisse	idem	cession	15000 ha	riz	Idem
Siva Group	Singapour	Accords avec des coopératives, des petits agriculteurs et des propriétaires fonciers.		52886 ha	Palmier à huile	Joint-Venture avec Dekel Oil, compagnie Chypriote.
Nauvu	Singapour	Prise de participation dans SIfca et PalmCi.	2007	39361 ha	Palmier à huile	Joint-venture Wilmar-Olam

Sources ; *Grain : -le G8 et l'accaparement des terres en Afrique, mars 2013 ; 400 cas d'accaparement des terres dans le monde.*

- *Rapport Grain septembre 2014*
- *Palmier à huile en Afrique, le passé, le présent et la future par Ricardo Carrere, Mouvement mondial pour la Forêt Tropicale, decembre2010, actualisé en août 2013.*

La Côte-D'ivoire est restée longtemps à l'abri de la ruée des sociétés étrangères sur ses terres; on y en trouvait à peine 4 avant 2010 dont 1 belge pour 12700 ha,1 suisse pour 7500 ha, deux françaises avec12000 ha pour l'une et 1200 ha pour la deuxième. Depuis 2012, l'accélération dans le processus d'accaparement des terres est significative d'un changement de politique. En effet la Côte- D'Ivoire signe cette année un accord avec les Etats du G8 (Allemagne, France, Royaume-Uni, Italie, Union soviétique, Japon et Etats -Unis) représentés par l'Union européenne, accord intitulé *« Nouvelle Alliance pour la Sécurité alimentaire.* » Cet accord lui fait obligation de réformer ses lois foncières pour faciliter l'investissement privé dans l'agriculture. En échange, le pays est sensé recevoir « une pluie » de dollars d'aide humanitaire. Huit entreprises étrangères et leurs partenaires locaux promettent d'investir 800 millions de dollars US dans le développement des fermes rizicoles à grande échelle.[109]Quatre de ces entreprises annoncent chacune le montant des investissements projetés mais se gardent d'annoncer les superficies convoitées, tels sont les cas de Olam (Singapour), Groupe CIC (Suisse), Export Trading Group (Singapour), Sud Industries SA (Côte D'Ivoire). Parmi les quatre autres, Novel Group (Suisse) pour un investissement projeté de 95millions de dollars US, demande 15000 ha, Cevital (Algérie) 300 000 ha pour un investissement de 150 millions dollars US,Groupe Mimran (France) 230 millions US pour 182 000 ha. La dernière, SDTM (France/Côte D'Ivoire/Liban) est d'une imprécision troublante dans ses besoins en terre: avec un investissement prévisionnel de 60 millions de dollars US, elle a besoin entre 100 000 à 200 000 ha pour la culture du riz[110]. L'opacité qui entoure toutes ces transactions est telle que ce sont les indiscrétions des médias qui en font état, jamais les gouvernements concernés.

Le décompte approximatif fait ressortir une superficie de 730400 ha détenus par les investisseurs étrangers. Le palmier à huile est la culture la plus développée. Les statistiques sont hasardeuses ; dans un

[109] Rapport GRAIN du 11 mars 2013
GRAIN est une organisation internationale qui soutient la lutte des paysans et des mouvements sociaux pour renforcer le contrôle des communautés sur les systèmes alimentaires basés sur la biodiversité

[110] Ibidem.

article intitulé Résistances aux agro plantations daté du16 aout 2010, Blog Africa chiffre la superficie couverte par les plantations industrielles à 87828 ha et 140621 pour les plantations villageoises exploitées par environ 25000 planteurs pour une production représentant 70% de la production totale d'huile de palme du pays.

Dans le cadre du Plan National des Investissements Agricoles (PNIA) pour la période 2012-2014, le gouvernement ivoirien a annoncé la mise à disposition au profit des investisseurs privés de 24 millions d'hectares[111] pour le développement des cultures du riz, café, hévéa, etc.

16- Le Libéria

Tableau 19: données disponibles des accords sur les terres

Nom société	Nationalité	Nature du Contrat	Date et Durée	Superficie	Nature exploitation	Observations
Sime Darby	Malaisie	bail	2009 63 ans	220 000 ha	Palmier à huile	Contestations des populations expropriées.
Golden Agri Ressources	Singapour	Partenariat avec et le Gouvernement	2010	220 000 ha	Palmier à huile	Facilités financières accordées par la Banque de Développement de Chine.
Equatorial Palm Oil (EPO) devenue Kuala Lumpur Kepong (KLK) depuis 2014.	Royaume-Uni	Attribution Concession	2011 2014	169 000 ha 24547 ha	Palmier à huile	Plantations incorporées à une Joint-venture avec Biopalm Energy, socité singapourienne.
Sifca	Cote D'Ivoire	Bail renouvelable	2011 25 ans	16 000 ha	Palmier à huile	En réalité propriété de Olam et Wilmar.

Sources : *Grain : -le G8 et l'accaparement des terres en Afrique, mars 2013 ; 400 cas d'accaparement des terres dans le monde.*

- *Rapport Grain septembre 2014*
- *Palmier à huile en Afrique, le passé, le présent et la future par Ricardo Carrere, Mouvement mondial pour la Forêt Tropicale, decembre2010, actualisé en août 2013.*

[111] : Baudelaire Mieu : Cote D'Ivoire : 24 millions d'hectares mis à la disposition des investisseurs privés, Jeune Afrique, 17 février 2014.

Les investisseurs ne boudent pas les terres libériennes, cela d'autant plus que le gouvernement libérien leur fait ouvertement appel et concède de superficies importantes en faisant fi des plaintes des populations.

La société SIFCA de droit ivoirien, appartient en fait à deux sociétés Singapouriennes Wilmar et Olam. En 2011, cette société a signé avec le gouvernement libérien un accord pour la réhabilitation de 8 800 ha de plantation de palmier à huile en expulsant les petits producteurs locaux qui l'exploitaient. Cet accord comportait également un projet d'agriculture sur 6000 ha ; sur l'ensemble de ces terres elle a obtenu un bail de 25 ans.

Un nouvel accord lui a permis en 2012 de procéder à l'extension de ses plantations de caoutchouc de 8000 à 35000 ha dans les Comtés de Maryland et de River Gee.

La Libyan African Investment Portfolio a investi dans un projet rizicole sur 15000 ha cogéré avec le gouvernement libérien et l'ADA (Aide au Développement en Afrique), une ONG locale créée spécialement pour la réalisation de ce projet qui a été abandonné après les changements politiques en Libye. Le gouvernement libérien serait à la recherche de nouveaux investisseurs.

Une concession de 220 000 ha pour un bail de 63 ans a été attribuée en 2009 par le gouvernement libérien à la société agroalimentaire Malaisienne Sime Darby, pour la production d'huile de palme. Cette concession couvre les Comtés de Grand Cap Mount, Bomi, Bonget Gbarpolu. Pour sécuriser ses investissements, cette société avait entrepris des négociations avec les communautés locales, mais le gouvernement pour « restaurer son autorité » y a mis fin.

En 2010, un partenariat entre le gouvernement libérien et Golden Agri Ressources de Singapour portant sur une concession de 220 000 ha dans le comté de Sinoe toujours pour l'exploitation du palmier à huile.

17 000 ha ont été en 2009 ont été acquis par Dominion Farms, une firme américaine pour la culture du riz.

Equatorial Palm Oil, un agroalimentaire du Royaume Uni a obtenu trois concessions entre Buchanan et Greenville pour une superficie de 169 000 ha pour la culture du palmier à huile. Après l'incorporation de 50% des actifs de cette société dans une joint-venture avec Biopalm Energy une société Singapourienne, propriété du milliardaire indien Sivasankaran.

On serait tenté de se demander si le gouvernement libérien a encore une quelconque influence sur la gestion de ces vastes étendues de son territoire car en 2012, 1 737 000 ha représentant 67% de ses terres agricoles étaient vendus ou loués pour la production alimentaire par des étrangers.[112]

---

[112] : GRAIN A contre-courant, 20 aout 2012.

17- Le Soudan

Tableau 20: Données disponibles des accords sur les terres

Nom société	nationalité	Nature contrat	Date et durée	superficie	Nature exploitation	observations
Sayegh Group	EAU	achat	2009	1 500 000 ha	Non précisée	Société de production peintures !
South Korea	Corée du Sud	Accord de coopération	2009	690 000 ha	Culture de blé	Joint-venture sociétés coréennes, soudanaises et arabes
Egypt	Egypte	Accord	2010	400 000 ha	Mais, sucre, blé	L'Egypte mettre ces terres à la disposition des sociétés privées
Pharoh Financial Group	EAU	Négociations en cours en 2010		156 000 ha	Arachides, sorgho, tournesol	Possibilité d'extension sur 830 000 ha supplémentaires.
Citadel Capital	Egypt	acquisition	2007	131 890 ha	Blé, riz	Financement OPIC du Gouvernement US.
Foras International Investment Co	Arabie Saoudite	Acquisition 200 millions us dollars		126 000 ha	Céréales pour exportation	Foras : branche investissement de l'organisation de la conférence islamique (OCI)
Hassad Food	Qatar	Acquisition : 160 millions us dollars		100 000 ha	Production denrées à exporter vers le Qatar	Société créée par le fonds souverain de Qatar pour l'acquisition des terres à l'étranger.
National Agricultural Development Co (NADEC)	Arabie Saoudite	acquisition	2010	42 000 ha	Fermes laitières et exploitation agricole.	
Jenaan	EAU	Bail de 30 ans renouvelable	2010	40 000 ha	Production du blé	Compagnie spécialisée dans les investissements dans les projets agricoles à l'étranger
Al Dahra	EAU	acquisition	2010	30 800 ha	Orge, coton, foin, mais, sucre	

Source : *Grain : -le G8 et l'accaparement des terres en Afrique, mars 2013.*

: - 400 cas d'accaparement des terres dans le monde, 2012.

Avec 18 sociétés répertoriées par GRAIN en 2012, le foncier au Soudan semble exercer une attractivité particulière sur les investisseurs étrangers, surtout ceux du Moyen orient avec trois concessions pour l'Egypte, 6 pour les Emirats arabes unis et trois pour l'Arabie Saoudite. La Chine, le Brésil, la Corée du Sud et Djibouti complètent la liste. Les superficies accaparées sont très

importantes; elles vont de 4200 ha pour Djibouti à1760700 ha pour les Emirats en passant par 690 000 ha pour la Corée du Sud , 548 000 ha pour l'Egypte, 177 239 ha pour l'Arabie Saoudite, 100 000 ha pour le Brésil et 100 000 ha pour le Qatar.

18- Le Soudan du Sud.

Tableau 21: Données disponibles des accords sur les terres

Nom société	nationalité	Nature contrat	Date et durée	superficie	Nature exploitation	observations
Nile Trading and Development Inc.	U.S.A.	bail	2008 49 and	600 000 ha	Culture sorgho doux	Bail signé avec une coopérative représentant les populations locales et dénoncé en 20011 par les chefs locaux.
Jarch Management.	U.S.A	bail	2009 Durée indéterminée.	400 000 ha	Céréales, fruits, fleurs, oléagineux légumes.	Bail signé avec une famille de Seigneurs de guerre.
Eyat Oilfield Services	Soudan du Nord	bail	99 ans	162 000 ha	Non précisée.	Terrain s situés dans l'Etat d'Equatotia occidental.
Prince Budr Bin Sultan	Arabie Saoudite	bail	2010 25 ans	105 000 ha	Non précisée.	Redevances annuelles : 125 000 dollars U.S.
Citadel Capital	Egypte	bail	2007 25 ans	105 000 ha	Coton, mais,sorgho,sucre, tournesol, blé ;	Fonds d'investissement soutenu par l'Versas Private Investment corporation (OPIC) du gouvernement américain.
African Commercial Development	Maurice	bail	2010 30 ans	24 300 ha	Cultures vivrières	En joint -venture avec la Joint Aid Management(JAM) ONG sud-africaine.
Egypt	Egypte	bail	2008	16 800 ha	Culture riz irriguée	Projet gouvernement égyptien.
CEDASS	Canada	location		12 200 ha	Culture sorgho	Projet pédagogique de l'ONG canadien CEDASS.

A l'instar de son voisin du nord, le Soudan du Sud a d'importantes superficies de son patrimoine foncier détenues par des étrangers. Le processus d'obtention de ces parcelles présente une certaine singularité: les acquéreurs se sont adressés soit à des gouvernements des Etats locaux, soit à des individus et enfin à des sociétés privées, rarement au gouvernement central :

- Le Prince saoudien Badr Bin Sultan, en 2010 a obtenu un bail de 25 ans sur 105 000 ha du gouvernement de l'Etat d'Unity.

- La société américaine Jarch Management a obtenu du fils aîné du commandant en chef adjoint de l'armée de libération du peuple soudanais (SPLA) un bail sur 400 000 ha de terres aux mains de ce seigneur de guerre avec la possibilité d'extension.

- Une autre compagnie américaine Nile Trading and Development inc , en 2008 obtient de la Mukaya Payam Cooperative, prétendue représentant de la communauté locale un bail de 49 ans sur 600 000 ha., bail dénoncé en 2011 par « les vrais représentants de la communauté ».

L'Afrique du Sud, le Canada, l'Egypte, et Maurice y ont également de gros intérêts fonciers.

19- Madagascar[113]

Tableau 22: Données disponibles des accords sur les terres

Nom société	nationalité	Nature contrat	Date et durée	superficie	Nature exploitation	Observations
Landmark	Inde	Bail	2006 25 ans	150 000 ha	mais	Bail aux contours imprécis signé avec un chef local
Les Cultures du Cap Est	Inde	acquisition	2010	9100 ha	Huile de palme	
Madabeef	Royaume -Uni	acquisition	2011	200 000ha	Elevage du bétail	
Tozzi Green	Italie	bail		200 000ha	Jatropha	Bail accordé nonobstant protestations populations
Delto petroli	Italie	bail	30 ans en 2012	30 000 ha	jatropha	
Ambatovy	Canada-Corée du sud et Japon	bail	2008, bail de 50 ans	7596 ha	Exploitation nickel	Bail renouvelable
MainLand Mining	Chine	Permis d'exploitation	2007	625 ha	Exploitation Ilménite et zirconium	Extension 39 ha en 2009
Mada Woodlands	Norvège	concession	2008	50 000 ha	foresterie	Forte résistance populations

[113] Les informations contenues dans cette rubrique sont tirées du rapport de mission rédigé par le Collectif de Défense des terres malgaches-TANY, le réseau d'organisation paysannes et d'ONG Solidarité et Intervenant sur le Foncier-SIF de Madagascar et l'association italienne Re:Common en 2013.

Nom société	nationalité	Nature contrat	Date et durée	superficie	Nature exploitation	Observations
Qmm-Rio-Tinto	Royaume Uni-Australie-Canada	Permis d'exploitation		6000 ha	Exploitation ilménite	Indemnisation préalable population
Site Global	Etas Unis	acquisition		60 000 ha	Palmier à huile	En attente d'approbation en 2013
Daewo	Corée du Sud	Concession par le gouvernement	2008	300 000 ha. (Demande initiale de 1000 000 ha)	Palmier à huile	Projet suspendu en 2009.
Complant	Chine	Contrat de gestion de 20 ans	1997 et 2008	10 000 ha	Canne à sucre	Terrain acquis à travers acquisition usine raffinerie du sucre.

Sources : *Grain : -le G8 et l'accaparement des terres en Afrique, mars 2013 ; 400 cas d'accaparement des terres dans le monde*

- *Rapport Grain septembre 2014*

- *Palmier à huile en Afrique, le passé, le présent et le futur par Ricardo Carrere, Mouvement mondial pour la Forêt Tropicale, decembre2010, actualisé en août 2013.*

Les terres de ce pays semblent particulièrement prisées par les investisseurs étrangers ; coréens, indiens, français, chinois se bousculent pour obtenir des étendues de plus en plus grandes soit en vente, soit en bail de longue durée (99ans). Les protestations des organismes nationaux et internationaux contre ces accaparements témoignent de l'opacité qui entoure la conclusion des contrats y afférents qui ne tiennent aucunement compte des intérêts et des droits des populations qui les occupent.[114]

La chine à travers son holding, la China National complet Import and Export Corporation Group (complant) qui gère la fabrique du sucre SUCOMA depuis 1997, a en 2008 racheté la raffinerie du sucre SUCOCOM à l'Etat malgache et avec elle 10 000 ha pour produire de la canne à sucre.

Les investisseurs contrairement à ce qu'ils font dans d'autres pays, ne s'adonnent pas à la monoculture du palmier à huile ou autre céréale, mais diversifient leurs investissements dans plusieurs secteurs: agriculture, foresterie, mine, tourisme.

La société italienne Tozzi Green,à travers sa succursale malgache Biomass Biofuel Ihorombe (BBI) convoitait 200 000 ha dans le plateau d'Ihorombe pour la culture du jatropha, les protestations des populations spoliées aidées par des organisations internationales ne viendront pas à bout de cette boulimie foncière.

Delta Petroli une autre société italienne, par l'entremise de l'une de ses branches à Madagascar dénommée Varun, voulait 465000 ha dans la région de Sofia toujours pour la culture du jatropha; Pour cela une joint-venture est formée entre une société-écran de droit malgache Delta Jatropha Madagascar et delta Petroli avec comme intermédiaire, un Frère capucin, curieux attelage! C'est en 2012 qu'un bail de 30ans aurait était signé pour une concession de 30 000 ha.

Dans le domaine minier, la société Ambatovy, joint-venture entre le Canada, la Corée du Sud et le Japon pour l'exploitation du nickel obtient en 2008 un bail emphytéotique de 50 ans renouvelable sur une concession de7596 ha dans la région d'Alaota Mangoro.

---

[114] : Pétition du 20 février 2012au Gouvernement par le Collectif pour la défense des terres malgaches- TANY, association créée en 2008 par la diaspora malgache de France pour la protection de la terre à Madagascar.

Mainland Mining, compagnie minière est la succursale malgache de la China Geo Engineering corporation: elle a obtenu en 2007 un permis sur 625 ha dans la région d'Amanjirofo pour l'exploitation de l'ilménite et le zirconium; une extension de 39 ha lui a été accordée en 2009.

La société Mada Woodlands, succursale de la société norvégienne O.S. Skog AS spécialisée dans la foresterie (déforestation et reforestation), plante les eucalyptus et les acacias sur 50 000 ha obtenus en 2008 dans la région de Sofia. L'entregent politique aura eu raison de la résistance des populations contre l'accaparement de leurs terres.

Les industries pharmaceutiques ne sont pas en reste dans la recherche effrénée des terres à Madagascar. Ainsi, la firme Laico/Bionexx-Libye-Madagascar-France a, en 2011 expulsé sans ménagement des populations qui possédaient des titres fonciers sur leurs propriétés dans la région d'Itasy à environ 100 km d'Antanarivo. Ces expulsions concernaient un domaine de 650 ha sur lequel la firme Bionexx devait produire de l'artemisia destiné aux industries pharmaceutiques pour la fabrication des antipaludéens.

Les investisseurs dans les activités touristiques ont envahi la plus grande installation touristique de Madagascar, Nosy Bé d'une superficie de 32500 ha. Ainsi le groupe indien Pearls a obtenu 400 ha pour la construction d'un luxueux terrain de golf ; d'autres sociétés, françaises et indiennes produisent de l'ylang-ylang pour la fabrication des parfums et des huiles essentielles.

QMM-RIO Tinto/Royaume Uni/Australie/Canada, société appartenant à 80% à la multinationale anglo-australienne *RioTinto a obtenu un permis d'exploitation sur 6000 ha pour la production de l'ilménite dans la région de Anosy. QMM a entrepris l'indemnisation des populations déplacées et leur réinstallation suivant les directives de la Banque mondiale, ce qui est une exception par rapport aux autres cas observés jusqu'ici.*

La firme Indienne, Landmark a obtenu d'un chef local du centre sud de Madagascar un bail de 25 ans d'une imprécision incroyable puisqu'elle porte sur une *« superficie comprise entre 5000 et150 000 ha."*

Une autre société indienne Les Cultures du Cap Est en 2010 a acquis 9100 ha pour la production de l'huile de palme.

Pour l'élevage du bovin, la société britannique, Madabeef a acquis en 2011 une superficie de 200000ha

L'un des cas ayant eu beaucoup de retentissement est celui de Tozzi Green, filiale du groupe italien Tozzi Renewable Energy, qui cultive essentiellement du jatropha sur le plateau d'Ihorombe dans le Centre Sud de Madagascar et vise une surface de 100 000 ha. Cette société déclare qu'elle s'installe dans cette zone avec l'accord des populations. Ce que contestent ces populations qui accusent le gouvernement d'être de connivence avec Tozzi.[115]

---

[115] ibidem

20- Le Mozambique.

Tableau 23: Données disponibles des accords sur les terres

Nom société	nationalité	Nature contrat	Date et durée	superficie	Nature exploitation	observations
AgriSA	Afrique du Sud	Nature du contrat pas dévoilée	2011	1000 000 ha	Canne à sucre.	Arrangement négocié par un proche du Président Sud-Africain.
Saxonian Estates	Royaume - Uni	Acquisition ou location	2006	150 000 ha	Elevage extensif, huile de noix de coco, jatropha, ananas	Acquisition des actions du Groupe Madal par la Rift Valley Holding
Tereos	France	Achat et bail	2007	100 000 ha	Usine à sucre et culture canne à sucre	Bail de 50 ans sur 14 000 ha
Petro Busi	Brésil			40 000 ha	Production canne à sucre	
Tongaat Hulett	Afrique du Sud	Allocation gouvernementale	2006 et 2008	31174 ha		6155 ha par les paysans.
Vale Embrapa	Brésil	concession	2011	30 000 ha	Palmier à huile	Partenariat géant minier Vale et Institut Brésilen des recherches agricole Embrapa.
Sabiol	Portugal			29 000 ha	Canne à sucre et noix de coco	
Prio Foods	Portugal	concession	2005	24234 ha	Mais, soja, tournesol	
Tata chimical	Inde		2011	24000 ha	Plantation canne à sucre et usine fabrication éthanol	
Mauritius	Maurice	Bail de 99 ans	2009	23 500 ha	Riz et cultures vivrières	
Principle	Royaume-		2007			

Nom société	nationalité	Nature contrat	Date et durée	superficie	Nature exploitation	observations
Capital Holding	Uni				sucre pour fabrication éthanol	
Libyan African Investment Portfolio	Lybie	Joint-venture avec Ubuntu Sa	2009	20 000 ha	Riz	Association avec une société mozambicaine
Agriterra	Royaume - Uni	Bail de 50 ans	2011	16.700 ha	Ranch, culture mais	
SeKab	Suède			15000 ha	Sorgho doux	Sekab s'est rétiré au profit de AgroEconomy
MedEnergy	Italie (famille Bellili)	Négociations en cours en 2011.		10 000 ha	Palmier à huile.	Plantation dans la province de Cabo Delgado.
D1 Oils	U.K			5348 ha	Jatropha	
Energem Ressources	Canada			60 000 ha	Jatropha	2000 ha déja plantés,
SGC E nergia	Portugal			20 000 ha	Jatropha	
Aviam	Italie			10 000 ha	Jatropha	
Viridesco	UK			10 000 ha	Jatropha	

Sources : *Grain : -le G8 et l'accaparement des terres en Afrique, mars 2013.*

- 400 cas d'accaparement des terres dans le monde.

-Rapport Grain septembre 2014

-Palmier à huile en Afrique, le passé, le présent et la future par Ricardo Carrere, Mouvement mondial pour la Forêt Tropicale, decembre2010, actualisé en août 2013

-Africa: Up for grabs, the scale and impact of land grabbing for agro fuels, Friends of the Earth Europe, August 1st 2010

Beaucoup d'investisseurs convoitent les terres du Mozambique où ils semblent obtenir un bon accueil eu égard à leur nombre élevé. En effet on y trouve 25 sociétés dont 5 du Royaume-Uni, 4 de l'Afrique du Sud, 4 du Portugal, 2 d'Italie,2 du Brésil, 1 de l'Inde, 1 de France,1 des USA,1 de Chine, 1 de Libye, 1 de Singapour 1 de la Suède et 1 de Maurice.

La proximité et la disponibilité des terres au Mozambique exercent un grand attrait sur les investisseurs Sud-Africains.

La société Sud -africaine AgriSa a acquis 1000 000 ha dans la province de Gaza au profit de 800 agriculteurs sud-africains.

Entre 2006 et 2008, la compagnie sucrière sud-africaine Tongaat-Hulett a obtenu du gouvernement du Mozambique des concessions sur plus de 30 000 ha pour les plantations de canne à sucre.

Deux autres sociétés sud- africaines à savoir Servir Moç et TengaLda développent chacune des activités agricoles sur 2000 ha.

Le groupe anglais Saxonian Estates exploite 153000 hectares pour l'élevage extensif, huile de noix de coco, jatropha, ananas et Bananes.

En 2007, Tereos, société sucrière française a acheté75% de Sena Holdings Ltd, une société sucrière Mozambicaine et dispose dès lors de la main mise sur l'usine à sucre de Sena et d'un bail de 50 ans sur 14 000 ha.

La société américaine Asian Global Management exploite à travers sa filiale mozambicaine Rel Do Agro Lilitada une concession de 10 000 ha issue d'un bail de 50 ans renouvelable pour la culture du soja et du maïs.

PrioFoods, société d'agrobusiness portugaise 25000 ha pour la culture du tournesol et du soja depuis 2008.

Pour alimenter une usine d'éthanol, le groupe anglais Principle Capital Holding une plantation de canne à sucre sur 23000 ha dans le district de Dombé au centre du Mozambique.

Agriterra ,un autre groupe anglais a obtenu un bail de 50 ans avec option de renouvellement pour 21 ans sur 20 000 ha pour un ranch et la culture du maïs.

La Swedish Alcohol Chemistry AB(SEKAB) une société appartenant à trois municipalités suèdoises avait un projet de culture de sorgho dans la province de Cabo Delgado sur 1500 ha ; ayant abandonné ses projets en Afrique, ce projet a été repris par une nouvelle société AgroEconoy.

La Libyan Africain Investment Portfolio, un fonds d'investissement libyen en joint-venture avec la société mozambicaine Ubuntu SA en 2009 a lancé un projet rizicole sur 20 000 ha à Bela Vista district de Matutuine.

En 2009 le gouvernement mauricien a obtenu un bail à long terme sur 20 000 ha du gouvernement mozambicain pour la culture du riz. Ce bail contient deux curiosités : 10 000 ha seraient loués à Vita Grain pour la production du riz hybride breveté et les 10 000 ha restants à un groupe du Swaziland, le Ning Group. Il semblerait qu'en définitive ce sont 23 500 ha qui ont été octroyés et le quart de la production sur ces terres devait être reversé aux deux pays par les compagnies qui les exploitaient.

En 2011, deux sociétés brésiliennes, la première, Petro Buzi spécialisée dans la production de l'énergie et la seconde, Vale-Embrapa spécialisée dans l'industrie minière ont respectivement sollicité 40 000 ha pour la production de canne à sucre dans la province de Sofala et 30 000 ha pour une plantation de palmier à huile.

La Chine fait preuve d'une certaine timidité quant à investir dans le foncier en Mozambique, à travers sa compagnie Hubel State Farm Agrobusiness Corp, n'a obtenu qu'une parcelle de 1000 ha sur laquelle est mise en place une ferme pilote depuis 2005.

La culture du jatropha pour la production du biocarburant attire beaucoup d'investisseurs d'horizon divers.

Le Gouvernement mozambicain semble faire preuve de transparence vis-à-vis de sa population dans les négociations avec les étrangers qui veulent investir dans le foncier, ce qui expliquerait l'absence des contestations de ces populations et les protestations des organisations de veille.

21- Le Gabon

Le Gabon a beaucoup de potentialités foncières, curieusement les accapareurs ne semblent pas trop se bousculer à sa porte. Cependant les superficies déjà occupées même si elles ne font que 2% de la superficie totale du pays, représentent 128% des terres propices à l'agriculture paysanne et 8% des terres agricoles du pays.

Deux sociétés étrangères seulement y ont été identifiées :

- La SIAT, société belge possède une plantation de palmiers à huile de 7.300 ha qu'elle compte étendre à 25 000 ha, une plantation de caoutchouc de 12.100 ha et un élevage de bétail de 100 000 ha.
- La société indienne Olam dont le siège est à Singapour a annoncé en 2012, pour une première étape la création en joint-venture avec le Gouvernement gabonais d'une plantation de palmiers à huile de 50.000 ha pour un investissement de 250 millions de dollars US.

Le Gouvernement s'engage à fournir à ce joint-venture une réserve foncière de 300 000 ha dont 100 000ha serviront à l'installation des plantations de palmier à huile.[116]

[116] Rapport GRAIN septembre 2014.

22-Le Ghana

Tableau 24: Données disponibles des accords sur les terres

Nom Société	Nationalité	Nature contrat	Date et durée	superficie	Nature exploitation	Observations
T4M	Royaume-Uni	Bail	25 ans	100 000 ha	Culture riz	Prévision investissement 425 millions de dollars us /10 000 ha
Qatar	Qatar	Joint-venture		50 000 ha	Cultures alimentaires	Pour exportation au Qatar
Symboil	Allemagne	bail	2007 49 ans	13500 ha	Palmier à huile	Bail obtenu sur 7000ha avec possibilité d'extension à 13 500 ha.
José Garcia Carrion	Espagne	acquisition		10 000 ha	Culture ananas	Pour exportation en Europe
Afrca Atlantic Holding	EAU	bail	50 ans	10 000 ha	mais	Compagnie basée à Dubaï qui investit dans les terres agricoles au Ghana.
Wilmar International	Singapur	acquisition	2011	6157 ha	Palmier à huile	Rachetée à Unilever.
Brazil Agro BusinesGroup	Brésil	Location	2009	5000 ha	riz	
Héraclès Capital	USA	acquisition		4364 ha	Palmier à huile	Ambition : créer 80000 ha de palmier à huile en Afrique.
Bionic Palm limited	Allemagne	bail	2008 50 ans	3940 ha	Bio carburant et cultures alimentaires	Première tranche 1750 ha ; Extension : 2190 ha
Compagnie Fruitière	France	acquisition		3500 ha	Bananes et ananas	Golden Exotics Ltd est sa filiale au Ghana.
GADCO	Royaume Uni	bail	30 ans	1000 ha	Riz	Bail négocié avec les chefs locaux.
DOS Palm	Royaume	Propriété	2012	8084 ha	Palmier à huile	Projet d'extension à 20 000 ha

Nom Société	Nationalité	Nature contrat	Date et durée	superficie	Nature exploitation	Observations
production Ltd	Uni					
NorPalm AS	Norvège	Propriété	2000	5018 ha	Palmier à huile	Rachat à l'Etat de la National Oil Palm Ltd avec ses terres.
Siat Group	Belgique	Proprité	1995	21000 ha	Palmier à huile	Privatization Ghana Oil Palm Development Company Ltd
Galten Global Alternative Energy	Israel			100 000 ha	Jatropha	1000 ha déjà plantés.
Jatropha Africa	UK/Ghana	Concession		120 000 ha.	Jatropha	Pas encore en exploitation.
ScanFuel	Norvège	concession	2008	400 000 ha	Jatropha sur 60%	
Biofuel Africa	Norvège	concession	2008	27 000 ha	jatropha	660 ha déjà mis en valeur.

Sources : - *Grain : -le G8 et l'accaparement des terres en Afrique, mars 2013 ; 400 cas d'accaparement des terres dans le monde.*

-Rapport Septembre 2014

- Africa: Up for grabs, the scale and impact of land grabbing for agrofuels, Friends of the Earth Europe, August 1st 2010

Les terres ghanéennes attirent beaucoup d'investisseurs étrangers ; la plupart n'ambitionnent pas de grandes superficies à l'exception des plantations destinées à la culture du jatropha pour la production du biocarburant. Ainsi,

- Le groupe brésilien Agro-Business Group a débuté avec une exploitation de 500 ha qu'il louait dans la région de la Volta, en 2009 il a indiqué qu'il voulait agrandir sa superficie à 5000 ha.

- La Compagnie Fruitière, propriété de Dole (Etats Unis) et de Golden Exotics Ltd (Franc) exploite 3500 ha pour la production de bananes et des ananas.

- En 2008, la Bionic Fuel Group, société allemande spécialisée dans le développement et la construction des réacteurs à fuel synthétique a acquis 1750 ha avec un bail de 50 ans pour la culture du palmier à huile ; Les négociations pour acquérir 2190 ha supplémentaires ont abouti.

- Symboil, une société allemande depuis 2007 exploite 7000 ha pour la culture du palmier à huile avec un bail de 49 ans avec une option d'extension sur 13500 ha.

Un projet de joint-venture entre le gouvernement ghanéen et celui du Qatar était en cours de création en 2010 pour la production des cultures alimentaires à exporter au Qatar ; le projet portait sur 50 000 ha.

La plus grande acquisition de terre par un seul investisseur au Ghana est celle de T4M, un groupe anglais spécialisé dans l'agrobusiness qui a obtenu un bail de 25 ans sur 100 000 ha pour la culture du riz.

Le Ghana se singularise ainsi par la taille réduite des superficies allouées aux étrangers, mais aussi par la durée réduite des baux qui dans la majorité des cas vont de 25 à 50 ans et par la latitude laissée aux chefs locaux de négocier directement avec les investisseurs pour la cession des terres relevant de leur autorité.

23- La Guinée Conakry

Les données détaillées sur la Guinée sont rares dues à l'opacité qui entourerait les acquisitions.

La société britannique Fârs Lands of Guinea (FLG), basée à Gibraltar a, en 2010 signé deux accords avec le Ministère de l'Agriculture portant sur une superficie de 100 000 ha pour la culture du maïs et du soja.

Par ailleurs 1.5 million d'hectares ont été mis à sa disposition par le gouvernement aux fins de concession des baux à d'autres sociétés contre une commission de 15%.[117]

L'Entreprise Guinée Energie SA, filiale du groupe italien Nuovel initiative Industrial SRL a, en 2010 signé un protocole d'accord pour l'acquisition de 710 001 ha pour la culture de jatropha à transformer en biocarburant pour l'exportation en Europe.

Environ 74504 ha déjà acquis ont été recensés, mais pour les organismes de défense du monde rural tel que CFSI, COPAGEN, et SOS FAIM[118] ce chiffre serait juste la partie visible de l'iceberg.

La société britannique Peak Palm Oil PLC affirme avoir un bail couvrant 100 000 ha pour y développer des plantations des palmiers à huile.

Par le processus de privatisation, la, société luxembourgeoise a acquis la SOGUIPAH, société nationale de production de palmier à huile et du caoutchouc appartenant au gouvernement guinéen sur une superficie de 22000 ha.

1 6 08215 ha de terres agricoles guinéennes sont aux mains des investisseurs étrangers alors que ce pays ne dispose que de 6.2 millions d'hectares de terres arables[119].

---

[117] : Le projet Jatropha en République de Guinée, Augustin Benoit Kamano et Justine Mounet, Comité français pour la solidarité internationale, décembre 2013.

[118] CFSI: Comité français pour la solidarité international: ONG de développement, soutient l'agriculture paysanne et ses acteurs.

COPAGEN: Coalition pour la protection du Patrimoine Génétique africain; composée des coalitions nationales implantées dans 9 pays de l'Afrique de l'Ouest ;

SOS Faim (Belgique Luxembourg): ONG de développement, soutient les populations rurales du Sud.

[119] : GRAIN-A Contrecourant, 20 Aout 2012.

24- Le Sénégal.

Tableau 25: Données disponibles des accords sur les terres

Société	Nationalité	Nature contrat	Date et durée	superficie	Nature exploitation	Observations
India	Inde	Programme gouvernemental	2011	150 000 ha	Coton, mais, riz, arachides	Mise en place lignes de crédits pour développement agriculture paysanne.
China	Chine			100 000ha	Production d' arachides.	
Daton Trading Enterprise	chine	Programme gouvernemental	2009	60 000 ha	Sesames	
Dangoté industries	Nigeria	Accord d'investissement avec le gouvernement.	2001	40 000 ha	Plantation de canne à sucre.	Présent également dans l'industrie de cimenterie.
Foras International Investment co	Arabie Saoudite	Attribution par le Gouvernement		5000 ha	Riz	Extension prévue jusqu'à 700 000 ha.

Sources : Grain : -le G8 et l'accaparement des terres en Afrique, mars 2013.

- 400 cas d'accaparement des terres dans le monde.

- Rapport Grain septembre 2014

Avec 150 000 ha pour la culture des céréales, du coton et du maïs, l'Inde est le plus « grand accapareur » au Sénégal, suivi par la Chine qui à travers la société Daton Trading Enterprise exploite 60 000 ha pour la production du sésame et aurait signé un accord pour 100 000 ha pour la culture d'arachides. Les conditions de toutes ces transactions restent secrètes.

La Dangoté Industries du milliardaire nigérian a obtenu 40 000 ha pour établir une plantation de canne à sucre près du lac de Guiers dans le cadre d'un accord d'investissement signé avec le gouvernement sénégalais en 2001.

D'autres sociétés, telles la Fora International Investment Co de l'Arabie Saoudite, la Société de Cultures Légumières SA d'origine française exploitent des superficies moindres.

En 2010, le Conseil Rural de la commune de Fanaye Diéry, commune située dans la vallée du fleuve Sénégal décide d'attribuer à Tempieri Financial Group, société italienne à travers sa filiale sénégalaise Senethanol, 20.000 hectares de terrain pour la production d'agrocarburant. Or cette attribution prive les 25000 habitants de leurs terres, ce qui a provoqué des affrontements meurtriers entre partisans et opposants à la cession.

Le Gouvernement, probable vrai initiateur du projet s'étant servi du Conseil rural comme d'un fusible, devant la gravité de la situation a suspendu le projet en octobre 2011.

Les investisseurs étrangers occupaient déjà en 2012, une superficie de 460 000 ha, soit 5% des terres agricoles sénégalaises et 12% des terres propices aux cultures vivrières.[120]

---

[120] Idem.

25- La Sierra Leone

Tableau 26: Données disponibles des accords sur les terres

Nom société	nationalité	Nature contrat	Date et Durée	Superficie	Nature exploitation	Observations
Long Van 28 Company	Vietnam	convention	2011	200 000 ha	Riz	
Quifel Natural Ressources	Portugal	Bail	2007 49 ans,	12 6000 ha	Cultures vivrières et palmier.	Bail renouvelable jusqu'à 70 ans. projet incertain
Whitestone Charles Anderson	Royaume-Uni	Bail Provisoire	2010	112 000 ha		Sous-location en vue
Biopalm Energy	Inde	Actions	2011	80 000 ha	Palmier à huile	Prise 50% actions de Equatorial Palm OIL
Agriterra Ltd	Royaume-Uni	Bail	2011 50 ans	45 000 ha	Palmier à huile	Bail renouvelable pour 21 ans
Caporo Group	Royaume-Uni	bail	45 ans	43 000 ha	Palmier à huile	Bai renouvelable.
Shanghai Construction Investment	Chine	Protocole d'accord avec le gouvernement	2012	30 000 ha	Riz	Projet englobant construction voie ferrée et système irrigation.
Addax Bioenergy	Suisse	Bail	2010 99 ans	15 500 ha	Canne à sucre	Fabrication éthanol pour marcher européen.
Socfin	Luxembourg	Bail	2011 40 ans	12 000 ha	Palmier à huile	Bail obtenu sur6.475 ha, avec prévision extension à 12 000 ha
Sepahan Afrique	Iran		2007	10 000 ha	Riz, palmier à huile	Accord forcé des propriétaires. (Business Insider)

Nom société	nationalité	Nature contrat	Date et Durée	Superficie	Nature exploitation	Observations
Agri International Consultants Corporation	Royaume-Uni	2 baux	2011	52535 ha	Palmier à huile	Société –écran, possède 95% de West Africa Agriculture Ltd (WAA) de Sierra Leone.
Aristeus Agriculture Ltd	Royaume-Uni	bail	2010	33 489 ha	Palmier à huile	
Aristeus Palm Oil Ltd	Maurice	bail	2011	47 567 ha	Palmier à huile	Société-écran
Siva Group	Singapour	Acquisition à travers rachat sociétés.	2011	203 000 ha	Palmier à huile	Domaine foncier constitué à partir des acquisitions des sociétés existantes.
West Africa Agriculture Number 2 Ltd	UK	bail	2012	30 700 ha	Palmier à huile.	Joint-venture entre un Anglais et un Sierre léonais.

Sources *Grain* : *-le G8 et l'accaparement des terres en Afrique, mars 2013 ; 400 cas d'accaparement des terres dans le monde.*

- *Rapport Grain septembre 2014*
-

- *Palmier à huile en Afrique, le passé, le présent et la future par Ricardo Carrere, Mouvement mondial pour la Forêt Tropicale, décembre 2010, actualisé en août 2013 :*

Plusieurs sociétés étrangères possèdent des domaines fonciers en Sierra Leone, pays qui exercerait ainsi une grande attractivité sur les investisseurs. Cette attractivité serait due en grande partie au fait que la législation foncière sierra léonaise laisse la latitude aux communautés coutumières de transiger en matière foncière avec des étrangers sans intrusion du gouvernement central.

Les plus importants sont en termes de superficie occupée :

- Long Van 28 Company, société vietnamienne qui a acquis 200 000 ha en 2011 pour la culture du riz.
- Whitestone Charles Anderson, société financière britannique a obtenu en 2010 un bail provisoire sur 112 000 ha dans le district de Koinadugu, ces terres pouvant par la suite être sous-louées.
- Biopalm Energy, société indienne de l'agrobusiness a obtenu un bail sur 80 000 ha pour la production de l'huile de palme à exporter en Inde.
- Quifel Natural Ressources, du Portugal, spécialisée aussi dans le domaine de l'énergie qui a obtenu trois beaux de 49 ans couvrant 126 000 ha dans les chefferies de Kowa, Loko Massamaet Masimera.
- Agriterra du Royaume-Uni a obtenu un bail de 50ans avec possibilité de le renouveler pour 21ans sur 45 000 ha de terre dans le district de Pujehun pour la culture de palmier à huile.
- Une autre société britannique, Caparo Group a obtenu un bail de 45 ans renouvelables sur une parcelle de 43000 ha dans le district de port Loko pour des plantations de palmier à huile.

D'autres sociétés originaires de Suisse, Maurice, Malaisie, Iran, Allemagne, France, etc. ont de petites superficies qui vont de1250 ha à 15000 ha.

Le palmier à huile est la culture de prédilection de toutes ces sociétés.

26- L'Angola.

Tableau 27: Données disponibles des accords sur les terres

Nom Société	Nationalité	Nature contrat	Date et durée	Superficie	Nature exploitation	Observations
Eurico Ferreira	Portugal	Bail	2008	30 000 ha	Canne à sucre	
Lonrho	Royaume-Uni	Bail	2009 50 ans	25 000 ha	Riz	
Quifel Natural Ressources	Portugal	Concession		10 000ha	Oléagineux	Extension prévue à 40 000 ha
ENI	Italie	Attribution	2011	12 000 ha	Palmier à huile.	Collaboration entre Eni et Sonangol.
AfriAgro	Portugal	Bail		5000 ha	Palmier à huile	Extension à 20 000 ha
Camc Engineering CO.Ltd	Chine	Concession	2011	1500 ha	Riz	

Les terres angolaises semblent moins convoitées et les quelques investisseurs qui s'y sont installés jusqu'ici se contentent de petites superficies.

Le groupe portugais Atlântica par sa filiale Afric Agroa a obtenu un bail de 50 ans sur 5000 hectares avec possibilité d'extension jusqu'à 20.000 hectares pour la production du biodiesel.

Il en est de même du groupe italien Eni qui en association avec la société brésilienne Pétrobras a passé un accord avec le gouvernement pour obtenir des terres aux fins des plantations de palmier à huile toujours pour la production de biodiesel.[121] C'est à se demander à quel jeu le gouvernement de l'Angola, premier producteur africain du pétrole se livre en participant si activement à la production d'un produit concurrent de celui qui constitue le poumon de son économie nonobstant tous les impacts négatifs de cette nouvelle production sur les populations et l'environnement.

La superficie la plus grande exploitée par des étrangers, de 30 000 ha est celle de la société portugaise Eurico Ferrera spécialisée dans l'énergie et les télécommunications. Cette superficie est destinée à la culture de la canne à sucre

[121]WRM (world rainforest movement), Bulletin 158 septembre 2010.

Camce engineering Co.Ltd, filiale de la China national Machinery Industry corporation a acquis en 2011 une parcelle de 1500 ha à Longa pour une exploitation pilote de production du riz.

Une concession de 10 000 ha a été attribuée à une autre société portugaise Quifel Natural ressouces pour la production des oléagineux. Une superficie supplémentaire de 30 000 ha attendrait l'accord du gouvernement.

Lonrho, l'une des vieilles grandes sociétés étrangères en Afrique, reconvertie dans l'agrobusiness, a obtenu en 2009 un bail de 50 ans sur 25000 ha de terrain agricole en Angola pour l'horticulture.

27- Le Bénin

Tableau 28: données disponibles des accords sur les terres

Nom Société	Nationalité	Nature contrat	Date et durée	Superficie	Nature exploitation	Observations
Green Waves	Italie			200 000 ha	Jatropha	
Chinese investment group	Chine			600 ha	Mais, fruits	
Betexco	Nigeria			1500 ha	Manioc	
Group d'investissement	Libye			2000 ha		
Agritech		Bail	50 ans	32000 ha	Jatropja,riz	Joint-venture J Oil de Singapore,Benin, Togo et Burkina Faso.
Green Waves	Italie			200 000 ha	Jatropha	

Source : *Synergie Paysanne.*

Les terres du Bénin ne semblent pas encore exercer un grand attrait sur les investisseurs étrangers. Cependant la société italienne Green Waves a jusqu'ici obtenu l'autorisation pour exploiter 250 000 ha à Ouessé pour produire de l'éthanol. Deux sociétés, la Chinese Investment Group et Complant contrôlent respectivement 10000 ha pour la production d'huile de palme et 4800 ha pour la culture du manioc et de la canne à sucre. Agritech. un joint-venture entre J Oil, société Singapourienne, le Benin, le Burkina Faso et le Togo a obtenu un bail de 50 ans pour la culture de jatropha et du riz. Le Nigeria et la

Libye ont obtenu respectivement 1500 et 2000 ha pour la production du manioc en ce qui concerne le premier. Les Saoudiens, les ressortissants des Emirats Arabes Unis et les Libanais figurent parmi ceux qui convoitent les terres béninoises dont seuls 21% des potentialités sont utilisés.[122]

28- Le Togo

Tableau 29: données disponibles des accords sur les terres

Nom Société	Nationalité	Nature contrat	Date et Durée	Superficie	Nature exploitation	Observations
Piza Impex		Achat 5000 ha		30000 ha	Jatropha	5000 ha achetés, 25000 ha négociés avec les villageois
Green Leaf Global PLC	Américain			40 500 ha	Jatropha	Production biocarburant.
Organisation pour production biocarburant (OPBC)	Togo			30 000 ha	Jatropha	
S.E.R.T.	Togo			30 000 ha	Canne à sucre	Société énergie renouvelable Togo

Source : *Thème de réflexion de la 11*

Eme AGO d'INADES-Formation Togo, Avril 2011

La situation foncière est relativement calme dans ce pays de l'Afrique de l'ouest comparativement à ces voisins. En dehors de quelques tentatives d'accaparement telle que celle de 4090 hectares dans le canton de Tové, à Yotokopé, village de 4000 habitants situé dans la préfecture de Yoto au Sud-Togo, où les populations en 2008 ont chassé un étranger qui prétendait avoir acquis ce domaine, les terres togolaises semblent actuellement assez bien protégées ou pas très convoitées. Les populations sont par ailleurs très sensibilisées

[122]Dr. Lionel Gbaguidi, Agrivet Partners, Cotonou (Bénin):Achat/accaparement des terres en Afrique: Opportunités ou menaces ? Cas du Bénin en Afrique de l'Ouest. Mai 2010. www.fondation-farm.org/IMG/pdf/foncier_**benin**.pdf

pour s'opposer au phénomène grâce aux actions des ONG comme Inades-Formation Togo à travers la Copagen (Coalition pour la Protection du Patrimoine Génétique Africain) ; cette coalition a sorti une déclaration intitulée *« touche pas à ma terre, c'est ma vie »* lors de son forum régional tenu à Ouagadougou, au Burkina Faso, du 22 au 25 décembre 2009.[123]

Il importe cependant de noter que ces derniers temps, dans beaucoup de pays africains, la tendance des nationaux à l'accaparement est plus marquée que celle des étrangers. Ainsi à côté de quelques grandes plantations détenues par des étrangers, des fonctionnaires, hommes politiques et hommes d'affaires s'approprient individuellement, souvent à des fins spéculatives, des parcelles dont les superficies vont de 132 à 500 ha.[124]

En général, la monoculture constitue la pratique la plus prisée par les investisseurs. Certaines des cultures ainsi pratiquées sont nocives pour l'environnement ; tel est le cas de l'eucalyptus dont les racines assèchent les nappes phréatiques. Il en est de même de la culture du palmier à huile qui pratiquée à l'échelle industrielle a des impacts négatifs aussi bien économiques, sociaux qu'environnementaux tels que la destruction de l'économie villageoise, l'insécurité alimentaire, le déboisement, l'érosion du sol, etc.

Le tableau ci-dessous illustre l'ampleur de la monoculture du palmier à huile en Afrique.

123:EdemGadegbeku, AfriSCOOP, 30 mai 2011

124 AgricFarm : Face à l'accaparement des terres. Eta des lieux au Togo, thème de réflexion de la 11è AGo d'Inades-Formation Togo, Avril 2011.

Tableau 30: Superficies accaparées par les grandes firmes pour la culture du palmier à huile en Afrique.

Pays	Superficie
Angola	17 000
Benin	410 000
Burundi	882 283
Cameroun	76 500
Republique du Congo	604 280
Congo démocratique	140 600
Cote D'Ivoire	230 600
Gabon	315612
Guinée Conakry	15000
Guinée Equatoriale	7000
Ghana	27521
Libéria	735587
Madagascar	69100
Mozambique	40 000
Nigéria	174 000
Ouganda	30 000
République Centrafricaine	8701
Sao Tomé et Principe	5000
Sénégal	
Sierre Leone	249000
Tanzanie	151 000
Togo	2000

Sources : *Palmier à huile en Afrique : le passé, le présent et le futur. Ricardo Carrere, Fonds mondial pour les forêts tropicales. Décembre 2010, actualisé en Aout 2013.*

Il ressort de ce tableau qu'environ 6,8 millions d'hectares de terres sont exclusivement réservés à la culture industrielle du palmier à huile, compte non tenu des cas du Sénégal, de la Gambie et de la Guinée Bissau pour lesquels nous n'avons pas pu obtenir des informations.

L'engouement des pays et investisseurs occidentaux et asiatiques pour les terres africaines fait penser à une nouvelle colonisation de ce continent qui serait en train de se réaliser en douceur. Sous le prétexte d'accélérer le développement des pays africains, ces « bienfaiteurs » avec la complicité des élites gouvernantes procèdent à des acquisitions massives des terres, dépouillant ainsi des milliers des paysans de leur seul moyen de subsistance, accélérant par là même la paupérisation en lieu et place du développement. L'archétype de ces manœuvres pernicieuses est incarné par le Millenium Challenge Corporation américain. Cet organisme qui sous le prétexte flatteur d'aider les pays africains à mieux rationaliser leurs administrations foncières prépare en fait le terrain pour permettre aux multinationales de prendre possession de leurs terres en toute sécurité. Le Millenium Challenge Corporation a tout de même eu la pudeur de cacher son jeu sous un vernis des intentions louables. D'autres institutions par ailleurs très appréciées pour leurs interventions dans la lutte contre la pauvreté dans le monde, prises entre le marteau et l'enclume des lobbies d'investisseurs dans l'agro-industrie et les paysans protestant contre l'envahissement de leurs terres, ont cherché à revêtir les accaparements des terres d'un manteau fait des principes moraux.

Dans ce cadre, la Société Financière Internationale (SFI) de la Banque Mondiale avec d'autres institutions bancaires ont, dès 2003 adopté un code de bonnes pratiques à l'attention des investisseurs qui sollicitent leur financement : ce code recommande à ces investisseurs la responsabilité sociale et environnementale dans leurs réalisations. Il comporte de notions aussi vagues que : *« la politique de durabilité environnementale et sociale », « une politique d'accès à l'information » « la transparence et une bonne gouvernance »*,[125] etc. Ce code règle uniquement les relations entre banques et leurs clients et non celles entre investisseurs et pays où sont réalisés les investissements.

La crise alimentaire de 2008 et la grogne contre les agro-industries poussent les diverses institutions de financement du développement à rechercher rapidement un compromis entre les besoins en alimentation de la planète, le respect des droits fonciers des paysans et la sauvegarde de l'environnement.

Ainsi du 18 au 20 avril 2009 la Banque Mondiale organise dans son siège à Washington D.C. un grand rassemblement regroupant quelque 200 opérateurs dans l'agro-industrie, des représentants des gouvernements des pays intéressés par le phénomène pour débattre des voies et moyens pour rendre l'accaparement des terres à grande

[125] Etat des lieux des cadres normatifs et des directives volontaires concernant le foncier, Octobre 2014, Comité technique. Foncier & development. Cooperation française.

échelle plus « responsable »[126] Au même moment au siège de la FAO à Rome, le Comité pour la Sécurité Alimentaire Mondiale (CSA) entame une large consultation pour réguler les transactions foncières à grande échelle sous la pression des organisations sociales qui appellent à l'arrêt du phénomène et au démantèlement des contrats déjà conclus. La résistance de ces mouvements de défense de l'agriculture paysanne contre l'accaparement des terres fait redouter une explosion généralisée à l'instar de celle de 2008 due à la crise alimentaire.

Pour conjurer ce risque, la Banque Mondiale, le Japon, le G8 et d'autres organisations liées au système des Nations Unies inventent le concept des *« Investissements Agricoles Responsables »(IAR*) qui énonce sept principes à respecter lors des négociations pour l'acquisition des terres, principes aussi vagues que les respect de droit de propriété, de la sécurité alimentaire, la transparence et la bonne gouvernance, la nécessité de la consultation des populations affectées par les transactions foncières, la viabilité des projets agro-industriels prévus, leurs impacts sur les populations et sur l'environnement.

Ces principes n'ont jamais été présentés aux organes dirigeants des institutions initiatrices pour leur approbation et leur respect ne s'impose nullement aux investisseurs.

Leur publication déclencha des vives réactions des réseaux des organisations paysannes qui trouvèrent ce document inacceptable, le qualifiant d'une tentative de légitimation des accaparements des terres synonymes de destruction de la paysannerie dans un futur proche[127]

Le CSA fait adopter à la même époque(Mai 2012) quatre Directives Volontaires pour une Gouvernance Responsable des Régimes Fonciers que devraient suivre les acquéreurs des terres à grande échelle afin de protéger les droits des femmes, des populations autochtones et des pauvres.

---

[126]It's times to outlaw land grabbing, not to make it "responsible declaration faite le 17 Avril 2011 par les organizations de defense de agriculture paysanne[126]It's times to outlaw land grabbing, not to make it "responsible!

[127]"Stop land grabbing now! say No to the principles on responsible agro-enterprise investment promoted by World Bank", available on line at http://www.landaction.org/spip/spip.php?article553

L'application de ces directives est facultative car elles ne remettent pas en cause les obligations des Etats au niveau international et constituent un « instrument juridique non contraignant. »[128]

Toutes ces initiatives ne règlent pas le problème fondamental qui est la protection de l'agriculture paysanne contre les méfaits des plantations industrielles accapareuses de grandes étendues des terres. Les critiques sont acerbes et ne proviennent pas uniquement des mouvements sociaux, Olivier de Shutter, rapporteur des Nations-Unies sur le droit à l'alimentation souligne en juin 2010 qu'il était *« regrettable que, au lieu de relever le défi d'une agriculture durable d'un point de vue social et environnemental, nous agissions comme s'il était possible d'accélérer la destruction des paysans de la planète de manière responsable »*[129]

Les Etats-Unis, ses alliés du G8 et l'Union Européenne ne sont nullement découragés par ces protestations ; ils constituent une nouvelle organisation dénommée la ***Nouvelle Alliance pour la Sécurité alimentaire***. Dans le cadre de cette nouvelle organisation, ils signent avec 6 pays [130] africains un « cadre de coopération »qui oblige chacun de ces pays à s'ouvrir à l'agriculture industrielle en accordant des facilités pour l'accès aux ressources foncières aux sociétés étrangères. Ces sociétés sont en majorité spécialisées dans la riziculture et leurs objectifs immédiats sont d'identifier, négocier, et acquérir des terres dans les régions agricoles. En échange, les pays d'accueils ont la promesse de recevoir des millions de dollars « d'aides humanitaires » et peuvent compter sur les grands investissements à réaliser par les huit sociétés signataires des accords.[131]

[128]Directives volontaires pour la gouvernance foncière. D'un coup d'œil. FAO, Rome, 2012.

[129] : http//www.project-syndicate.org/commentary/responsibility-destroying-the-world-s-peasentry/French.

[130] : Rapport Grain, mars 2013 : ces pays sont la Côte D'Ivoire, le Burkina Faso, Ethiopie, le Ghana, la Tanzanie et le Mozambique.

[131] : Rapport Grain, mars 2013 : Olam(Singapour), Louis Dreyfus (France/Cote D'Ivoire/Liban), Groupe Mimran (France), Cevital (Algérie), Goupe CIC (Suisse), Export Trading Group (Singapour), Novel Group (Suisse), Sud Industries SA (Cote D'Ivoire).

Dans ces accords, aucune allusion n'est faite en ce qui concerne la protection des droits des paysans et des éleveurs africains dont les terres sont confisquées sans contrepartie.

L'engagement de ces multinationales à suivre les principes pour un investissement agricole responsable (PRAI) et les Directives volontaires dans leurs démarches n'est qu'un effet de mode, elles continuent dans la pratique à faire fi des intérêts de la paysannerie. Cette dernière ne se décourage pas et avec l'aide d'autres organisations paysannes, se défend à travers des pétitions et des actions sur sites.

Sous l'égide de la Via Campesina[132] et de la Coordination des Organisations paysannes du Mali, la conférence internationale « STOP A L'ACCAPAREMENT DES TERRES » réunit à Nyéleni (Mali) du 17 au 19 novembre 2011 les délégués des agriculteurs, des pasteurs, des peuples autochtones et leurs alliés venus des cinq continents. Les résolutions issues de cette assise sont une déclaration de guerre contre toute activité qui consomme de grandes superficies de terre aux dépens de l'agriculture paysanne.

Face à cette montée des extrêmes, un consensus entre les Etats, les investisseurs, les organisations paysannes et de la société civile devient un impératif : des nouvelles initiatives sont dès lors nécessaires.

La grande Bretagne et l'Allemagne proposent au cours de la réunion du G8 en juin 2013 que les pays et sociétés engagées dans les transactions foncières à grande échelle s'engagent à dévoiler un minimum d'informations sur leurs acquisitions (statut juridique des investisseurs, destination des terres, mode d'acquisition, compensation, etc.)

Le Comité pour la Sécurité Alimentaire (CSA) de la FAO met en place un groupe de travail en octobre 2012 pour élaborer des *« Principes pour un Investissement Responsable dans l'Agriculture et les systèmes Alimentaires ».*Ces principes tendent à dégager un consensus entre les Etats et les organisations de la société civile autour des investissements dans l'agriculture qui occasionnent les accaparements des terres. Un document élaboré à l'issue de larges

---

132 : Via Campesina est un mouvement paysan international qui regroupe 150 organisation locales et nationales dans 70 pays. Son siège est à New Dheli en Inde.

consultations des gouvernements, des agences des Nations Unies, des organisations non gouvernementales, des instituts de recherches, etc. a été adopté en octobre 2014 par la CSA.[133] L'élément essentiel qui différencie ce document de ceux qui l'ont précédé réside dans le fait qu'il affirme que la sécurité alimentaire peut être assurée avec le concours des petits producteurs , donc de l'agriculture familiale. Alors que les Directives volontaires sur la Gouvernance foncière étaient destinées aux gouvernements, les Principes semblent concerner essentiellement les investisseurs. En dépit d'un effort de précision dans le document quant aux facteurs qui rendent un investissement responsable, il n'a aucun caractère contraignant et reste donc d'application facultative et dès lors n'apporte aucune solution au problème de l'accaparement des terres.

Des observations qui précèdent, il ressort à l'évidence que les accaparements des terres sont le fait des forces invincibles et souvent invisibles, les pays qui en sont les victimes doivent- ils se résigner ou faire contre mauvaise fortune grand cœur ?

---

[133]Etat des lieux des cadres normatifs et des directives volontaires concernant le foncier, Octobre 2014,Comité technique. Foncier&développement. Coopération française

Chap.3

Un défi de taille : comment transformer les accaparements des terres en opportunités de développement durable ?

Les statistiques sur le volume des terres "accaparées" soit par voie d'achat ou de bail sont rarement disponibles ; dans la plupart des pays, les gouvernants n'en parlent que de manière pudique et laconique et souvent en réaction aux déclarations des organisations non gouvernementales qui s'inquiètent des conséquences à terme d'un tel phénomène. Les quelques statistiques disponibles divergent et sont fragmentaires quant à l'ampleur du phénomène. Ainsi en 2013, l'Overseas Development Institute, un think tank basé à Londres dont la mission est de promouvoir une politique de lutte contre la pauvreté dans les pays en voie de développement relève les divergences ci-dessous[134] :

- Pour la International Food Policy Research Institute des Etats-Unis (IFPRI), 15 à 20 millions d'hectares ont été accaparés depuis 2009.
- Portal's Land Matrix : en 2013 on a décomptait au total 49 millions d'hectares qui avaient fait l'objet de transactions dont 26 millions de transnationales.
- La Banque Mondiale quant à elle dénombrait 57 millions d'hectares au total.
- Friis & Reenbery parlait en 2012 de 51 à 63 millions d'hectares en Afrique seulement.
- Grain Data Base toujours en 2012 parlait de 25 millions d'hectares dans les pays en développement.

Les données sur la valeur des transactions sont aussi rares , les quelques indications sur l'Afrique qu'on a montrent des prix de location à l'hectare par année variant de 1 dollar à 8 dollars US ; les

---

[134] :Wikipedia : Land Grabbing.

prix de cession se situant entre 800 et 1000§ US à l' hectare. Ces prix extrêmement bas expliquent en grande partie l'engouement des investisseurs pour les terres africaines car, en Argentine, aux Etats-Unis, et en Allemagne pour la même superficie, l'investisseur doit débourser respectivement 5000,7000 et 22000§ US.[135]

Les « accapareurs » étrangers, arrivent sans doute avec l'intention de se conformer : aux lois du pays en ce qui concerne les modalités d'indemnisation des paysans qui pourraient être expropriés suite à l'implantation de leurs projets, aux normes environnementales et autres exigences pouvant sécuriser leurs investissements. Mais la tâche leur est facilitée car la législation foncière postcoloniale qui a fait de l'état l'unique interlocuteur dans le processus d'attribution des terres aux nouveaux venus.

Là où le principe d'indemnisation en cas d'expropriation pour cause d'utilité publique a été admis, les barèmes d'indemnisation des cultures et autres investissements arrêtés par les autorités étatiques sont dérisoires et ne reflètent aucune réalité quant à la valeur réelle des biens touchés. Ainsi, en l'absence d'un cadre normatif fiable et contraignant, les fonctionnaires en charge du dossier peuvent facilement succomber aux pressions intéressées des investisseurs qui ne lésinent pas sur les moyens et les raccourcis pour faire aboutir leurs projets à moindre coût.

En effet, l'implantation des agro-industries entraîne des impacts socio-économiques désastreux sur les populations et la biodiversité. Ces impacts sont rarement préalablement étudiés et pris en compte lors des négociations qui aboutissent à la conclusion des contrats de bail ou d'achat des terres. Tout se passe dans les secrets des bureaux ou des officines entre les représentants des futurs investisseurs, les intermédiaires occultes et les fonctionnaires en toute méconnaissance des réalités du terrain. C'est ainsi que des terres supposées nues et libres de toute occupation se révèlent par la suite, abriter des villages, des exploitations agricoles ou des réserves et parcs nationaux.

Le cas de la société Heraclès au Cameroun illustre bien le genre de dérives qu'une décision bureaucratique peut entraîner.

---

[135] :Sources : Emergent Asset Management, cité par Lionel Gbaguidi, Accaparement des terres en Afrique, Evolution et situation actuelle, Fondation Partager le Savoir, Lisbone,16 Mai 2014.

Après avoir obtenu un accord de principe pour l'attribution de 80 000 ha dans la Région du Sud-ouest pour la culture du palmier à huile, suite à des protestations et oppositions des populations concernées soutenues par des Organisations Non Gouvernementales, Cette superficie a été réduite à 20 000 ha pour épargner les villages et les réserves contenues dans le périmètre du projet original.

L'explosion démographique, les guerres accompagnées de déplacements massifs des populations, le terrorisme constituent à l'évidence des facteurs qui fragilisent en permanence la sécurité alimentaire mondiale. Présentée par les investisseurs et autres organisations de financement de développement comme la panacée contre la famine qui menacerait le monde, l'agriculture industrielle consomme de grandes superficies de terre, appauvrit les sols en ressources hydrauliques, détruit l'équilibre de la biodiversité. Elle est dès lors perçue par les organisations de défense des droits des paysans comme l'arme de destruction massive de l'agriculture familiale et le vecteur d'appauvrissement des pays en développement à travers l'accaparement de leurs terres par des groupes financiers des pays riches.

En effet, les partisans de l'agriculture industrielle vantent ses vertus telles que : la création des emplois agricoles et industriels, la réduction de l'exode rurale, la construction des infrastructures ; à l'observation, tout n'est pas si idyllique ; certains méfaits sont palpables dans l'environnement comme indiqué dans les paragraphes précédents. Quand bien même quelques emplois sont créés pour les agriculteurs locaux, ils sont essentiellement précaires et en nombre très réduit comparé à l'agriculture familiale. Une étude de la Banque Mondiale en 2010 a ainsi montré qu'en Ethiopie, un hectare d'agriculture industrielle créait 0.005 emplois et une autre réalisée par Oakland Institute en 2012 à Madagascar conclut à 0,006 emploi par hectare contre 1,25 petite exploitation familiale/hectare avant le projet[136].

Les observations qui précèdent mettent en présence deux forces poursuivant le même but mais dont les voies et moyens pour y parvenir divergent.

---

136 :, cité par Lionel Gbaguidi, Accaparement des terres en Afrique, Evolution et situation actuelle, Fondation Partager le Savoir, Lisbone,16 Mai

D'un côté des puissances financières et politiques messianiques qui se sont imposées le devoir de « 'sauver ' » le monde en le mettant à l'abri des aléas des pénuries alimentaires et énergétiques à travers une agriculture industrielle

De l'autre, l'ensemble de la paysannerie qui de par les cinq continents, à travers les organisations de défense de l'agriculture familiale s'opposent à la visée hégémonique des agro-industries sur les terres et au modèle économique qu'elles prônent parce que ce modèle en appauvrissant les gens détruit à la fois l'homme et la nature.

Concilier ces deux visions antagoniques me semble un impératif pour éloigner le spectre de la famine dans le monde sans entraver l'essor des pays les moins avancés tout en préservant la biodiversité.

Partout dans le monde, les grandes entreprises industrielles ou commerciales coexistent bien à côté d'autres de petite et moyenne taille, pourquoi n'en serait- il pas de même quant aux plantations industrielles et les exploitations familiales ?

L'objectif primordial de tout investisseur est le retour sur l'investissement dans un délai raisonnable ; pour cela, il a besoin d'un environnement accueillant et sécurisé.

Le paysan est attaché à son domaine par des liens affectifs ancestraux et n'entend pas voir son mode d'existence bouleversé malgré lui par une intrusion étrangère non acceptée.

Des réformes judicieuses des législations foncières, des règles d'établissement et de fonctionnement des plantations industrielles sont les seules voies sûres pour pacifier les relations entre les acteurs du monde rural.

Ainsi, les promoteurs de grandes exploitations pourront tirer tous les bénéfices de leurs investissements en même temps que les populations riveraines actuelles verront leur condition de vie s'améliorer grâce aux retombées des investissements qui ne compromettent pas leurs activités actuelles et à venir, et ne polluent pas l'environnement.

La condition essentielle pour y arriver est de dépouiller la procédure d'acquisition des terres de ses tares originelles constituées par : l'opacité, l'exclusion des populations des zones concernées des négociations, les promesses non tenues, le non-respect des droits des peuples autochtones et des règles d'indemnisation inéquitables.

La création des infrastructures sociales telles que les écoles, les structures sanitaires, les voies de communication ne devra plus servir simplement d'effet d'annonce comme cela est souvent le cas, mais devra être un engagement aboutissant à des réalisations palpables avec une maintenance assurée en permanence. Ces infrastructures ne devront pas par ailleurs remplacer les indemnisations des droits individuels spoliés.

Des mesures incitatives telles que la participation (en nature)[137] des populations dans le capital social, l'intégration d'un quota bien défini des cadres locaux dans les instances dirigeantes des nouvelles sociétés devront être des données contractuelles entre le pays d'accueil et l'investisseur.

Les cultures des produits de consommation locale devront coexister dans ces unités avec les cultures de rente sauf cas d'incompatibilité prouvée.

Un encadrement juridique et technique adéquat assuré par l'unité agro-industrielle mettra la paysannerie locale avoisinante à l'abri des nuisances dues à la proximité avec la plantation industrielle.

Pour éviter le désespoir des générations montantes, les baux de durée moyenne (20 à 50 ans) devront être préférés à ceux de longue durée (50 à99 ans) et aux ventes.

L'extension de grandes exploitations doit obéir à des conditions très strictes quant à son opportunité et sa rentabilité sociale : en effet on assiste à des extensions des plantations industrielles qui expulsent des populations locales riveraines alors même que les superficies déjà en leur possession ne sont pas entièrement exploitées.

L'extension par « délocalisation »dans des zones inoccupées des activités d'une grande exploitation doit être préférée à une extension de proximité qui entraîne l'expulsion de la paysannerie voisine car, le déplacement des populations de leurs zones naturelles pour une réinstallation ailleurs est socialement plus couteux.

---

[137] : une superficie sur l'ensemble du terrain donné en bail pourra servir comme apport des population dans le capital de la société.

La préférence nationale devra être de règle : la production devra satisfaire la demande intérieure avant l'exportation.

En effet la recherche effrénée de profits pousse les grandes plantations à exporter leur production alors qu'il y'a une pénurie sur le marché local. Il est d'ailleurs préférable que la convention d'établissement précise le quota de production destinée à la consommation intérieure pour éviter que des savonneries locales périodiquement ralentissent leurs activités à cause de la pénurie d'huile de palme alors que les grandes plantations de palmier à huile du pays commercialisent leur production sur le marché extérieur par exemple. Il en est de même pour le riz dont la plupart des pays africains pourtant producteurs sont obligés de consacrer d'importants montants devises à l'importation pour leur consommation intérieure.

Les plantations industrielles étant essentiellement spécialisées dans la monoculture, une des clauses des contrats de bail qui leur sont faits devrait consister à leur faire obligation d'accompagner l'agriculture familiale environnante par la fourniture des intrants à des conditions douces aux paysans, pasteurs et pêcheurs en plus des autres infrastructures sociales.

L'accueil des investisseurs dans les agro-industries dans un pays doit procéder d'une planification du développement, d'une vision politique et non d'une improvisation opportuniste.

Pour négocier en position de force face aux investisseurs, le pays d'accueil doit s'appuyer sur les spécifications d'un cahier de charges préalable qui s'impose à tout investisseur dans le secteur, les négociations portant dès lors uniquement sur les modalités d'application des clauses y contenues.

Par ailleurs les populations touchées par l'opération doivent être associées aux négociations à travers les organisations paysannes qui appréhendent mieux que les gouvernants les problèmes de ces populations.

L'implantation des grandes plantations ne devrait en principe pas provoquer le déplacement des populations, le gouvernement du pays d'accueil ayant au préalable pris soin de choisir des zones inexploitées et inhabitées.

Ainsi, eu égard au contexte actuel de la mondialisation de l'économie, à la disponibilité des terres arables non exploitées dans certains pays en voie de développement, et compte tenu de leurs besoins en infrastructures sociales, le phénomène d'accaparement de terre, considéré aujourd'hui comme un fléau pour les pays pauvres qui en supportent les effets pervers peut devenir une opportunité pour ces derniers à condition que les contrats d'établissement respectent les directives ci-dessus énoncées.

Dans une étude datée de 2009, l'International Food Policy Research Institute (IFPRI) indique les conditions d'une politique d'investissement agricole à grande échelle gagnant-gagnant pour l'investisseur et le pays d'accueil.[138] Ces pré requis sont :

- la transparence dans le processus des négociations auxquelles doivent être associées tous les détenteurs des droits ; la société civile et les médias assurant une large information du public.
- Le respect des droits fonciers existants y compris les droits fonciers coutumiers. Ce qui suppose une compensation équitable et la réinstallation en cas d'éviction inévitable.
- Le partage des profits entre l'investisseur et les populations locales. Ainsi le maintien des paysans locaux sur place avec un contrat de livraison de leurs productions à l'investisseur est de loin préférable à l'éviction. Dans ce cas les règles d'applications doivent être bien explicitées dès le départ.
- Des mesures d'atténuation d'impacts négatifs sur l'environnement, le sol, la biodiversité, doivent être prises pour assurer une exploitation saine et durable.
- De même qu'il existe un code d'éthique qui proscrit la corruption dans le commerce international dans certains pays, un code pour les investissements agricoles à grande échelle par une compagnie étrangère au pays devrait régenter ce phénomène aussi bien dans le pays d'accueil que dans celui d'origine de l'investisseur.

L'une des fréquentes angoisses lorsqu'on parle de l'accaparement des terres est le sort des générations futures qui risquent de devenir des « sans terre » dans leurs pays parce que tous les espaces exploitables auront déjà été occupés, pareille préoccupation ne date pas d'aujourd'hui, les terrains communautaires et le système des

[138] Joachim Von Braun and Ruth Meinzen-Dick: Land Grabbing by Foreign Investors in Developing Countries : Risks and Opportunities, IFPRI Policy Brief 13.April 2009.

jachères ont longtemps été des solutions efficaces lorsque chaque peuple vivait à l'intérieur de ses frontières, les guerres servant d'exutoire en cas de trop-plein.

Les investissements agricoles à grande échelle d'aujourd'hui constituent-ils des nouvelles guerres de conquête à crochet moucheté ?

Une vieille recette héritée du passé permet d'atténuer l'angoisse pour l'avenir : la constitution des réserves foncières : il s'agit des espaces délimités sur lesquels les activités sont interdites pendant une longue période ou sur lesquels seules les activités saisonnières sont autorisées sans possibilité d'appropriation privée.

Ces réserves pourront à un moment venir à la rescousse des dirigeants pour résoudre les problèmes des générations montantes

La régulation encadrant l'accaparement des terres n'est pas conçue pour s'appliquer uniquement aux investisseurs étrangers, elle devra s'imposer à tous sans exception car les conséquences néfastes d'une appropriation non contrôlée des terres sont identiques quel que soit son auteur.

Chap. 4 :

Des exemples de gestion interrogative des espaces communautaires

Nous décrivons succinctement ci-dessous quelques opérations foncières dont nous pensons avoir une portée pédagogique pour une gestion durable des terres.

Au Cameroun, le premier exemple illustratif de cette préoccupation concerne la vallée du fleuve Noun au Cameroun dans sa partie située dans le village Bandjoun au lieu dit Jioné dans la Région de l'ouest. Cette vallée très fertile était administrée par l'autorité traditionnelle en l'occurrence le chef du village. Ce dernier déléguait son pouvoir à des gardiens des sites qui distribuaient les parcelles à toutes les femmes qui venaient des villages environnants et même lointains pour y pratiquer des cultures vivrières saisonnières. Une fois la récolte faite, la paysanne pouvait revenir recommencer à la prochaine saison, sinon il était toujours loisible au « gardien » d'affecter la parcelle à une autre personne. Ainsi des générations en générations cette zone d'exploitation communautaire constituait le poumon nourricier d'une grande partie de la population de la région et le surplus de production était commercialisé dans d'autres régions.

Cet espace est aujourd'hui une palmeraie appartenant à une seule personne.

D'autres exemples de cette pratique d'accaparement par des nationaux d'espaces communautaires concernent les régions du nord, de l'Extrême Nord et de l'Adamaoua ainsi que du Nord-Ouest où des ranchs privés ont été constitués sur des espaces de pâturage communautaire. Ces occupations restreignent ainsi les espaces destinés à l'élevage et créent par la même occasion un environnement propice aux conflits agropastoraux.

Pour réguler l'exode rural, combattre le chômage des jeunes et lutter contre la pauvreté, la Société de Développement du Nkam (SODENKAM), fut chargé par le gouvernement du Cameroun dans les premières années de son indépendance d'initier des lotissements agricoles dans le département du Nkam à Yabassi.

Dénommée « 'Opération Yabassi-Bafang' » et lancée en janvier 1966, cette opération de colonisation agricole installa des jeunes pionniers sur des terres enclavées et en friches à Nkondjock dans le Département du Nkam. Chacun des pionniers était attributaire d'une parcelle de cinq hectares destinée à l'agriculture.

En 1971, on dénombrait 2500 habitants répartis dans les 14 villages pionniers d'une superficie totale de 14350 hectares.[139]Le statut foncier de ces terres relevait de ce qui à l'époque s'appelait Patrimoine collectif National.[140]

L'opération Yabassi-Bafang, motivée par ailleurs par la situation sécuritaire [141]de l'époque a permis de désenclaver quelque peu le Département du Nkam avec la construction par le Génie militaire de la route reliant Nkongdjok à Bafang longue de 85km, de redynamiser la vie économique et sociale dans les agglomérations concernées et celles avoisinantes. Ces terres ont ainsi été soustraites du moins momentanément aux appétits des ogres accapareurs.

Au mali, l'Office du Niger créé par les Français pendant la colonisation pour la production du coton est aujourd'hui, après plusieurs restructurations, un établissement public à caractère industriel et commercial dont les missions essentielles sont la gestion des eaux, la gérance des terres et la maintenance des infrastructures et aménagements dans le bassin irrigué du Niger.

De par son mode de fonctionnement, l'Office du Niger essaye de construire un modèle de coexistence mutuellement bénéfique entre l'agrobusiness et la petite paysannerie. En effet les 100 000 ha aménagés sont consacrés à la culture du riz, le maraîchage, le sucre et

---

[139] : Jean-Claude Barbier, sociologue O.R.S.T.OM : Opérations de développement et Histoire des populations, cas de l'Opération Yabassi-Bafang (Cameroun), cahier O.R.S.T.O.M, série sciences humaines, vol. XVI, nos 1-2,1979 :129-152.

[140] : Cette catégorie comprend toutes les terres à l'exclusion de celles faisant partie du domaine public, du domaine privé de l'Etat et des collectivités publiques, du domaine privé des personnes physiques ou morales et des terres coutumières.

[141] : la région de nkondjock servait de base de repli aux combattants de l'Union des populations du Cameroun (U.P.C.) qui avait déclenché la lutte armée pour réclamer l'indépendance du Cameroun.

l'élevage par 25000 exploitations familiales dont la taille moyenne est de 4 ha.[142]

A côté de ces petites exploitations, d'autres projets d'aménagement sont en cours ; ainsi le programme américain d'aide au développement pour l'Afrique, le Millenium Challenge Account (MCA) finance la mise en culture de 14000 ha de terres irriguées qui seront distribuées en priorité aux populations locales.

Le projet de l'Union économique et monétaire ouest-africaine (UEMOA), projet intégrateur vise à aménager 11000 ha qui seront attribués sous forme de titres fonciers pas seulement aux maliens, mais à tous les ressortissants de l'Union qui en feront la demande.

Les projets cités ci-dessus sont destinés aux exploitations familiales à forte intensité de main-d'œuvre et respectueuses de l'environnement.

A côté de ces exploitations familiales, de vastes plantations destinées aux agro-industries ont été créées et font l'objet de nombreuses critiques.

En effet, plus de 562000 ha ont été attribués à 22 investisseurs ; compte tenu de la taille moyenne de l'exploitation agricole vivrière familiale au Mali (4,7ha), ces attributions concentrées entre les mains de 22 investisseurs pourraient faire vivre 112537 familles agricoles.

Contrairement à une opinion très répandue, ces grands aménagements ne génèrent pas des activités rémunérées à forte intensité de main d'œuvre. Des études de cas ont mis en évidence que des sociétés fortement mécanisées emploient 1 personne pour 100 ha alors que 100ha peuvent soutenir 21 familles soit 105 personnes dans le système de production traditionnel.

---

[142] : Wikipédia.org/Office du Niger.

Conclusion générale

La terre est le bien commun le plus précieux de l'humanité. Sa gestion se doit dès lors d'être des plus rigoureuse car contrairement aux autres biens, elle n'est ni reproductible ni extensible alors que ces usages et le nombre de ses usagers ne cessent de croitre.

Cette masse aux dimensions invariables qu'est la Terre a été, au cours du temps et à travers les péripéties de l'histoire du monde, partagée entre des entités géographiques appelées pays aux limites ''bien définies''.

C'est dès lors à l'intérieur de chacun des pays que la terre est administrée conformément aux règles internes établies.

Dans l'ensemble des pays africains subsahariens, les modes de gestion traditionnelles ont été remplacées par le droit moderne issu de la colonisation, droit qui place généralement tout le patrimoine foncier du pays sous la gestion exclusive de l'Etat. Cette substitution du moderne au coutumier ne va pas sans résistance car la terre étant passée au fil du temps d'un simple moyen de subsistance à un actif économique, les autorités traditionnelles veulent reconquérir leurs prérogatives d'antan. La coexistence quelque peu tumultueuse entre le droit coutumier et le droit moderne explique en partie la vague des réformes foncières dans ces pays qui disposent de grandes étendues de terres non exploitées.

A l'intérieur des pays, on assiste à une compétition rude pour l'accession à la propriété foncière dans les zones urbaines.

Les terres rurales sont restées longtemps sans pression tant qu'elles ont été exploitées ou occupées par les ayants droit coutumiers, mais depuis quelques années, les incursions des élites (fonctionnaires, commerçants, etc.) y provoquent une poussée spéculative qui se traduit par des acquisitions d'importantes superficies de terrain sous le prétexte d'y pratiquer une agriculture moderne.

A la bulle spéculative interne est venue s'ajouter à partir des années 2000, le phénomène d'achat massif des terres par des étrangers pour des investissements dans l'agriculture industrielle et la production des biocarburants. Cette pénétration s'est faite avec la bénédiction des pays d'accueil qui se sont laissés séduire par les avantages (infrastructures sociales, création d'emplois, etc.) que leur miroitaient les plans d'investissements des nouveaux ' « conquérants. »

Avec le temps, la désillusion est grande car les observations sur site de certaines de ces unités ont montré que loin d'être la panacée pour la sécurité alimentaire et grandes pourvoyeuses d'emplois, les plantations industrielles qui sous-tendent les accaparements des terres sont à cause entre autres de leur haut degré de mécanisation, plutôt un vecteur de paupérisation dans les zones où elles sont implantées.

Aucune étude n'a par ailleurs montré que de par leur nature les grandes plantations étaient insusceptibles d'apporter une évolution positive dans leur environnement. Le laxisme des gouvernants des pays d'accueil lors des négociations des conventions d'établissement est seul en cause.

Dès lors des pays peu peuplés disposant des terres agricoles non exploitées devraient pouvoir accueillir les grandes plantations à condition que :

- Le coût du loyer de la terre soit bien négocié en toute transparence.

- La durée du bail ne dépasse pas 50 ans.

- Une veille permanente des conditions d'exploitation soit exercée pour la sauvegarde de l'environnement et de l'écosystème.

Bon ou mauvais, le phénomène d'accaparement des terres est une réalité d'aujourd'hui. Il convient pour préserver l'avenir d'un « jihad » dû celui-là aux frustrations foncières de lui imposer une charte morale qui respecte les droits des peuples des pays d'accueil.

Le lecteur comprendra mieux mon inquiétude et mon vœu après la lecture des réactions ci-dessous de deux participantes à la Conférence internationale ' *« Stop à l'Accaparement des Terres »*tenue à Nyéléni au Mali du 17 au 19 Novembre 2011.

« Ces gens pensent que l'Afrique est un pays d'animaux, que nous ne pensons pas, que nous ne savons rien, ils se trompent, nous sommes des êtres humains, nous savons ce que nous voulons et nous allons nous battre jusqu'à la victoire ».

(Témoignage d'une participante originaire du Zimbabwé)

« C'est la première fois que j'assiste à une conférence comme celle-ci. J'avais mal depuis que j'avais perdu mon bébé il y a trois ans, après avoir été battue par la police parce que je ne voulais pas qu'ils coupent les arbres de karité. J'avais mal, je ne dormais plus. Je repars apaisée, je ne suis plus seule, mon bébé n'est pas perdu pour rien. Je sais maintenant que nous sommes nombreux à souffrir et que nous allons lutter ensemble. »

(Témoignage d'une malienne, victime d'un accaparement de terre)

ANNEXES

ANNEXE 1

ETUDE SUR LES DIFFICULTES DANS LA PROCEDURE D'IMMATRICULATION D'UN TERRAIN

Octobre 2014

Introduction

Adam Smith père fondateur de l'économie classique considère dans son ouvrage « la richesse des nations (1976) » que les facteurs de la production sont constitués du capital, du travail (main-d'œuvre) et de la terre (composante foncière du capital). Pour les physiocrates, la terre était considérée comme le principal facteur créateur de valeur et l'unique source de la croissance économique. Ce courant de pensée bien qu'ancien, reste d'actualité. Chaque activité humaine est pratiquée/localisée sur un site. Les plus grands propriétaires terriens sont les plus nantis. Plusieurs conflits naissent pour le contrôle de la terre. En définitive, la terre est un bien économique nécessaire au développement et a l'épanouissement des communautés humaines. Aussi, dans la société contemporaine, le législateur a mis en place un cadre qui réglemente la possession des terres.

La législation foncière a beaucoup évolué au Cameroun. De l'époque précoloniale où seuls les autochtones avaient la possibilité de devenir propriétaires terriens, à l'arrivée des colons avec l'instauration de nouvelles méthodes d'acquisition de la propriété foncière pour tous. A travers toutes les réformes le système de l'immatriculation reste le mode prépondérant d'accession à la propriété foncière au Cameroun retenu à travers le décret du 25 novembre et l'arrêté du 30 novembre1966. L'immatriculation est définie par le Professeur Alexandre Dieudonné TJOUEN comme « une opération qui consiste à dégager de façon nettement définie les droits individuels de l'emprise communautaire et à les placer sous l'empire du régime du livre foncier dont l'aboutissement est pour les droits immobiliers la délivrance d'un titre foncier [Simplice GOUAMBE]143 .

La procédure d'immatriculation rendue obligatoire en 1974 est aujourd'hui régie par le décret N°2005/481 du 16 décembre 2005 modifiant et complétant certaines dispositions du décret N°76/165 du 25 avril 1976 fixant les conditions d'obtention du titre foncier. La procédure d'immatriculation n'est plus judiciaire : elle est devenue administrative, quasi-gratuite (limitée à des frais minimaux) et est organisée en trois modules :

- ✓ le premier concerne la *transformation des titres et actes existant sur des immeubles non encore immatriculés* en titres fonciers,
- ✓ le second concerne les cessions d'immeubles immatriculés à titre onéreux (ex: ventes) ou gratuit (ex: donations),
- ✓ le dernier concerne la *délivrance de titres fonciers suite à l'occupation ou l'exploitation de terrains du domaine national* (consolidation des situations antérieures à 1974 après constatation de la mise en valeur de ces terrains).

De plus le DSCE[144] accorde une attention particulière à la gestion domaniale. En effet, il est soutenu que dans la perspective de l'émergence du Cameroun, les autorités comptent élaborer une stratégie nationale de gestion du patrimoine immobilier national avec un regard spécifique sur le patrimoine administré ou géré par l'Etat. La finalité est de (i) lever la contrainte foncière pour faciliter le développement des infrastructures de communication, stimuler la création de moyennes et grandes exploitations dans le secteur rural, maîtriser le développement urbain et améliorer le climat des affaires; (ii) rationaliser l'allocation des ressources foncières et améliorer la gouvernance du patrimoine de l'Etat ; (iii) renforcer les capacités des

---

[143]**La procédure d'immatriculation des terrains en droit camerounais selon le décret n° 2005/481 du 16 décembre** (*Simplice GOUAMBE,* Université de Yaoundé II-SOA - DEA droit privé 2006*)*

[144]Document de stratégie pour la croissance et l'emploi (DSCE)

administrations en charge des domaines, des affaires foncières et du patrimoine de l'Etat, etc.

Les moyens d'accompagnement portent entre autres sur la conduite des réformes de l'arsenal juridique et institutionnel régissant les affaires domaniales, foncières et du patrimoine de l'Etat ; la mise en place d'un cadre de concertation entre les différents acteurs pour gérer les anticipations de demande foncière des différents secteurs; la modernisation des instruments de gestion du patrimoine immobilier et du parc automobile de l'Etat ; la simplification et la réduction des délais des procédures d'accès à la propriété foncière et enfin le renforcement des ressources humaines et matérielles.

Malgré toutes ces mesures, subsistent encore de nombreuses tracasseries pour immatriculer un terrain. D'ailleurs les résultats de l'EDS-MICS 2011[145] montrent à ce sujet que 65% des ménages n'ont pas de sécurité de logement (bail, contrat de location ou titre de propriété). La situation étant plus préoccupante en milieu rural (83%) qu'en milieu urbain (45%). C'est dans ce contexte qu'a été réalisée la présente étude.

L'objectif vise à déceler les goulots d'étranglements qui entravent le processus d'immatriculation d'un terrain au Cameroun.

L'approche méthodologique mise en œuvre a consisté à la fois à une fouille documentaire et une interview auprès d'un échantillon de 200 individus disposant d'un terrain immatriculé ou en cours. Toutefois, lors de la collecte, pour des raisons personnelles, certains enquêtés ont eu à interrompre l'entretien avant la fin de l'interview. Cette situation a conduit à ne retenir que 77 fiches exploitables ; effectif acceptable pour mener des analyses et faire des recommandations.

Outre les caractéristiques sociodémographiques des enquêtés, l'étude comprend trois sections :

1. La Phase administrative de l'instruction du dossier d'immatriculation (Arrondissement, département) ;
2. La Phase technique de l'instruction du dossier d'immatriculation ;

---

[145] Enquête démographique et de santé et à Indicateurs multiples (EDS-MICS) réalisée en 2011 par l'Institut National de la Statistique

3. L'instruction du dossier d'immatriculation au niveau du chef-lieu de Région.

Résultats de l'étude

I- Caractéristiques des personnes enquêtées.

L'étude a porté sur 77 personnes, dont 71% de sexe masculin. Selon le statut d'occupation, les personnes propriétaires individuels des terrains immatriculés ou en cours représentent 47%, les propriétaires indivisaires (39%) et les propriétés familiales (14%).

Tableau 1 : Répartition des personnes enquêtées selon le statut

Statut	Sexe du répondant		Total
	Masculin	Féminin	
Propriétaire (individuel)	28	8	36
Copropriétaire (indivisaire)	21	9	30
Membre de la famille (propriété familiale)	6	5	11
Ensemble	**55**	**22**	**77**

De manière générale, plus de la moitié (62%) des personnes enquêtées a au moins le niveau du secondaire. Ces personnes exercent leurs activités dans le secteur agricole (35%), dans le commerce (18%), dans le transport (10%) ou dans l'enseignement (9%).

x	Graphique2 : Répartition des personnes enquêtées selon la profession
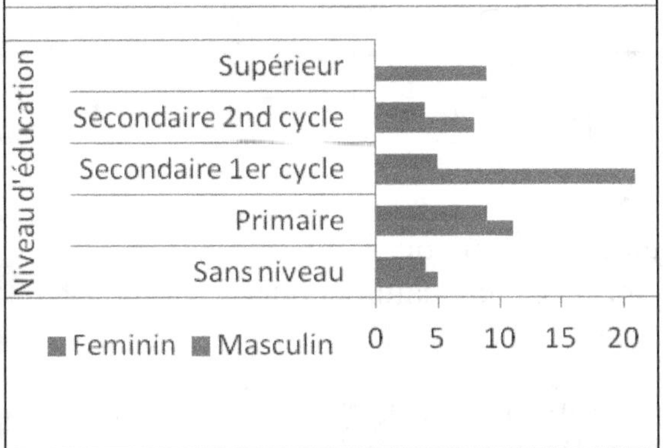	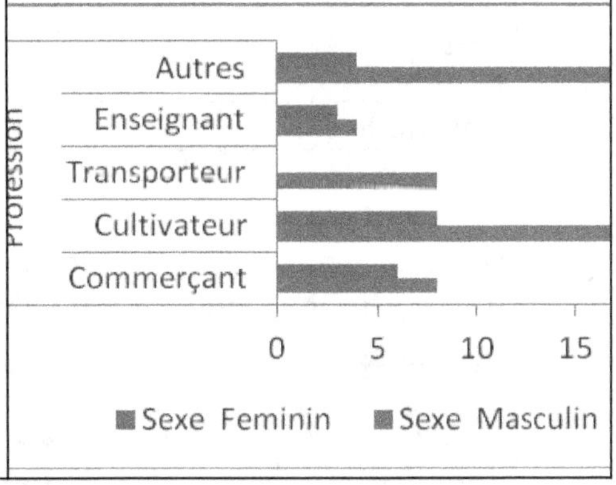

II- Phase administrative de l'instruction du dossier d'immatriculation foncière

Afin de simplifier la longue procédure de l'immatriculation foncière au Cameroun qui se caractérisait par les navettes entre le ministère en charge des affaires foncières et ses services déconcentrés avec pour conséquence la disparition de nombreux dossiers, la gestion de la procédure foncière a été entièrement confiée aux services décentralisés du Ministère des Domaines du Cadastre et des Affaires Foncières (MINDCAF) dans le but de raccourcir ainsi les délais.

La procédure d'accession à la propriété foncière se déroule au niveau de la Région et au niveau du Département.

Tout candidat à la procédure d'immatriculation doit constituer un dossier comprenant : une demande signée en quatre exemplaires dont l'original est timbré, indiquant son état civil, le nom sous lequel l'immeuble doit être immatriculé ; la description de l'immeuble (situation géographique, superficie), la nature de l'occupation ou de l'exploitation, l'estimation de sa valeur, l'indication des charges qui le grève.

Les résultats de l'étude (tableau2) indique que 71% d'enquêtés ne connaissent pas les différents intervenants dans la chaine d'immatriculation foncière.

Tableau 2 : Connaissance des différents intervenants de la chaîne de l'établissement d'un titre foncier			
	Connaissent les différents intervenants de la chaîne		Total
	Oui	Non	
Masculin	16	39	55
Féminin	6	16	22
Ensemble	**22**	**55**	**77**

Ils ont dans la plupart (58%) des cas fait recours à une personne extérieure notamment à un facilitateur (49%) ou à un notaire (9%) moyennant une contrepartie en espèce ou en nature pour constituer leurs dossiers.

Tableau 3 : Enquêtés ayant payé pour l'aide reçue dans la constitution du dossier de demande d'immatriculation			
Personne ayant apporté de l'aide	A payé de l'argent pour cette aide		Total
	Oui	Non	
Moi même	0	17	17
Facilitateur	38	13	51
Cadastre	0	1	1
Notaire	6	1	7
Ensemble	**45**	**32**	**77**

Certains candidats à l'immatriculation foncière ayant obtenu leur terrain des « détenteurs coutumiers » commencent par une procédure non prévue par la réglementation : l'abandon des droits coutumiers. Pour ceux qui e sont concernés, ils confient indifféremment leurs projets au notaire soit avant (39%), soit après (57%) la signature de l'abandon coutumier. Par ailleurs, ceux (49 cas sur 77 enquêtés) qui ne sont pas concernés par l'abandon coutumier confient directement leur dossier au notaire.

Tableau4 : Niveau de la procédure ou la demande d'immatriculation est confié à un notaire				
	A quel niveau de la procédure d'immatriculation avez-vous confié votre projet à un notaire ?			
	Avant la signature de l' abandon coutumier	Lors de la signature de l'abandon coutumier	Après signature de l'abandon coutumier	**Total**
Masculin	9	1	9	19
Féminin	2	0	7	9
Ensemble	**11**	**1**	**16**	**28**

Temps de traitement administratif du dossier

Encadré 1. La procédure commence par l'introduction de la réquisition d'immatriculation auprès du Sous-préfet ou du Chef de District territorialement compétent. Ce dernier, dès réception, dispose d'un délai de soixante-douze (72) heures pour délivrer un récépissé attestant le dépôt de la réquisition et de huit (08) jours pour transmettre l'ensemble du dossier à la Délégation départementale des affaires foncières. Le Délégué publie par le truchement du chef de service départemental des affaires foncières dans un délai de quinze (15) jours, un extrait de la réquisition d'immatriculation dans les locaux de ses services, de la Sous-préfecture, du District, de la Mairie et à la chefferie du village concerné. Le Sous-préfet ou le Chef de District fixe la date de constat d'occupation ou d'exploitation effective en collaboration avec le Chef de service départemental des affaires foncières, qu'il préside.

Pour ce qui concerne les délais de traitement, nombreux (85%) sont ceux dont les dossiers de réquisition d'immatriculation durent moins d'un mois dans les services de la sous-préfecture avant d'être transmis à la délégation départementale des affaires foncières (tableau5). Toutefois, cette procédure semble être rapide en raison des éléments de motivation qui accompagnent certains dossiers. En effet, 77% des enquêtés ont déclaré (graphique3) avoir payé à ce niveau de la procédure des frais non règlementaires pour accélérer la vitesse de traitement de leurs dossiers.

Tableau5 : Temps mis par le dossier de réquisition d'immatriculation des services de la sous-préfecture à la délégation départementale des affaires foncières

	Durée					
	Maximum un mois	Moins de 5 mois	Moins de 3 ans	Moins de 5 ans	En cours	Total
Masculin	43	6	1	1	2	53
Féminin	21	1	0	0	0	22
Ensemble	**64**	**7**	**1**	**1**	**2**	**75**

Graphique 3:Ont payé à ce niveau d'autre frais non règlementaires pour accélérer la procédure

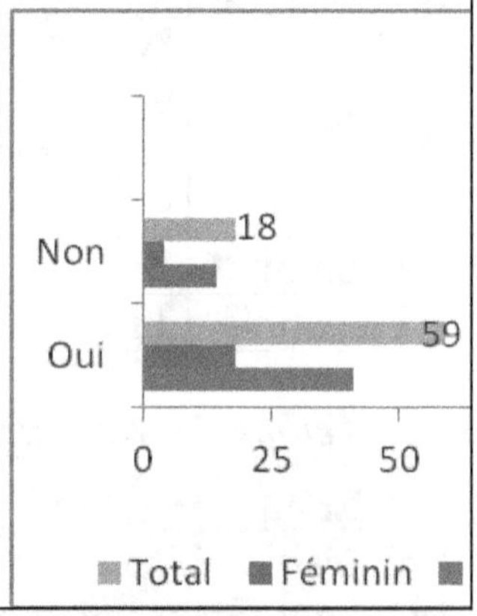

Les résultats figurant dans le tableau**6** montrent que la situation est presque similaire à celle observée dans le tableau 6. En effet, pour 64% des cas, il faut maximum un mois entre la transmission du dossier des services de la sous préfecture et la publication de l'extrait de la réquisition d'immatriculation par le délégué départemental des affaires foncières dans les locaux de ses services de la Sous-préfecture, de la Mairie à la chefferie du village où se trouve le terrain. Cette durée est de deux à cinq mois maximum pour 32% des enquêtés. Les frais non règlementaires ont été payés dans environ 37% des cas pour accélérer la procédure (**Graphique** 4).

Tableau 6: Temps écoulé entre la transmission du dossier des services de la sous préfecture et la publication de l'extrait de la réquisition d'immatriculation par le délégué départemental des affaires foncières dans les locaux de ses services, de la Sous-préfecture, de la Mairie à la chefferie du village où se trouve le terrain					
	Maximum un mois	Moins de 5 mois	Un an maximum	Moins de 5 ans	Total
Masculin	36	14	2	1	53
Féminin	12	10	0	0	22
Ensemble	**48**	**24**	**2**	**1**	**75**

Graphique 4: ont payé à ce niveau d'autres frais non règlementaires pour accélérer la procédure

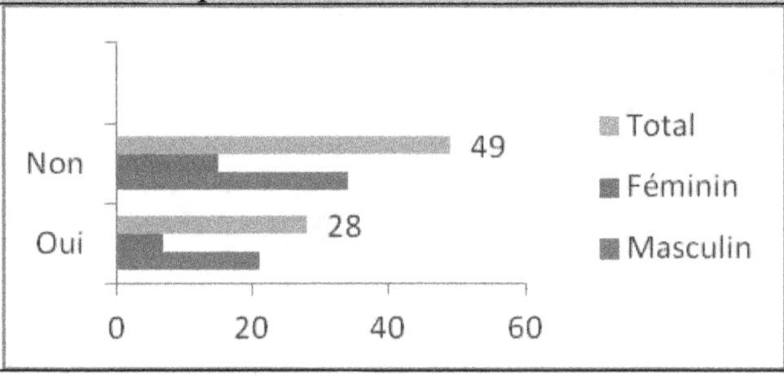

Par contre à cette dernière étape, l'on note (tableau7) que dans 74% des cas, il faut entre deux à cinq mois pour publier l'extrait de la réquisition d'immatriculation par le délégué et fixer la date de constat d'occupation ou d'exploitation effective par le Sous-préfet . Il importe également de relever que 42% des enquêtés ont payé à ce niveau d'autres frais non règlementaires pour accélérer la procédure.

Tableau7: Temps écoulé entre la publication de l'extrait de la réquisition d'immatriculation par le délégué et la fixation de la date de constat d'occupation ou d'exploitation effective par le Sous-préfet					
	Maximum un mois	Moins de 5 mois	Un an maximum	Moins de 5 ans	Total
Masculin	14	38	2	0	54
Féminin	2	18	1	1	22
Ensemble	**16**	**56**	**3**	**1**	**76**

Graphique 5: ont payé à ce niveau d'autres frais non règlementaires pour accélérer la procédure

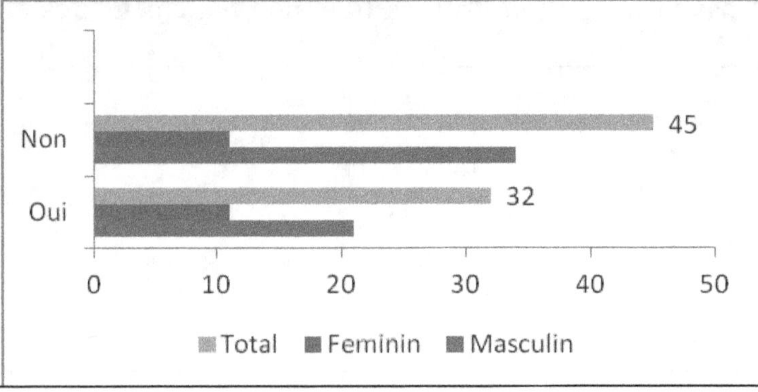

III- Comprendre la durée administrative de traitement d'un dossier d'immatriculation foncière

Au vu des déclarations des enquêtés, l'on peut s'en féliciter à ce niveau de la procédure, des délais relativement courts dans le traitement des dossiers d'immatriculation foncière. Dans la majorité (95%) des cas, cette durée oscille entre un et 15 mois maximum *depuis l'introduction du dossier de réquisition d'immatriculation des services de la sous-préfecture à la délégation départementale des affaires foncières jusqu'à la publication de l'extrait de la réquisition d'immatriculation par le délégué et la fixation de la date de constat d'occupation ou d'exploitation effective par le Sous-préfet*.

En plus de l'encadré 1 ci-dessus, une étude[146] diagnostique pour la modernisation foncière au Cameroun commanditée en 2009 par la

[146]**Etude diagnostique pour la modernisation des secteurs du cadastre et des domaines, Département Régional Centre**

Banque Africaine de développement (BAD) indique une durée à ce stade de 15 jours selon la règlementation. Mais, se basant sur les déclarations des responsables de certains services départementaux ou de la presse, la même source souligne que ces délais dans la réalité, sont généralement plus longs en raison d'une corruption rampante qui mine le processus d'obtention et de gestion des titres fonciers. Ce qui explique les frais indus payés par les enquêtés pour accélérer la procédure de traitement de leur dossier. En effet, en prenant une moyenne de **250 000 FCFA** à verser à chaque étape, l'on estime à **750 000 FCFA** le montant moyen à prévoir pour s'assurer du traitement administratif du dossier dans un délai de 15 mois.

Phase technique de l'instruction du dossier d'immatriculation

La suite de l'instruction du dossier d'immatriculation est la phase technique. Elle commence au moment de la descente de la commission consultative sur le terrain ; l'acteur principal dans cette phase est le géomètre assermenté en collaboration avec les membres de la commission consultative et des riverains. Lorsque la commission certifie l'occupation ou l'exploitation effective, le géomètre procède au bornage, en dresse le plan et un procès-verbal. Le plan de bornage doit porter uniquement sa signature tandis que le procès-verbal est signé par le géomètre, le président de la commission consultative, le chef du village concerné, le Chef du service départemental des affaires foncières et les riverains.

Une fois la phase technique de l'instruction du dossier achevée, le dossier est transmis au Délégué régional des affaires foncières pour suite de procédure.

Le tableau 8 montre que pour 77% des candidats à l'immatriculation foncière, le temps qui s'est écoule entre la date de constat d'occupation ou d'exploitation effective et la descente de la commission consultative sur le terrain est de maximum un mois. Toutefois, ceux-ci déclarent avoir payé à ce niveau d'autre frais non règlementaires pour accélérer la procédure.

(ORCE) novembre « 2009

Tableau8 : Temps écoulé entre la date de constat d'occupation ou d'exploitation effective et la descente de la commission consultative sur le terrain				
	Maximum un mois	Moins de 5 mois	Un an maximum	Total
Masculin	42	9	2	53
Féminin	16	3	3	22
Ensemble	58	12	5	75

Graphique 6: ont payé à ce niveau d'autres frais non règlementaires pour accélérer la procédure

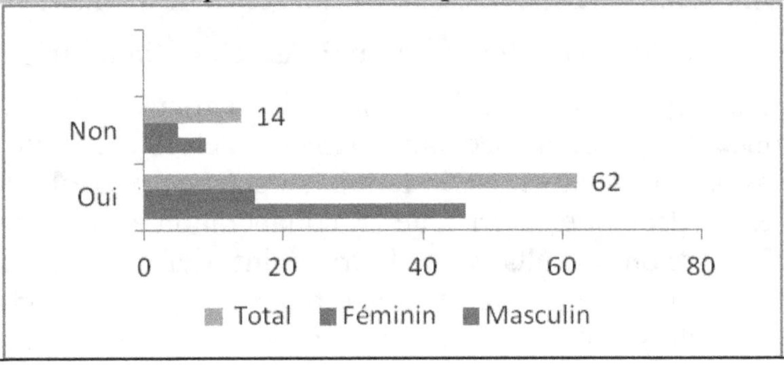

Dans la plupart des cas (81%), c'est un géomètre assermenté du cadastre qui a effectué les travaux de bornage (tableau9). Le payement des frais non règlementaires pour accélérer la procédure a également été signalé par 82% des enquêtés (graphique7).

Tableau9 : Qualité du géomètre ayant effectué les travaux				
	Assermenté auprès du cadastre			
	Oui	Non	NSP	Total
Masculin	47	3	5	55
Féminin	15	1	6	22
Ensemble	62	4	11	77

Graphique 7: ont payé à ce niveau d'autres frais non règlementaires pour accélérer la procédure

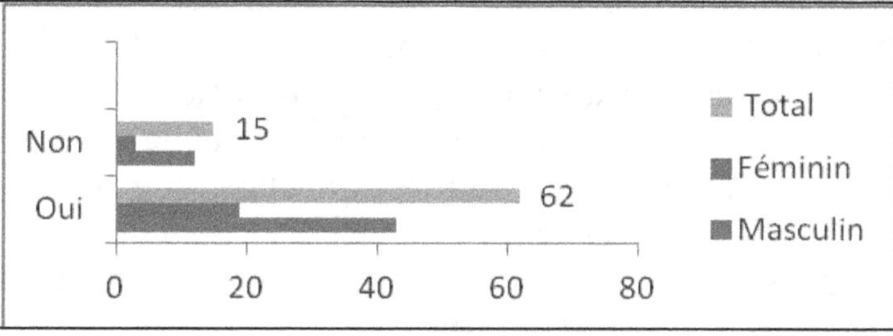

IV- Comprendre la phase technique de l'instruction du dossier d'immatriculation

Comme le précise Simplice GOUAMBE[147], « il faut s'en remettre à la diligence du géomètre et de tous ceux qui interviennent dans l'opération de bornage pour apprécier le temps de l'instruction technique du dossier au niveau du département. De plus, le plan de bornage dressé par le géomètre doit faire une navette entre le service départemental et le service provincial du cadastre où il permet au Chef de ce service de vérifier plus tard que le plan annexé au dossier d'immatriculation qui lui est soumis correspond effectivement à celui que le service provincial a dans ses archives ».

Si selon 77% des candidats à l'immatriculation foncière, le temps qui s'est écoulé entre la date de constat d'occupation ou d'exploitation effective et la descente de la commission consultative sur le terrain est de maximum un mois, c'est certainement la capacité des requérants à satisfaire les exigences des intervenants à chaque maillon de la chaine. Les montants versés pour accélérer la procédure (descente sur le terrain par la commission et les travaux de bornage) varie de **150000** à

[147]Up cité

300000 FCFA à chaque étape. Nous constatons pour le déplorer, qu'au-delà des sommes exigées par la loi, les agents domaniaux utilisent abusivement le décret du 16 décembre 2005 qui leur a ouvert une brèche d'arnaque en prévoyant qu'en plus de la fourniture des bornes, le requérant doit assurer le transport des membres de la commission consultative et le cas échéant, assurer l'hébergement des membres de la commission.

V- Instruction du dossier d'immatriculation au niveau du chef-lieu de Région

Cette deuxième étape au niveau régional est la dernière si le dossier ne rencontre pas des oppositions ou des demandes d'inscription. Lorsque le dossier arrive à la Délégation Régionale des affaires foncières, il est enregistré dans le registre régional de suivi des réquisitions d'immatriculation, il est traité et on établit un avis de clôture de bornage publié par le Délégué régional des domaines et des affaires foncières dans le Bulletin régional des avis domaniaux et fonciers. Par la suite le dossier est transmis au conservateur foncier pour établissement du titre foncier à travers la délégation départementale des affaires foncières.

On peut relever dans l'ensemble comme l'indique le graphique 8 que 29% de dossier d'immatriculation ont fait l'objet d'opposition ou de demande d'inscription au niveau de la région.

Tableau 8 : Nombre de cas ayant ou pas fait l'objet d'opposition/demande d'inscription du dossier d'immatriculation

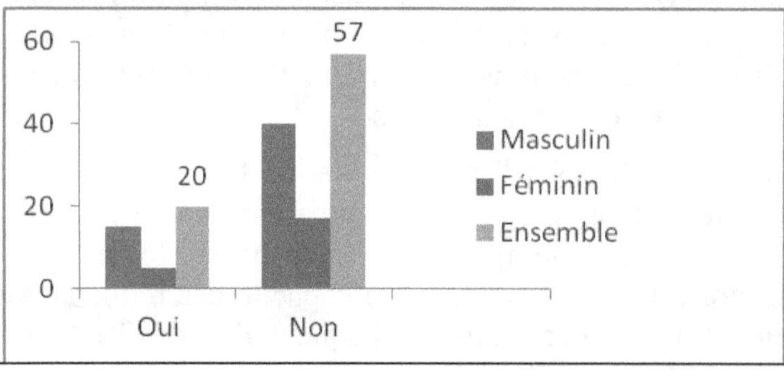

Pour la majorité (69%) des dossiers n'ayant fait l'objet d'aucune opposition ou de demande d'inscription, moins de cinq (05) mois se sont écoulés entre la signature du procès verbal de bornage et la transmission du dossier à la délégation régionale des affaires foncières

à l'effet de procéder à la publication (tableau 10). Toutefois, 81% des enquêtés déclarent avoir payé des frais non règlementaires pour la transmission l'aboutissement de leurs dossiers à la Région (graphique 9).

Tableau10 : Pas opposition/demande d'inscription, temps écoulé entre la signature du procès verbal de bornage et la transmission du dossier à la délégation régionale des affaires foncières pour l'enregistrement spécial

	Maximum un mois	Moins de 5 mois	Un an maximum	Moins de 3 ans	Moins de 5 ans	En cours	Total
Masculin	1	29	10	2	1	2	45
Féminin	2	16	2	0	0	0	20
Ensemble	**3**	**45**	**12**	**2**	**1**	**2**	**65**

Graphique 9 : Ont payé des frais non règlementaires pour la transmission du dossier en région

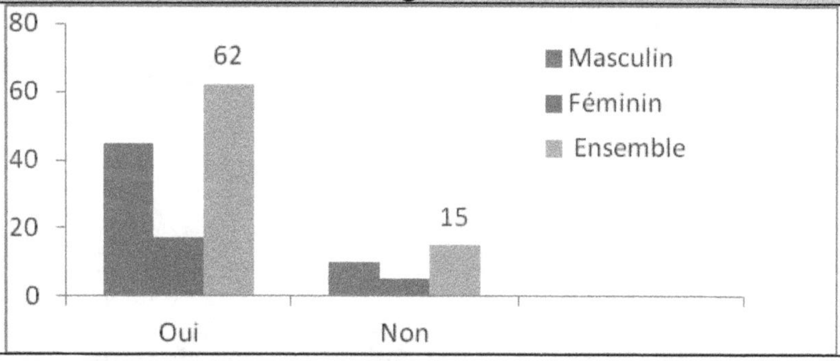

En ce qui concerne la durée qui sépare l'envoi du dossier à la Région et l'établissement de l'avis de clôture de bornage publié par le Délégué Régional des domaines et des affaires foncières dans le Bulletin régional des avis domaniaux et fonciers, elle ne dure pas généralement plus d'un an dans la plupart des cas. En effet, ce temps est pour 51% des enquêtés, moins de 5mois et bien moins dans 25% des cas selon d'autres enquêtés (maximum un mois). Ils sont nombreux (82%) à déclarer avoir payé des frais non règlementaires pour accélérer la transmission de leurs dossiers.

Tableau 13 : Temps écoulé entre l'envoi du dossier en région et l'établissement de l'avis de clôture de bornage publié par le Délégué régional des domaines et des affaires foncières dans le bulletin régional des avis domaniaux et fonciers							
	Maximum un mois	Moins de 5 mois	Un an maximum	Moins de 3 ans	Moins de 5 ans	En cours	Total
Masculin	14	28	5	2	2	3	54
Féminin	5	11	3	0	0	3	22
Ensemble	**19**	**39**	**8**	**2**	**2**	**6**	**76**

Graphique 10 : Ont payé des frais non règlementaires pour la transmission du dossier en région

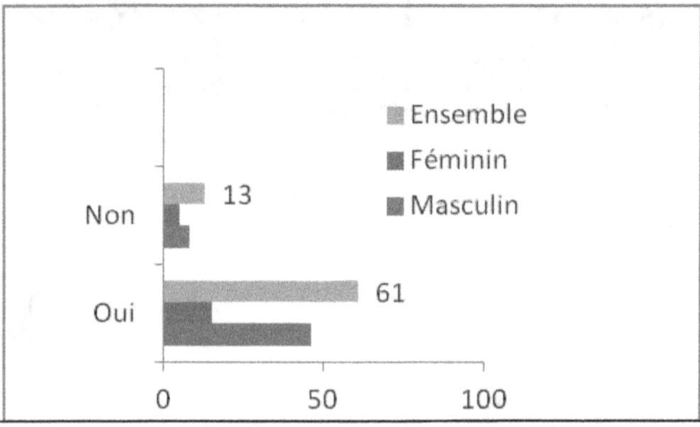

Le temps écoulé entre la publication et la signature puis l'établissement de l'avis de clôture de bornage a été d'un mois maximum pour 40% des enquêtés et moins de 5 mois dans 41% cas.

Pour ce qui est de la durée entre l'établissement de l'avis de clôture de bornage et la transmission du dossier au conservateur pour l'établissement du titre foncier, elle a été de moins de cinq mois dans 51% des cas et maximum un mois pour 38% des enquêtés. Le graphique indique qu'à ce dernier niveau, presque tout le monde (95%) paye nécessairement des frais non exigibles à la conservation pour accélérer l'établissement du titre foncier.

Tableau 14 Rubriques	Temps écoulé entre la publication et la signature puis l'établissement de l'avis de clôture de bornage	Temps écoulé entre l'établissement de l'avis de clôture de bornage et la transmission du dossier au conservateur pour l'établissement du titre foncier
Maximum un mois	30	29
Moins de 5 mois	32	39
Un an maximum	5	3
Moins de 3 ans	5	1
En cours	5	5
Ensemble	77	77

Graphique 11 : Ont payé des frais non exigibles à la conservation pour accélérer l'établissement de leur titre foncier

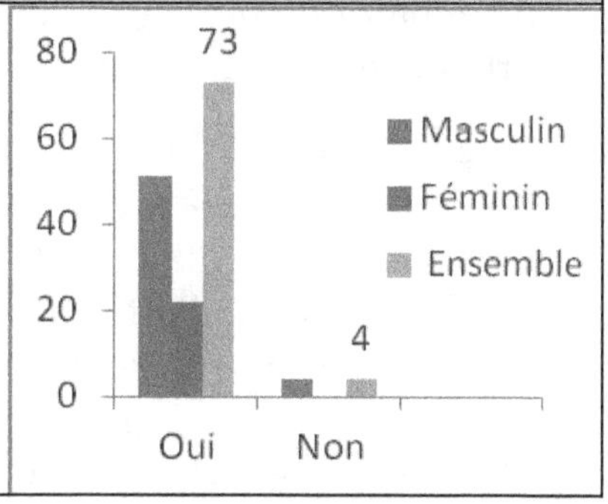

VI- Comprendre la phase de l'instruction du dossier d'immatriculation au niveau du chef-lieu de Région

L'étude diagnostique de la BAD pour la modernisation foncière[148] au Cameroun préconise que le processus d'obtention du titre foncier à partir du domaine national occupé ou exploité soit revue à l'effet de diminuer les intervenants et les étapes de traitement des dossiers. Car selon les dispositions de 2005, le processus d'obtention du titre foncier comporte 13 étapes impliquant 17 structures. Officiellement les services du MINDAF estiment à six (06) mois le délai pour obtenir un titre foncier. Pour Simplice GOUAMBE[149], le délai de cinq ou six mois voulu par le législateur pour conduire la procédure d'immatriculation jusqu'à la délivrance d'un titre de propriété ne serait en principe qu'un leurre d'autant plus que le législateur n'a pas pu prévoir convenablement les délais dans toutes les étapes de la procédure d'immatriculation. ***Cela semble explique la corruption qui mine le processus d'obtention du titre foncier.***

[148]Up cité

[149]Simplice GOUAMBE, ibidem

Les résultats de l'étude montrent que pour la majorité des requérants, la durée du processus d'immatriculation foncière varie de huit **(08) à quarante (40) mois** (*contre les six (06) officiels*) quand le dossier n'a fait l'objet d'aucune opposition/inscription. Ce temps de traitement que déclarent les enquêtés semble court en raison des fortes sommes déboursées pour motiver les agents domaniaux. L'on estime ainsi à en **moyenne, un million cinq cent mille (1 500 000)** de FCFA, le montant total non règlementaire à débourser dans le processus d'immatriculation d'un terrain de petite superficie surtout en zone urbaine ou périurbaine.

Encadré2 : La loi de finance N°91/001 du 30 juin 1991 relatifs aux prestations fournies dans le cadre de la procédure d'immatriculation ainsi que la circulaire N°000004/L.10/MINUH/D000 du 14 décembre 2000 portant modalités de son application fixe les différents montants à payer par chaque requérant. Ainsi, tout candidat à l'immatriculation directe doit verser une somme de trois mille francs comme frais d'ouverture du dossier. Chacun des responsables intervenant à la procédure émet un état de cession qui fixe le montant des frais à payer entre les mains du receveur des domaines. Ce montant varie en fonction de l'opération sollicitée par le requérant ou par l'opposant.

Pour le requérant, l'établissement du titre foncier par voie d'immatriculation directe est : de cinq francs par mètre carré dans la zone urbaine avec un minimum de perception de cinq mille franc ; et de un franc le mètre carré dans la zone rurale avec un minimum de trois mille à percevoir.

Les bornages d'immatriculation donnent droit à la perception d'une redevance minimale de vingt cinq mille francs pour une superficie de cinq mille mètres carrés en zone urbaine et inférieure ou égale à cinq hectares en zone rurale. Ces droits sont perçus avant l'exécution des travaux ; majorité de 10 %.

La circulaire précise également que avant de procéder à l'établissement du titre foncier, le conservateur se doit de s'assurer que les frais complémentaires qui sont en zone urbaine de deux mille francs par are supplémentaire en sus pour une superficie supérieure à cinq mille mètres carrés ; en zone rurale de cinquante mille francs pour une superficie comprise entre cinq hectares et vingt hectares ; dix mille francs par are supplémentaire au-delà de vingt hectares. Le Conservateur doit également s'assurer que ces frais ont été acquittés auprès du receveur des domaines, qui, dans ce cas, est tenu d'exiger du responsable du cadastre, ayant signé l'état de cession la communication du plan de l'ensemble du terrain borné

Pour les opposants, c'est-à-dire tous ceux qui veulent faire opposition ou demander une inscription d'un droit réel ou d'une charge, ils sont tenus de verser la somme de trois mille francs si l'opposant est une personne physique et de cinq mille francs si l'opposant est une personne morale.

- OBSERVATIONS GENERALES.

Les données tirées de l'enquête qui précède montrent à suffisance que les procédures foncières sont à la fois polluées et polluantes.

- La corruption généralisée dans tous les maillons de la longue chaîne de procédure d'obtention du titre foncier (fonctionnaires, autorités traditionnelles, etc.) entraînant des surcoûts non justifiés amène les détenteurs des terrains à brader une bonne partie de leur patrimoine au profit des intermédiaires qui doivent assumer les lourdes dépenses au cours de la procédure. Les délais sont anormalement longs.
- La procédure est polluante parce qu'eu égard au mutisme et à la résignation des requérants à qui on extorque tant d'argent, il se comprend que la corruption est acceptée par tous et banalisée.

En attendant une réforme foncière radicale qui devra toucher les structures et les hommes chargés de les animer, le système d'abornement général qui consister à procéder au bornage collectif obligatoire de tous les terrains d' une zone suivi du lever parcellaire immédiat (dans les jours qui suivent) en présence d'une commission de délimitation s'occupant du règlement des litiges est de nature à éradiquer les pratiques de corruption à ciel ouvert qui gangrène le système actuellement.

ANNEXE 2

Lettre de Monseigneur Lambert Van Heygen, archevêque émérite de Bertoua

Au Père Antoine de Padoue Tchonang.

Cette correspondance est un cri de désespoir et d'alerte de l'homme d'église qui décrie la pression financière que subissent les usagers de la Région de l'Est lors de l'immatriculation de leurs terrains de la part des autorités et autres fonctionnaires en charge de la procédure.

Nous la reproduisons ci-dessous in extenso

Monseigneur Lambert VAN HEYGEN — Bertoua le 21 Février 2007

Archevêque émérite de Bertoua

B.P : 40 Bertoua

Au Révérend Père Antoine

CHONANG

Rédacteur en chef de

l'Effort camerounais

Objet : Au sujet de l'obtention d'un titre

Foncier au Cameroun

Cher Antoine

J'ai lu avec beaucoup d'attention l'article de Monsieur Claude ZEBA titré « ce qu'il faut savoir pour obtenir un titre foncier » paru dans les rubriques sensibilisation de l'effort camerounais n°378 du 7 au 20 février 2007. Permets-moi de féliciter ton journal pour l'intérêt qu'il porte sur les questions concrètes de la vie des citoyens camerounais. C'est ainsi que l'article sus indiqué éclaire j'en suis persuadé le lecteur sur la procédure d'obtention d'un titre foncier au Cameroun. Il s'agit là d'une préoccupation pastorale dont l'urgence est notoire dans la province du de l'Est Cameroun où la culture de la propriété foncier n'est pas encore entrée dans les mœurs. Aussi, je te

saurai gré, Révérant Père, de me dire ce que coûte l'obtention d'un titre foncier au Cameroun. Est-ce que ce coût se limite aux timbres à apposer sur l'original des quatre exemplaires du dossier dont parle votre article ?
Je pense à une dépense de 200 000 FCFA environs. Il faut tenir en compte toutes les charges que ces pauvres doivent affronter : donner à boire et manger à la commission, payer leur transport, en un mot mettre aux petits soins toute l'équipe. Ou trouver cet argent ?
En fait, combien doit-on payer?
1°) à la sous-préfecture ou district ?
2°) à la délégation départementale des affaires foncières?
3°) au service du cadastre pour le bornage ?
Etc.
La plupart des personnes que j'ai rencontrées dans les villages renoncent à borner leur terrain parce que cela coûte beaucoup d'argent. Or, si ces personnes sont pauvres, elles disposent de grandes propriétés terriennes dont les titres fonciers pourraient non seulement leur éviter des déguerpissements intempestifs, mais aussi leur permettre d'obtenir des crédits auprès des institutions financières. **La richesse se trouve dans ce papier**. D'où ma ferme volonté de contribuer à trouver une solution à cette question afin soutenir la lutte contre la pauvreté en communion avec les directives pastorales de la Conférence Episcopale Nationale du Cameroun. La lutte contre la pauvreté est également une préoccupation du gouvernement Camerounais.

Dans l'attente de te lire sur la question qui me préoccupe, je t'adresse mes cordiales salutations ainsi que mes veux d'un saint carême.

Avec ma bénédiction pour les 17 ans de

vie sacerdotale

+Lambert van Heijgen

POSTFACE

Bernard Puépi m'a toujours sollicité pour la lecture de ses ouvrages à l'étape prénatale, et je l'ai toujours accepté sans hésiter. Cette fois, il m'a demandé, en insistant un peu, que ma note de pré-lecture soit transformée en note post-préfacielle. Les fois précédentes, il s'agissait d'un ouvrage autobiographique et d'un autre sur l'état des lieux et les perspectives de refondation des piliers du développement du Cameroun. En somme, des ouvrages de culture générale, si l'on peut dire.

Mais dans le cas présent, lorsqu'il m'a convivialement exprimé son souhait, j'ai dû marquer un petit temps de réflexion avant de lui donner une réponse affirmative. Car il s'agit d'un ouvrage dont le titre annonce bien l'enracinement du travail dans un champ qui n'est pas abordable au premier novice venu - et j'en suis, à maints égards - . Effectivement, *Les gouvernances foncières et leur impact sur le processus de développement* affiche, à n'en pas douter, le caractère hautement technique du sujet de prédilection de l'auteur. Ce dernier, Ingénieur-Géomètre de formation et de profession, ancien Directeur du Cadastre au ministère chargé entre autres des questions foncières, par amont manager d'un Cabinet d'Etudes environnementales et géodésiques, est d'office dans son élément.

Je ne m'en rapproche que de très loin, dans le meilleur des cas ! Aussi me suis-je senti dans l'inconfort de celui-là qui, non connaisseur, mais répondant à l'invitation de Platon, bute à la note discriminatoire affichée à l'entrée du territoire des initiés : *nul n'entre ici s'il n'est philosophe*. Il m'est aussi venu à l'esprit ce défi lancé à un personnage dans une œuvre de l'écrivain marocain Edmond Amran El Maleh, personnage qui voulait prendre part à un débat : *D'où te vient cette audace ? Qui es-tu pour te dresser comme si soudain tu surgissais de la nuit des siècles passés ? A quoi prétends-tu parvenir ? Quelle est cette dispute que tu prétends reprendre à son commencement, toi qui n'es en rien l'écho, fut-il éteint, de la grande voix de l'illustre (savant) ? Imposteur !*

Le risque, pourtant, méritait d'être pris. Le lecteur-censeur potentiel aura aimablement le loisir de rectifier les dérapages, le cas échéant, compte étant tenu du fait que les dits et les écrits sur les aspérités de la gestion de la terre dans notre pays et ailleurs, par plusieurs aspects (évoqués sous la plume de Bernard Puépi) ne sauraient laisser indifférent le citoyen ordinaire.

Qui plus est, le littéraire que je prétends être, s'informe même à des sources techniques comme l'ouvrage de Bernard Puépi, pour augmenter sa propre culture dans certains domaines apparemment réservés. Des écrivains africains ne le démentiront pas du tout, tel l'algérien Mouloud Feraoun, l'auteur d'un roman intitulé *La Terre et le sang* (1953) où un personnage affirme : *La terre et le sang ! Deux éléments essentiels dans la destinée de chacun.* Tel encore le marocain Fouad Laraoui dont le premier roman est intitulé *Les Dents du topographe* (1996). Ajoutons-y *L'Exproprié* (1981) de Tahar Djaout, un compatriote de Mouloud Feraoun. Cela saute aux yeux : le lexique titrologique de la créativité littéraire ici, est en rapport direct avec des mots clés du livre de l'Ingénieur-Géomètre Bernard Puépi, dont il y a lieu de souligner, ce disant, l'intérêt à très large spectre.

En effet, Bernard Puépi concentre sa riche réflexion sur les difficultés de gestion des questions foncières au Cameroun et ailleurs, à partir de cette vue basique : de tout temps, mais surtout depuis l'époque coloniale, et encore plus aujourd'hui, la gestion du patrimoine foncier a toujours été et demeure au cœur de la gouvernance générale des territoires, pays et Etats africains notamment. Car il s'agit de quelque chose de fondamental, vu le lien capital qu'entretiennent, comme le dirait l'Algérien Mouloud Feraoun ci-dessus cité, la terre et le sang.

Aujourd'hui, soutient l'auteur, cette gestion est d'autant plus interpellative que les Etats africains en général, le Cameroun singulièrement, y vont de toutes les maladresses accidentelles ou/et voulues, étant souvent incapables de permettre aux citoyens de tirer le meilleur profit des instruments législatifs pourtant parfois bien conçus.

Les complications relevées ici et là se nouent souvent autour des égoïsmes des individus, des groupes d'intérêts nationaux et étrangers aux appétits insatiables. A l'unanimité, souligne Bernard Puépi, les intervenants usent souvent de toutes sortes d'artifices pour s'approprier indument des terres au mépris des ayants droit (notamment les populations locales ou indigènes). Pourtant, ce ne sont pas les lois, décrets, ordonnances, arrêtés, circulaires de réforme et de contre-réforme qui manquent.

L'auteur avoue avoir même l'impression qu'il y en a trop dans certains cas, pris parfois au gré des intérêts plus ou moins avoués des responsables nommés à temps et à contretemps à plusieurs niveaux d'un appareil institutionnel ayant ses ramifications jusque dans les collectivités locales (dites) décentralisées, et particulièrement dans les chefferies (dites) traditionnelles.

Il suffit de voir la typologie des conflits fonciers/domaniaux élaborée dans le livre: *les litiges entre particuliers* (dont certains sont des membres d'une même famille qui n'attendent même plus la mort du *pater familia* pour déclencher les hostilités) ; les *litiges entre communautés villageoises* ; les *litiges entre chefferies traditionnelles* ; les *litiges entre unités administratives* ; les *litiges entre les Administrations et les particuliers* ; les *litiges agro-pastoraux* ; les *litiges entre nationaux et étrangers* (*communautés nationales et multinationales*) ; les *litiges entre étrangers…*

Résultats, les tribunaux sont inondés de plaintes et de contre-plaintes. Et les autorités traditionnelles, préfectorales, municipales, ministérielles, judiciaires, voire religieuses, s'en mêlent les pédales. Pire, constate l'auteur pour le regretter, les statistiques fiables et l'archivage rigoureux sont malheureusement rares.

Le sujet ainsi traité est d'une actualité brûlante (au propre comme au figuré). Dans les titres les plus connus et des titres saisonniers, entre avril et mai 2015, l'on peut relever notamment des informations qui donnent raison à l'auteur sur toute la ligne. Morceaux choisis :

- *Parmi les huit affaires inscrites au rôle du tribunal administratif de Bafoussam ce 11 mai 2015, sept portent sur des litiges fonciers. C'est d'ailleurs l'essentiel des recours adressés à ce tribunal depuis sa création en 2013.* (*Ouest Echos*, 19 au 21 mai 2015).
- *The hard road to a land certificate. What is news is the appalling process that people go through to procure land certificates, especially in Fako Division.* (*The Post*, May 8th, 2015).
- *Vive tension à la commune de Ngaoundéré II. Les maires, le sous-préfet et les riverains se déchirent pour un lopin de terre.* (*Mutations*, 15 mai 2015).
- *Litige foncier à Yaoundé II. Des pontes du régime accusés de vol de terrains.* (*L'Indépendant*, 27 avril 2015).

- *There is no development activity going on without the surveyor coming in. It is said the surveyor is first in and the last out.* (*The Recorder*, May 6th, 2015).

- *Bien mal acquis. En très peu de temps, le ministre s'est bâti discrètement une colossale fortune domaniale.* (*La Météo*, 30 mars 2015).

- *Des jumeaux condamnés pour escroquerie foncière.* (*Kalara*, 02 mars 2015).

- *Archidiocèse de Yaoundé. Vers une sécurisation du patrimoine malgré de nombreux heurts.* (*L'Epervier*, 12 mai 2015).

Or, la survie des concernés (individus et collectifs), le sort de l'Etat dépendent, dans une très large mesure, de la gestion de ces nombreux dossiers fonciers.

Comment le Cameroun s'en sortira-t-il donc ? se demande l'auteur. En faisant un tour chez les autres Etats africains, sans doute. Mais il prévient qu'une telle démarche comparatiste, si elle est conduite avec l'amateurisme, l'irresponsabilité qui ont déjà causé tant de dommages à notre pays, risque de faire en sorte que celui-ci se retrouve en train de (mal) gérer ses propres incongruités ainsi que les maux importés d'autres pays.

En outre, ajoute l'auteur, il est temps d'organiser, avec doigté, la formation non seulement des experts fonciers/domaniaux/cadastraux à un très haut niveau, mais aussi des techniciens et autres agents jusqu'au bas de l'échelle, et de mettre à leur disposition les moyens matériels, financiers leur permettant de remplir leurs tâches avec la stricte obligation de rendre compte, afin d'être contraints de rendre gorge le cas échéant. Le personnel ainsi formé sera destiné à la fois aux services administratifs et aux cabinets privés qui devront tous apprendre à fonctionner en synergie.

La carte d'implantation de telles structures de formation devra être élaborée sur la base de la mise en commun des ressources réelles ou/et potentielles des Etats africains, afin de capitaliser les avantages d'une coopération/solidarité efficiente, de la nécessaire et véritable complémentarité inter-étatique.

Des vœux pieux comme conclusion de cet impressionnant livre ? L'auteur avoue avoir encore un optimisme certes tempéré, au vu de la propension quasi maladive de nos compatriotes (du haut au bas des strates sociales) à bafouer la *Res Publica* (le bien commun ; l'intérêt de la Nation).

Qu'à cela ne tienne, il reprend à dessein, dans *Les Gouvernances foncières et leur impact sur le processus de développement…*, c'est-à-dire le présent livre, l'alerte qu'il avait déjà donnée dans *Cameroun, état des lieux et perspectives d'avenir.* L'extrême sensibilité attachée aux questions foncières oblige tout pouvoir digne de respect à faire tout pour éradiquer le laisser-faire, l'impunité. L'auteur s'adresse au responsable suprême, le Chef de l'Etat qui, regrette-t-il, ne sait pas toujours, ou n'aime pas, prêter une oreille attentive à ceux qui vont à l'encontre de l'idolâtrie que des pontes du régime en place promeuvent, tel un masque, pour mieux *s'adonner à une jouissance immodérée, immorale, dispendieuse des délices du pouvoir, en sécrétant la corruption et l'irresponsabilité dans tout le système.*

L'essayiste sera-t-il donc tant soit peu entendu ? L'on hésite à dire oui sans précaution, surtout si, enfin, l'on convoque l'écrivain camerounais Gaston Paul Effa qui, en 2000, a donné ce titre pessimiste à un de ses romans publié chez Gallimard : *Le Cri que tu pousses ne réveillera personne*.

Bernard Puépi aura au moins eu l'audace de pousser un cri d'expert, afin que l'Histoire retienne qu'il y en a qui ont quand même donné l'alarme. Ce faisant, il a enrichi la banque des données ; ce qui n'est pas du tout négligeable.

Yaoundé, Cameroun, le 27 mai 2015.

Isaac-Célestin TCHEHO,

Auteur de *Plaies-Travers-Patrie* (1992).

BIBLIOGRAPHIE ET AUTRES SOURCES

1. **SakhirDiagne**

Plan d'action foncier du Sénégal pour la gestion des ressources naturelles

Synergies consulting

B.P. : 11320 Dakar Sénégal Octobre 1996

2. **Programme des Nations Unies pour les établissements humains**

   - Etude sur la sécurité de l'occupation foncière et immobilière et la bonne gouvernance, rapport final 2004

3. **Club du Sahel et de l'Afrique de l'Ouest.**

   Les reformes foncières en Afrique de l'Ouest, Août 2006

4. **GRAIN :** Le G8 et l'accaparement des terres en Afrique

   - Main basse sur les terres agricoles en pleine crise alimentaire et financière. Octobre 2008.
   - Millenium Challenge Corporation : L'Afrique livrée au big business

5. **Jean Pierre Chauveau** : Question foncière et construction Nationale en Côte d'Ivoire

   Les enjeux silencieux d'un coup d'Etat. IRD Montpellier

6. **République de Côte d'Ivoire :**

   - Loi N° 98-750 du 23 décembre 1998 modifiée par la loi du 28 juillet 2004 relative au domaine foncier rural.
   - Décret N°99-595 du 13/10/99 procédure de consolidation des droits des concessionnaires provisoires relevant du domaine rural.

7. **Philippe Lavigne Delville** (Gret) : comment articuler droit positif et droits fonciers locaux : Expériences récentes et

prospection en Afrique de l'Ouest francophone, dossiers zones arides n°86, Londres, IIED, 31p.

8. **Pierre-Yves Le Meur,**Gret, chercheur associé à IRD, unité de recherche « Régulations foncières, politiques publiques, logiques d'acteurs.

L'information foncière au Bénin, entre pluralisme juridique et dispersion institutionnelle.

9. **République Cameroun :**

- Régime foncier et domanial (Imprimerie Nationale 1981).

- Décret n°205/481/ du 16 décembre 2005 modifiant et complétant certaines dispositions du décret 76/165/ du 27 avril 1976 fixant les conditions d'obtention du titre foncier.

- Comment Obtenir le Titre Foncier, Guide de l'usager.(**Ministère de l'Urbanisme et de l'Habitat, 2003**)

- Procédure foncières et domaniales **(Ministère des Domaines, du Cadastres et des Affaires foncières)**

- Décret portant organisation des terres domaniales au Cameroun, Journal officiel du Cameroun °418 1er Nov 1938

- Décret N°2005/481 du 16 Décembre 2005 modifiant et complétant certaines dispositions du décret N°76/165 du 25 Avril 1976 fixant les conditions d'obtention du titre foncier.

10. **PUEPI Bernard et NJOMGANG Henri 2003**, Le Cameroun, Arts, Histoire et Traditions, an.

11. **PUEPI Bernard,** L'Evolution du Système Foncier et Domanial Camerounais.

12. **PUEPI Bernard,** Le Cadastre Camerounais Face Aux Exigences du Développement et aux Mutations Technologiques, Article présenté au Colloque International Géomatique appliquée à la gestion Municipale Mont Réal (CANADA).

13. **TIENCHEU NJIAKO André, Avril 2005**, Droits réels et Domaine National au Cameroun, Presse Universitaire d'Afrique.

14. **G.GOURADE :** les plantations d'Unilever au Cameroun

15. **BIOYE TAJU DEEN ALUKO AND ABDUL-RASHEED AMIDU**, women and land rights in Nigeria

16. **JC BARDIER:** Sociologue de l'ORSTOM (Ydé) :Colonisation agricole et référence en milieu urbain, Exemples des villages pioniers de l'opération Yabassi-Bafang, au Nord –Est de Douala (Cameroun)

17. **Républiquc du Sénégal :** plan d'action foncier pour la gestion des ressources naturelles.

- Etude de la sécurité dans l'occupation foncière et immobilière et la bonne gouvernance, Rapport final Avril 2004.
- Programme des Nations Unies pour les établissements humains (PNUEH)

18. **U.A :** Cadre et Ligne Directives sur les politiques foncières en Afrique.

19. **Nicoletta Avella, Fréderic REOUNODJI :** La législation foncière pastorale au Niger et au Tchad.

Une analyse comparative eounodji, Mars 2011.

20. **Guinée Conakry** : code foncier et domanial de 1992

21. **Clara Jamard** : le code rural du Niger une expérience du foncier agropastoral

22. **République du Burundi :** Loi N°1/13 du 9 Août 2011 portant révision du code foncier du Burundi.

23. **République du Mali** : code domanial et foncier, (Ministère des domaines de l'Etat et des Affaires Foncières)(2000)

- La décentralisation au Mali : Etat des lieux, la question foncière fariere par Brehima Kasibo, bulletin de l'APAO 26 Juin 2007
- Les procédures d'attribution des terres à l'offre du Niger

24. **Lionel Gbaguidi** :, AGRIVET Partners.. Achat/Accaparement des terres en Afrique: opportunités ou menaces?

25. **Benin :** La loi foncière du Benin en Afrique de l'Ouest.

26. **RFI :** Afrique du Sud : une reforme agraire problématique

27. **Afrique-expenssion.com :**

- La question de la terre en Afrique du Sud : une bombe à retardement.
- Politiques foncières postapartheid : contraintes, objectifs et enjeux.

28. **U.S.A.I.D/Burundi:** Burundi policy reform.
29. **Eden GADEGBEKU:** L'Afrique l'accaparement des terres recolonisée Togo s'y enfonce à petits coups
30. **Maxx Grainger et Kate Geary :** New forets compagny et les plantations en Ouganda
31. **Arnaud Bébien :** Tanzanie : Ces universités américaines qui convoitent les terres agricoles
32. **Julien François Gerber :** résistance contre deux géants industriels en forêt tropicale, population locales, implantations industrielles commerciales d'hévéas et de palmiers à huiles dans le Sud-Cameroun
33. **Gerard Remy :** de la montagne à la plaine : aspects et problèmes d'un mouvement de colonisation au Nord-Cameroun
34. **Fernand Honoré TAGOUEMEKONG :** la propriété foncière traditionnelle chez les bétis du Cameroun
35. **NDZUENKEU Alexis :** l'efficacité de la répression des atteintes à la propriété foncière et domaniale
36. **Ernest MENYOMO :** la question foncière et ethnique
37. **Maurice ESSOMBA OWONA :** Enjeux et perspectives des conflits fonciers
38. **Michael Michaelides et Kyriakos Nikilaou :** la loi, l'arpenteur-géomètre et la propriété : quelles compétences et quelle garanties ? l'expérience du Chypre.
39. **J. HANNAH, J. KAVANAGH, R. Mahoney et F Plimmer** : géomètre-expert: une profession confrontée à une crise mondiale?
40. **Joen kjell Rogaes et per KARE SKY** : Médiation juridique en matière des différends fonciers
41. **André TEYSSIER :** la régulation foncière au Cameroun, entre régimes communautaires et aspirations citoyennes
42. **Etienne le Roy :** comment aborder la sécurisation foncière de l'agriculture moderne à la périphérie de Libreville (Gabon)
43. **Jacques GASTALDI :** politiques foncières et le cadastre rural

44. **Jenny Clover :** ''Land reform in Angola : establishing the ground rules'' from the Ground up land rights, conflicts and peace in sub-Saharan Africa
45. **Fernando PACHECO:** Land and the constitution in Angola
46. **P. KONINGS:** L'état, l'agro-industrie et la paysannerie au Cameroun
47. **TCHINE Bertrand, Bounou Vincent, TEPOULE N, Joseph Orphée :** les anciens domaines coloniaux de l'Ouest Cameroun : espaces disputés entre légalité et légitimité. Le cas de l'ancien ''Domaine Lagarde'' à Penka-Michel
48. **José NGUEMA, Charlotte Pavageau :** adaptation et atténuation en Guinée équatoriale, acteurs et processus politiques
49. **Peter KUNTU-MENSAH :** land tenure and title registration in Ghana
50. **Rebecca SITTIE:** land title registration, the Ghanaian experience
51. **Matilda Esi Fladzibey:** customary land administration in Ghana. Challenges and prospects
52. **NANA Ann Yirrah Colandef:** improving land administration in Ghana: the role of the customary land Secretariats
53. **Mark KAKRABA-AMPEH:** administration of rural lands. Customary land secretariats as local structure for effective rural land administration in Ghana.
54. **Adam KANDINE:** gestion décentralisée ou locale du foncier? Le cas du Niger
55. **C.J (kees) de ZFEUW :** land administration for people, profit and planet
56. **Alain Hendoux:** les procédures de conciliation dans les conflits fonciers
57. **Dr Babette Wehrman :** cadastre in itself won't solve the problem: the role of institutional change and psychological mobilization in land conflicts-cases from Africa.
58. **E. LE BRIS E le Roy et F LEIMDORFER :** enjeux fonciers en Afrique du Noire
59. **FIDA** (Fonds International de Développement Agricole) : Réagir à l'accaparement des terres et favoriser les investissements agricoles responsables.
60. **SLEDUC :** la bataille pour la terre au Zimbabwe

61. **Burkina Faso :** loi portant réorganisation grégaire et foncière

- Loi N° 014/96/ADP du 23 mai 1996 modifiée par la loi des fonciers pour 2008
- Loi N°034-2009/AN portant régime foncier rural
- Loi du 2 juillet 2012 portant statut des terres du domaine foncier national

62. **Nancy Andrew, Alfred Babo, Claire Médard :** les questions foncières rurales comme facteurs de crise en Afrique subsaharienne

63. **Michel Merlet :** les accaparements des terres dans le monde, une menace pour nous tous.

64. **Land in KENYA :** ownership, Policy, laws, tenure and reform

65. **José Caldeira, Adrian Frey:** land law legislation in Mozambique

66. **F.A.O:** nouvelles lois foncières au Mozambique : un gage de sécurité pour la population.

67. **Gérard CHOUQUER :** le régime de la terre et la propriété au Mozambique (2004 land Law, English version)

68. **Angola :** lei da terra de Angola, lei 09/04, de 9 de novembre

69. **TUNDE OTUBU ESO :** housing and land administration In Nigeria.

L'HARMATTAN ITALIA
Via Degli Artisti 15; 10124 Torino

L'HARMATTAN HONGRIE
Könyvesbolt ; Kossuth L. u. 14-16
1053 Budapest

L'HARMATTAN KINSHASA
185, avenue Nyangwe
Commune de Lingwala
Kinshasa, R.D. Congo
(00243) 998697603 ou (00243) 999229662

L'HARMATTAN CONGO
67, av. E. P. Lumumba
Bât. – Congo Pharmacie (Bib. Nat.)
BP2874 Brazzaville
harmattan.congo@yahoo.fr

L'HARMATTAN GUINÉE
Almamya Rue KA 028, en face
du restaurant Le Cèdre
OKB agency BP 3470 Conakry
(00224) 657 20 85 08 / 664 28 91 96
harmattanguinee@yahoo.fr

L'HARMATTAN MALI
Rue 73, Porte 536, Niamakoro,
Cité Unicef, Bamako
Tél. 00 (223) 20205724 / +(223) 76378082
poudiougopaul@yahoo.fr
pp.harmattan@gmail.com

L'HARMATTAN CAMEROUN
BP 11486
Face à la SNI, immeuble Don Bosco
Yaoundé
(00237) 99 76 61 66
harmattancam@yahoo.fr

L'HARMATTAN CÔTE D'IVOIRE
Résidence Karl / cité des arts
Abidjan-Cocody 03 BP 1588 Abidjan 03
(00225) 05 77 87 31
etien_nda@yahoo.fr

L'HARMATTAN BURKINA
Penou Achille Some
Ouagadougou
(+226) 70 26 88 27

L'HARMATTAN SÉNÉGAL
10 VDN en face Mermoz, après le pont de Fann
BP 45034 Dakar Fann
33 825 98 58 / 33 860 9858
senharmattan@gmail.com / senlibraire@gmail.com
www.harmattansenegal.com

L'HARMATTAN BÉNIN
ISOR-BENIN
01 BP 359 COTONOU-RP
Quartier Gbèdjromèdé,
Rue Agbélenco, Lot 1247 I
Tél : 00 229 21 32 53 79
christian_dablaka123@yahoo.fr

Achevé d'imprimer par Corlet Numérique - 14110 Condé-sur-Noireau
N° d'Imprimeur : 704447 - Mars 2017 - Imprimé en France